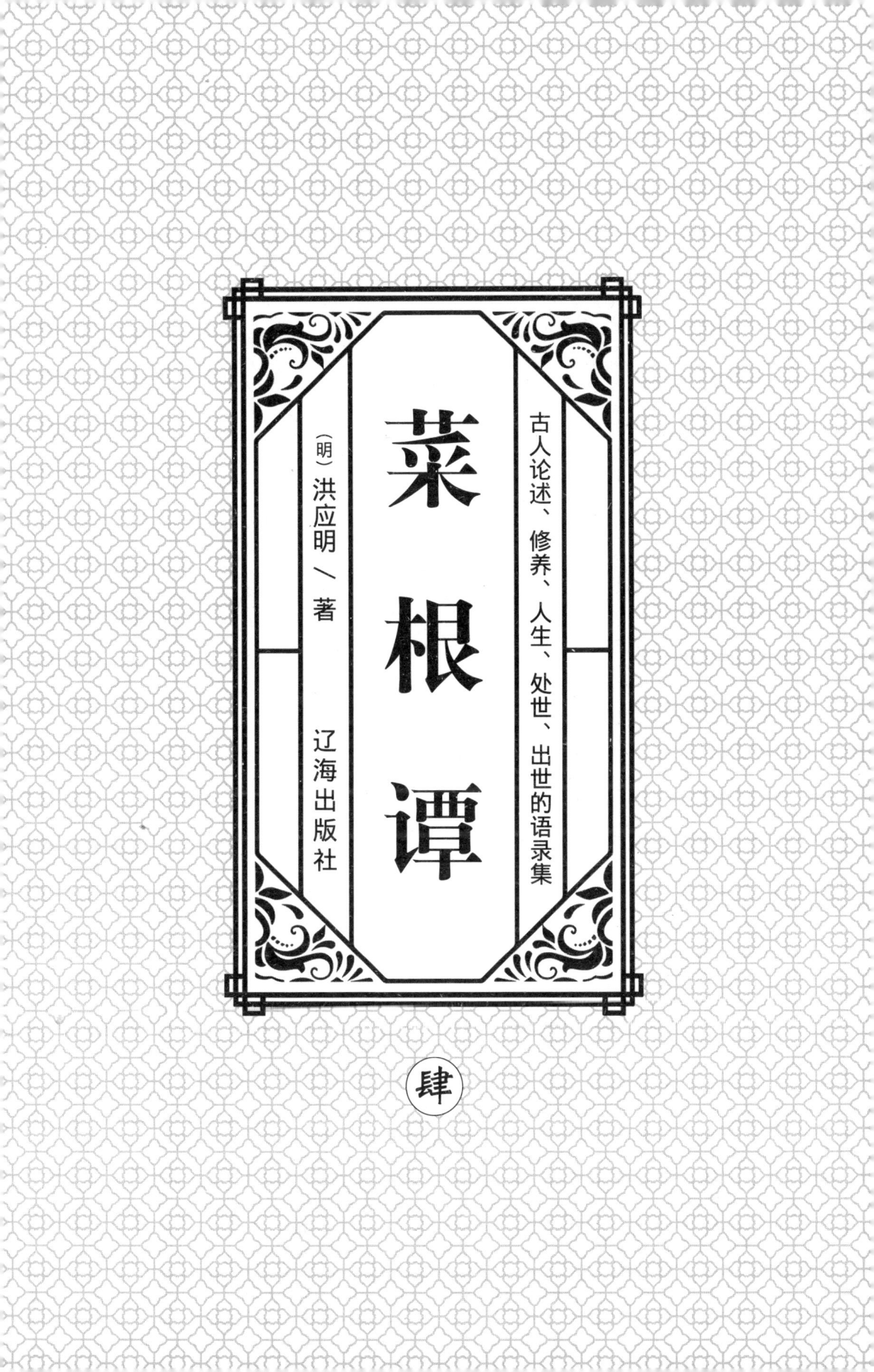

菜根谭

（明）洪应明 ／ 著

古人论述、修养、人生、处世、出世的语录集

辽海出版社

肆

目　　录

第七篇　处世卷

菜根生光 ……………………………………………（990）

菜根谭

一四

咀嚼菜根（续）

顺世显愚　欺世显妄

【原文】　宁为随世之庸愚、勿为欺世之豪杰。

【译文】　宁可做一个顺应世人、平庸愚昧的人，也不要做一个欺骗世人、才智高超的人。

安逸享乐　天所禁忌

【原文】　清福上帝所吝，而习忙可以销福；清名上帝所忌，而得谤可以销名。

【译文】　清闲安逸的享受是上天所吝惜给予的，如果使自己习惯于忙碌，则可以减少这种不善的福分。美好的名声是上天所禁忌的，如果受到他人的毁谤，则可以减轻由名声所带来的负担。

嗜好兴起　道德把关

【原文】　人之嗜节，嗜文草，嗜游侠，如好酒然，易动客气，当以德消之。

【译文】　人们爱好声名气节，爱好本章辞藻，爱好行侠仗义的人，就像喜好喝酒一般，容易一时兴起，应该以道德修养来改变它。

眉线交合　梦不自主

【原文】　眉睫线交，梦里便不能主张；眼乐落地，泉下又安得分明。

【译文】　双眼闭上，在梦里不能自作主张。眼光落到地下，想到梦中都不能自主，死后又怎能了了分明呢？

了不知了　了了是了

【原文】　佛只是个了仙，也是个了圣。人了了不知了，不知了了了是了了；若知了了，便不了。

【译文】　佛只是个善于了却热情的神仙，也是个善于了却烦恼的圣人。人们虽然耳聪目明，却不知该了却一切烦恼，不知凡事放下便无己事，若心中还有放下的念头，便是还未完全放下。

开放心胸　舒畅欢喜

【原文】　剖去胸中荆棘以便人我往来，是天下第一快活世界。

【译文】　将心中自伤伤人的棘刺除去，开放平易的心胸去和人交往，是天下最令人舒畅欢喜的事了。

钱穀《虎丘前山图》

通达古今　明白廉耻

【原文】　人不通古今，襟裾马牛；士不晓廉耻，衣冠狗彘。

【译文】　人如果不通达古今的道理，就如同穿着衣服的牛马一般；读书人如果不明白廉耻，就像穿衣戴帽的猪狗一样。

挟霜自励　涎脸附人

【原文】　苍蝇附骥，捷则捷矣，难辞处后之羞。茑萝依松，高则高矣，未免仰扳之耻。所以君子宁以风霜自挟，毋为鱼鸟亲人。

【译文】　苍蝇依队在马的尾巴上，速度固然快极了，但却免不了粘在马屁股后面的羞愧；茑萝绕着松树生长，固然可以爬得很高，但也免不了攀附依赖的耻辱。所以，君子宁愿挟风霜以自励，也不要像缸中鱼、笼中鸟一船，涎着脸亲附于人。

表明心意　托之日月

【原文】　圣贤不白之衷，托之日月；天地不平之气，托之风雷。

【译文】　圣贤所不曾表明的心意，已托付于日月。天地间因不平而生的怒气，却表现在风雷上。

兄弟折箸　璧合瓜分

【原文】　亲兄弟折箸，璧合翻作瓜分；士大夫爱钱，书香化为铜臭。

【译文】　亲如手足的兄弟如果不团结，即使原本如同美玉一般有价值，分开也如瓜果一般不值钱。读书人太过于爱财，书中的道理也会化为金钱的臭味。

声名所缚　如同鸡鸭

【原文】　心为形役，尘世马牛；身被名牵，樊笼鸡鹜。

【译文】　人心如果成为形体的奴隶，那么就如同牛马一般活在世上。倘若身心为声名所束缚，那么就如同关在笼中的鸡鸭一样了。

有余不尽　维系人心

【原文】　待人而留有余不尽之恩，可以维系无厌之人心；御事而留有余不尽之智，可以提防不测之事变。

【译文】　对待他人要留一些多余而不竭尽的恩惠，这样才可以维系永远不会满足的人心。处理事情要保留多余而不会竭尽的智慧，这样才可以预防无法预测的变故。

不平之人　闻恶信之

【原文】　闻人善，则疑之；闻人恶，则信之。此满腔杀机也。

【译文】　听到别人做了善事，就怀疑他的动机；听到他人做了坏事，却十分相信，这是心中充满恨意和不平的人。

会心之语　不解解之

【原文】　会心之语，当以不解解之；无稽之言，是在不听听耳。

【译文】　能够互相心领神会的言语，应当是从言语背后来了解它。未经查证的话，应当任它由耳边流过，而不要相信它。

不受束缚　来去自如

【原文】　花繁柳密处拨得开，才是手段；风狂雨急立得定，方见脚根。

【译文】　在繁花似锦、柳密如织的美好境遇中，若能不受束缚，来支自如，才是有办法的人。在狂风急雨，挫折潦倒的时候能站稳脚根，而不被吹倒，才是真正有原则的人。

议在事外　宜悉利害

【原文】　议事者身在事外，宜悉利害之情；任事者身居事中，当忘利害之虑。

【译文】　议论事情的人并不直接参与其事，所以要掌握事情的利害得失，以免无法实行。办理事情的人本身就在负责此事，应当忘却利害的顾虑，否则就无法将事情办好。

喜谈空寂　反被迷惑

【原文】　谈空反被空迷，耽静多为静缚。

【译文】　喜好谈论空寂之道的人，往往反被空寂所迷惑。沉溺在静境的人，反为静境所束缚。

恩泽深浅　可知家运

【原文】　观规模之大小，可以知事业之高卑；察德泽之浅深，可以知门祚之久暂。

【译文】　只要看规模的大小，便可以知道这项事业本身是宏达还是浅陋。观察德被恩泽的深浅，便可以知道家运是否能绵延长久。

声誉可尽　丹青可穷

【原文】　声誉可尽，江天不可尽；丹青可穷，山色不可穷。

【译文】　名声和荣誉可以穷尽，奔流不息的大江从来不会穷尽；丹青妙笔可以用尽用秃，多姿多彩的山色从来不会穷尽。

胸中有奇　脚底自阔

【原文】　胸中自是奇，乘风破浪，平吞万顷苍茫；脚底由来阔，历险穷幽，飞度千寻香霭。

【译文】　胸中自然清奇，方可以乘风破浪，气吞万顷苍茫大地；脚底从来宽阔，可以游历山川险幽，飞度万丈香霭烟霞。

松风涧雨　海市蜃楼

【原文】　松风涧雨，九霄外声闻环佩，清我吟魂；海市蜃楼，万水中一幅画成，从吾醉眠。

【译文】　松风涧雨，如同九霄云外听到的环佩撞击声，使我呻吟中的魂魄感到清爽；海市蜃楼，万水之中目睹一幅多彩的画图，可以供我醉眠。

宋人《濠梁秋山图》

腕中有鬼　目中无人

【原文】　人每谀余腕中有鬼，余谓鬼自无端入吾腕中，吾腕中未尝有鬼也；人每责余目中无人，余谓人自不屑入吾目中，吾目中未尝无人也。

【译文】　人们常常夸赞我手腕之中有鬼（指下笔如神），我说鬼自动不知不觉进入我手腕之中，我手腕之中不曾有鬼；人们常常责备我目中无人，我说人自不屑进入我的眼中，我的眼中从来不曾无人。

不虚之山　不实之水

【原文】　天下无不虚之山，惟虚故高而易峻；天下无不实之水，惟实故流而不竭。

【译文】　天下的山都是虚的，只有虚才显得高而挺拔；天下的水都是实的，只有实才会永流不竭。

笑落酒杯　怜人诗句

【原文】　放不出憎人面孔，落在酒杯；丢不下怜世心肠，寄之诗句。

【译文】　如果脸上从来不会显出满面笑脸，只好把憎人的表情落在酒杯之中；如果从来丢不下怜世的心肠，就把怜世的心肠寄寓诗句之中。

忍到熟处　忧患消除

【原文】　忍熟处则忧患消，淡到真时则天地赘。

【译文】　忍耐能到完美成熟的境界，那么忧患自然消除；淡泊能到返朴归真的时候，那么天地也觉多余。

敢放开眼　不浪皱眉

【原文】　敢于世上放开眼，不向人间浪皱眉。

【译文】　坦荡胸怀，敢于放眼观世事，面对人间，从来不会胡乱皱眉。

文章千古　花鸟三春

【原文】　三春花鸟犹堪赏，千古文章只自知；文章自是堪千古，花鸟三春只几时。

【译文】　三春之时，百花争艳，群鸟齐鸣，确实让人们赏心悦目，传颂千古的文章只有自己知道；然而文章能传颂千古，而三春之时的花鸟风光，时间却十分短暂。

世态炎凉　山水好景

【原文】　说不尽山水好景，但付沉吟；当不起世态炎凉，惟有闭户。

【译文】　山水好景有谁能说得尽，只有沉默和低吟；抵挡不住世态炎凉的诱惑和打击，只有紧闭门户躲在家中。

杀得人者　方能生人

【原文】　杀得人者方能生人，有恩者必然有怨。若使不阴不阳，随世波靡，肉菩萨出世，于世何补？此生何用？

【译文】　能杀人的人才能使人活下来，对人有恩惠的人必然也有怨言。假使不阴不阳而随世漂流，虽然活生生的观音菩萨出世对人间又有何益？这一生又有何用？

天生我才　一生性僻

【原文】　李太白云"天生我才必有用，黄金散尽还复来"，又云"一生性僻耽佳句，语不惊人死不休。"豪杰不可不解此语。

【译文】　"诗仙"李白曾说："上天造就我这样的才能，必然有施展我的才能的地方，即使把黄金散尽不会再来。"又说："一生性情孤僻是因为思考精美的诗句，语不使人惊奇即使死了也不甘心。"人间豪杰不可不理解此语。

愚者无知　一物一偏

【原文】　愚者为一物一偏，而自以为知道，无知也。

【译文】　愚昧的人只认识一种事物的一个方面，就自以为认识了整个法则，这实在是太无知了。主张全面认识事物，反对以偏概全。

凡人之患　蔽于一曲

【原文】　凡人之患，蔽于一曲，而暗于大理。

【译文】　人们认识上的通病，是被事物的一个片面所局限，而不明白全面的道理。

物可为小　不可为大

【原文】　物固有可以为小，不可以为大；可以为半，不可以为全者也。

【译文】　有的事物只可以在小范围起作用，不可以在大范围起作用；可以在一部分上起作用，不可以在全体上起作用。说明任何东西都有其范围，不可类推一切。

细安待大　大安待小

【原文】　细之安必待大，大之安必待小。细大贵贱交相为赞，然后皆得其所乐。

【译文】　局部的安定，一定要依靠全局的安定；全局的安定，也必定要依靠局部的安定。全局和局部、贵重和轻贱相互依赖支持，然后才能各得其所。

相似之物　实去甚远

【原文】　亡国之主似智，亡国之臣似忠。相似之物，此愚者之所大惑，而圣人之所加虑也。

【译文】 亡国的君主好像很聪明，亡国的臣子好像很忠诚。相似的事物，是愚昧无知的人深感迷惑，而圣人也最伤脑筋，需要用心思索的。说明对相似之物不注意辨察就可能造成严重后果。

先知审征　无征难知

【原文】 先知必审征表。无征表而欲先知，尧、舜与众人同等。

【译文】 要先知必须审察事物的征兆和表象，没有征兆和表象却想先知，就是尧、舜也和一般人一样不可能做到。说明只有善于透过表象才能洞察事物的真实本质。

赵佶《柳鸭芦雁图》

兼听则明　无矜之客

【原文】 有兼听之明，而无奋矜之容；有兼覆之厚，而无伐德之色。

【译文】 意谓为人要善于听取各方面的意见，而不要有傲慢的样子；要广施恩泽，而不要自我夸耀。

邪秽在身　怨之所构

【原文】 邪秽在身，怨之所构。

【译文】　意谓自身有卑劣的行为，必然遭到人们的怨恨。

后己先人　临财思惠

【原文】　后己先人，临财思惠。

【译文】　意谓在利益面前要先人后己，遇到财宝要首先想到给自己恩惠的人。

笃近举远　一视同仁

【原文】　圣人一视而同仁，笃近而举远。

【译文】　意谓圣人对所有的人都一样看待，既看重身边的人，也举荐不在身边的人。

乐人之乐　忧人之忧

【原文】　乐人之乐，人亦乐其乐；忧人之忧，人亦忧其忧。

【译文】　意谓为别人高兴和担忧的人，别人也为他高兴和担忧。

讦人之短　非己所为

【原文】　凡讦人之短，攻发人之阴私，以估真者，皆不可以言责善。虽然，我以是而施于人，不可也。人以是而加诸我，凡攻我之失者，皆我师也，安可以不乐受而心感之乎！

【译文】　凡是攻击别人的过失，揭发别人的隐私，以换取正直名声的，都不能说是帮助他人为善。尽管，我用这样的办法去对待别人是不行的；但是别人用这样的办法来对待我，凡是攻击我的过失的，都是我的老师，我又怎么能不欣然接受而衷心感激呢？

群行群止　可看识见

【原文】　大事难事看担当，逆境顺境看襟度，临喜临怒看涵养，群养群止看识见。

【译文】　逢到大事和困难的时候，可以看出一个人是否有担负责任的勇气。遇到逆境的时候，可以看出一个人的胸襟和气度。而逢到喜怒的事时，则可看出一个人的涵养。在与群众同行同止时，也可看出一个人对事物的见解和认识。

世间万物　心地来定

【原文】　此心常看到圆满，天下自无缺陷之世界；此心常放得宽平，天下自无险侧之人情。

【译文】　一个天性善良心地纯洁的乐观主义者，把人间的万事万物都看得很美好，而毫无缺陷；一个天性忠厚心胸开朗的达观主义者，待人接物都抱着宽大为怀的态度，因此他把万事万物看得正常而毫无邪恶。

以色交者　华落而渝

【原文】　以色交者，华落而爱渝。

【译文】　年老色衰，情爱也就完结了。

恶畏人知　善急人知

【原文】　为恶而畏人知，恶中犹有善路；为善而急人知，善处即是恶根。

【译文】　一个人做了坏事而怕人知道，可见这种人在恶性之中还保留一点改过向善的良知；一个人做了一点善事而就急着让人知道，就证明他做善事只是为了贪图虚名和赞许，这种有目的才做善事的人，在他做善事时已经种下了可怕的伪善祸根。

无位之乐　饱食之忧

【原文】　人知名位为乐，不知无名无位之乐为最真；人知饥寒为忧，不知不饥不寒之忧为更甚。

【译文】　一般人都只知道有名誉和官职是人生的一大乐事，却不知道没有名声没有官职才是人生的真正乐趣。一般人都只知道饥饿跟寒冷是最痛苦的事，却不知道那些不愁衣食的达官贵人，他们那种患得患失的心情才是最痛苦的。

生机已绝　难建功业

【原文】　躁性者火炽，遇物则焚；寡恩者冰清，逢物必杀。凝滞固执者，如死水腐木，生机已绝，俱难建功业而延福补。

【译文】　一个性情急躁的人，他的一言一行都如烈火一般炽烈，所有跟他接触的人物都会被焚烧；一个刻薄寡恩的人，他的一言一行就好像冰雪一般冷酷，不论任何人物碰到他都会遭到残害。一个头脑顽固的人，像一潭死水，一株朽木一样，死沉沉的已经完全断绝了生机，这都不是成大功立大业而能为社会人群造福的人。

知己地位　努力奋发

【原文】　知道自家何等身分，则不敢虚骄矣；想到他日是那样下场，则可以发愤矣。

【译文】　明白自己的德行地位，就不敢妄自尊大。想到不发奋图强的后果竟是如此惨淡，就该振作精神，努力奋发。

王振鹏《金明池龙舟图》（局部）

圣人恶莠　无事之名

【原文】　不足与有为者自附于行所无事之名，和光同尘者自附于无可无不可之名，圣人恶莠也以此。

【译文】　无有所作为的人自附于无争无事的人的行列，把光荣和尘浊同样看待的人自附于孔子无可无不可那样的境界，圣人厌恶混在禾苗中的狗尾巴草的道理就在于此。

口厌刍豢　志溺骄佚

【原文】　古之士民，各安其业，策励精神，点检心事。昼之所为，夜而思之，又思明日之所为。君子汲汲其德，小人汲汲其业，日累月进，旦兴晏息，不敢有一息惰慢之气，夫是以士无慝德，民无怠行；夫是以家给人足，道明德积。身用康强，不即于祸。今也不然，百亩之家不亲力作，一命之士不治常业，浪淡邪议，聚笑觅欢，耽心耳目之玩，骋情游戏之乐，身衣绮绮縠，口厌刍豢，志溺骄佚，懵然不知日用之所为，而其室家土田百物往来之费又足以荒志而养其淫，消耗年华，妄费日用。噫！是亦名为人也，无惑乎后艰之踵至也。

【译文】　古代的读书人和民众，各安其业，振作精神，经常检查反省自己的身心和行事，白天所做到，夜里就反复思考，又考虑第二天需要做的事。君子则努力不停地修养自己的品德，普通的百姓则努力干好自己的本业，日累月进，早起晚睡，不敢有一点惰慢的气息。因此读书人没有怠慢的品德，民从也没有懒惰的行为；因此家给人足，道明德积。身体因此康健，不招来祸殃。现在则不然，有百亩田地之家不亲自耕种，有最低官位的士人不治理田产，浪淡邪议，聚笑觅欢，沉醉于声色玩好，驰情于游戏之乐，身穿绫罗绸缎，口吃鸡鸭鱼肉，意志消沉，骄奢淫佚，昏昏迷迷，不知每天都在干什么，而其家庭田地百物以及往来的费用又足以使他心志荒怠，淫佚成性，空掷年华，妄费日用。唉！这种人也叫做人！艰难的日子接着就会临头是不容怀疑的！

形容过错　美化自身

【原文】　世人之形容人过，只象个盗跖；回护自家，只象个尧舜。不知这却是以尧舜望人，而以盗跖自待也。

【译文】　世上的人形容别人的过错，都把人家说得像个盗跖；美化自身，都把自己说得像个尧舜。不知这样的作法，实际是希望别人成为尧、舜，而把自己当作盗跖对待。

横逆来侵　当思之故

【原文】　凡有横逆来侵，先思所以取之之故，即思所以处之之法，不可便动气。两个动气，一对小人，一般受祸。

【译文】　如果有强横不合理的事情来侵犯你，应该先想一想会遭到这种侵害的原因，再想如何处理的办法，不可马上就动气。双方都动气，就是一对小人，都会遭到伤害。

一言一行　即显人品

【原文】　喜奉承是个愚障，彼之甘言卑辞、隆礼过情，冀得其所欲而免其可罪也。而我喜之、感之，遂其不当得之欲，而免其不可已之罪，以自蹈于废公党恶之大咎，以自犯于难事易悦之小人，是奉承人者智巧，而喜奉承者愚也。乃以为相沿旧规责望于贤者，遂以不奉承恨之，甚者罗织而害之，其获罪国法圣训深矣，此居要路者之大戒也。虽然，奉承人者未尝不愚也，使其所奉承而小人也则可，果君子也，彼未尝不以此观人品也。

【译文】　喜欢人家奉承，是愚蠢的。他的甘言卑辞、降重的礼节、过分的感情，是希望得到他所想得到的东西而免除可能受到的责罚啊！但我喜欢这些，为之感动，满足他不该得到的欲望，免除他不可饶恕的罪过，使自己陷入败坏国家原则偏袒恶人的大错之中，使自己成为难以相处、容易被好话所感动的小人。这说明奉承人的人是有智慧而乖巧的，而喜欢奉承的人是愚蠢的。还要以这种沿袭下来的旧习俗来责备和怨恨贤明的人，因为别人不奉承，就怨恨人家，甚至有罗织罪名来陷害他人的，这样做，对国家的法律、圣人的教诲违反的也太厉害了。这一点是身居要职者的大戒。虽然如此，但奉承人的人也未尝不是愚蠢的，如果他奉承的是小人那还可以，如果是君子，君子就会从你的行为中观察出你的人品。

顺理以行　何疑之有

【原文】　疑心最害事，二则疑，不二则不疑也。然则圣人无疑乎？曰：圣人只认得一个理，因理以思，顺理以行，何疑之有？贤人有疑，惑于理也；众人多疑，惑于情也。或曰：不疑而为人所欺，奈何？曰：学到不疑时自然能先觉，况不疑之学，至诚之学也，狡伪亦不忍欺矣。

【译文】 疑心最坏事，有两种情况就会产生怀疑，没有两种情况则不会怀疑。然而圣人就不会产生怀疑吗？回答说：圣人只认得一个理，用理来思考，按理而行动，何疑之有？贤人有怀疑，是疑惑合不合理；普通人多疑，是疑惑对自己有没有情。又问：如果不怀疑而被人欺骗，怎么办

尤求《红拂图》（局部）

呢？回答说：学习到不会产生怀疑时，自然能先发现别人是否在欺骗你，况且学会了不怀疑的学问，就是至诚的学问，即使狡猾虚伪的人也不忍欺骗你了。

何为圣贤　心理分也

【原文】 以时势低昂理者，众人也；以理底昂时势者，贤人也；惟理是视，无所底昂者，圣人也。

【译文】 因为时势的变化而把理看得高或低的人，这是普通人；因为所行之事是否合理来判断时势好坏的人，这是贤人；只看道理，不因任何事物而改变的人，这是圣人。

圣人按理　不分贵贱

【原文】 贫贱以傲为德，富贵以谦为德，皆贤人之见耳。圣人只看理当何如，富贵贫贱除外算。

【译文】　贫贱以傲骨为德，富贵以谦虚为德，这都是贤人的见识。圣人只看按道理应当如何，不管什么富贵贫贱。

圣人胸中　洞然清虚

【原文】　成心者，见成之心也。圣人胸中洞然清虚，无个见成念头，故曰绝四。今人应事宰物都是成心，纵使聪明照得破，毕竟是意见障。

【译文】　成心，这就是现成的想法。圣人胸中洞然清虚，没有一个现成的念头，所以说绝四：即不凭空猜测，不绝对肯定，不固执拘泥，不自以为是。现在的人处理事情主持事物都是现成的一套，即使聪明看得透，毕竟有现成的念头成为障碍。

欲听其言　先察其品

【原文】　凡听言要先知言者人品，又要知言者意向，又要知言者识见，又要知言者气质，则听不爽矣。

【译文】　凡听别人讲话，要先知道说话人的人品，又要知道他的意向，又要知道他的识见，又要知道他的气质，这样就不会听错了。

不言之信　默成之孚

【原文】　不须犯一口说，不须著一意念，只恁真真诚诚行将去，久则自有不言之信，默成之孚。薰之善良，遍为尔德者矣。碱蓬生于碱地，燃之可碱；盐蓬生于盐地，燃之可盐。

【译文】　不必说一句话，不必有任何念头，只要真真诚诚地做下去，时间长了，自有不言之信，默成之孚。用善良的美德来薰陶别人，人们就会普遍地具有善良的美德。碱蓬生在碱地，燃烧后会生出碱；盐蓬生在盐地，燃烧后会生出盐。

当与同过　不与同功

【原文】　当与人同过，不当与人同功，同功则相忌；可与人共患难，不可与人共安乐，安乐则相仇。

【译文】　要有跟人共同承担过失的勇气，不可有跟人共享功劳的念头，因为共享功劳彼此就会互相猜忌；可以有跟人共患难的胸襟，不可以有跟人共安乐的贪心，因为共安乐彼此之间就会互相仇视。

用重要轻　世必笑之

【原文】　今有人于此，以随侯之珠弹千仞之雀，世必笑之。是何也？也用重，所要轻也。

【译文】　假如有这样一个人，用随侯之珠去弹千仞高的飞鸟，世人肯定会嘲笑他。这是什么原因呢？因为他所耗费的太贵重，所追求的太轻微了。说明做事要权衡得失利弊，不要得不偿失。

不去小利　大利不得

【原文】　不去小利，则大利不得；不去小忠，则大忠不至。故小利，大利之残也；小忠，大忠之贼也。圣人去小取大。

【译文】　不抛弃小利，大利就不能得到；不抛弃小忠，大忠就不能实现。所以说，小利是大利的祸害；小忠是大忠的祸害。圣人抛弃小者，选取大者。

小快害义　小慧害道

【原文】　小快害义，小慧害道，小辩害治，苛削伤德。

【译文】　在小事上逞一时之快就会伤害大的原则，耍弄小聪明就会损害治国大道，计较小事就会有害于大治，过分苛刻就会伤害大德。

千金之货　不争铢两

【原文】　逐鹿者不顾兔，决千金之货者不争铢两之价。

【译文】　追赶野鹿的猎手，是不会顾及兔子那样的小猎物的，决意成交价值千金货物的人，是不会在一铢一两的价格上计较不休的。喻做大事时就不要在细微末节上纠缠，以免因小失大。

举大事者　不拘细谨

【原文】　举大事不细谨，盛德不辞让。

【译文】　能干大事的人都不拘泥于细节，有高尚道德的人做事从不推托不前。

区分轻重　权衡得失

【原文】　贵轻重，慎权衡。

【译文】　重视区分事情的轻重缓急，审慎地权衡得失利弊。

顾小忘大　后必有害

【原文】　顾小而忘大，后必有害。

【译文】　凡事只顾细节而忘记大局，后来必定有祸害。

欲思其利　必虑其害

【原文】　欲思其利，必虑其害；欲思其成，必虑其败。

【译文】　要想得到好处，一定要考虑一下可能出现的害处；要想办成一件事，一定要考虑一下可能造成的失败。说明作计划，办事情，一定要充分考虑到不利的方面。

不慕虚名　不招灾祸

【原文】　不得慕虚名而处实祸。

【译文】　不能为了贪图虚名而招致实际祸害。

千钧之弩　万石之钟

【原文】　千钧之弩，不为鼷鼠发机；万石之钟，不以莛撞起音。

【译文】　有千钧之力的弓弩，决不会为了射击小老鼠而开动弩机，万石之重的大钟，不会因为小草茎的撞击而发声。

小利之谓　大利之贼

【原文】　小利大利之贼，小丢大祸之津。

【译文】　小便宜是大利益的祸害，贪图小惠是大祸到来的桥梁。意谓不能因小利而贻误大事。

进中有退　存中有亡

【原文】　进有退之义，存有亡之机，得有丧之理。

【译文】　进中包含着退的含义，存中包含着亡的可能，得中包含着丧的道理。

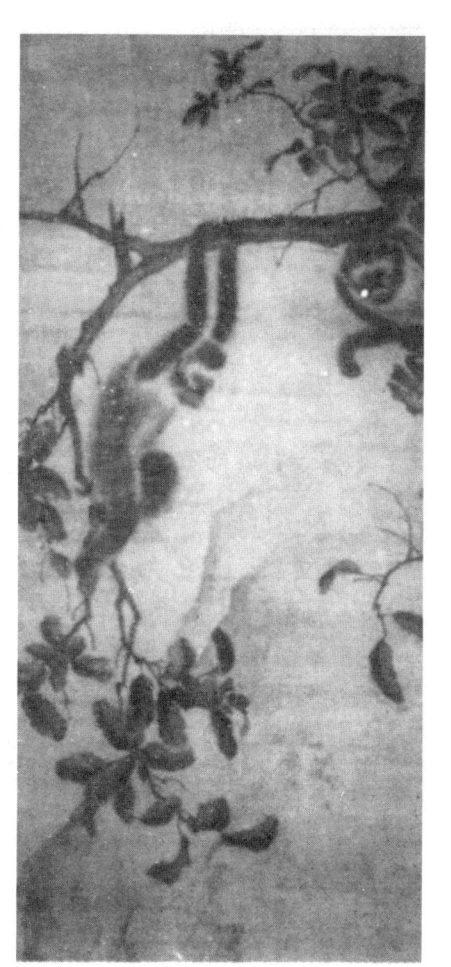

颜辉《戏猿图》

偷安后危　虑近忧迩

【原文】　偷安者后危，虑近者忧迩。

【译文】　苟且偷安的人，以后的处境必然危难；只考虑眼前利益的人，忧患会很快地到来。

爱名惜节　自好之谓

【原文】　孟子看乡党自好看得甚卑，近来看乡党人自好底不多，爱名惜节，自好之谓也。

【译文】 孟子把乡里那些虽然洁身自好但不博爱众人的人看得很低，可现在看来，像乡里人那样洁身自好的也不多，爱名惜节，就是洁身自好的意思啊！

可以谨德　可以养生

【原文】 少年之情，欲收敛不欲豪畅，可以谨德；老人之情，欲豪畅不欲郁阏，可以养生。

【译文】 少年人的情感，应该收敛，不应该豪畅，这样可以使自己的行为更加谨慎。老年人的情感，应该豪放，不应当郁闷，这样可以养生。

言之上乘　十缄不妨

【原文】 到当说处，一句便有千钧之力，却又不激不疏，此是言之上乘，除此虽十缄也不妨。

【译文】 到应当说的时候，一句话便有千钧的力量，但又不激烈不疏漏，这是上等的语言。除此以外，即使十次闭嘴不说也不要紧。

时王之治　先圣之经

【原文】 循弊规若时王之制，守时套若先圣之经，侈已自得，恶闻正论，是人也，亦大可怜矣，世教奚赖焉！

【译文】 遵循那些弊陋有害的法规如同遵守现在国家制定的制度，固守当时老一套的办法如同遵循先王圣人的经典，夸大自己的见解，害怕听见正确的言论，这种人啊，也太可怜了！世人的教化能依靠他们吗？

心要常操　身要常劳

【原文】 心要常操，身要常劳。心愈操愈精明，身愈劳愈强健。但自不可过耳。

【译文】 心要常操，身要常劳。心愈操愈精明，身愈劳愈强健。但自不可过度。

遵循原则　不可违背

【原文】 未适可，必止可；既适可，不过可，务求造可而止。此吾人日用持循，须臾粗心不得。

【译文】 还未达到合适的地步，必须知道在哪里停止才合适；既已达到合适的地步，又不能超过，务求适可而止。这是我们日常生活中必须遵循的原则，一刻也不能粗心违背。

风俗世道　平生德业

【原文】 士君子之偶聚也，不言身心性命，则言天下国家；不言物理人情，则言风俗世道；不规目前过失，则问平生德业。傍花随柳之间，吟风弄月之际，都无鄙俗媟嫚误之谈，谓此心不可一时流于邪僻，此身不可一日令之偷惰也。若一相逢，不是亵狎，便是乱讲，此与仆隶下人何异？只多了这衣冠耳。

【译文】 士君子偶然聚在一起，不谈身心性命的修养，则要谈天下国家大事；不谈物理人情，则要谈风俗世道；不规劝眼前的过失，则要询问平生的德业。即使是傍花随柳之间，吟风弄月之际，也不要有鄙俗轻狂的言词，这就是说心不能一刻流于邪僻，身不可一日让它怠惰。如果一相逢，不是襄狄，便是乱讲，这和仆隶下人有什么不同？只是多了这身儒者衣冠而已。

如同神龙　自得自知

【原文】　作人要如神龙，屈伸变化，自得自如，不可为势力求数所拘缚。若羁绊随人，不能自决，只是个牛羊。然亦不可哓哓悻悻。故大智上哲看得几事分明，外面要无亦无言，胸中要独往独来，怎被机械人驾驭得？

【译文】　作人要如同神龙，屈伸变化，能自得自知，不被势力术数所拘束。如果随时随地好像被捆绑着一样，不能自己决定事物，只是个牛羊。然也不可争辩不休，忿恨不平。因此大智上哲之人连隐微的事都看得很清楚，做事时外表上没有痕迹，很少说话，心里面要独往独来，这样怎么会被机械的人驾驭呢！

财色名位　人品大节

【原文】　"财色名位"，此四字考人品之大节目也。这里打不过，小善不足录矣。自古砥砺名节者，兢兢在这里做功夫，最不可容易放过。

【译文】　"财色名位"这四个字，是考查人品的主要项目。在这四方面过不了关，小善就不值得提了。自古修养品德注重名节的人，都努力在这上面做工夫，最不可轻易放过。

位居贵要　遂无可言

【原文】　古之人非曰位居贵要，分为尊长，而遂无可言之人、无可指之过也；非曰卑幼贫贱之人一无所知识，即有知识而亦不当言也。盖体统名分，确然不可易者，在道义之外；以道相成，以心相与，在体统名分之外。

哀哉！后世之贵要尊长而遂无过也。

【译文】　古代的人，并非居于贵要地位，名分为尊长的，别人就不可以与他共谈，或不能指出他的过失；并非认为卑幼贫贱的人就没有一点知识，或有知识也不该说话。体统名分绝对不可改变的，是指道义以外的事情；如果是以道来相互成就，以心相互交往，这种情况就在体统名分之外了。可悲啊！后世人只重视体统名分，所以对于贵人、要人和尊长就没有人敢指出他们的过失，好像他们是没有过失的人。

点检自家　果是人心

【原文】　只尽日点检自家，发出念头来，果是人心？果是道心？出言行事果是公正？果是私曲？自家人品自家定了几分？何暇非笑人，又何敢喜人之誉己邪？

【译文】　每天都要反省检查自己，心中发出的念头，果然是私心，果然是公理？出言行事是公正的，还是有私心的？自己的人品，自己给评定为几分，这样的话，还有什么空暇去指责和笑话别人？又怎能喜欢别人称赞自己呢？

为富贵求　大丈夫耻

【原文】　求人已不可，又求人之转求；徇人之求已不可，又载求人之徇人；患难求人已不可，又以富贵利达求人。此丈夫之耻。

【译文】　去求人已经不应该了，又请求人去转求别人；曲从别人的请求已经不应该了，又转求别人也去曲从；患难的时候求人已经不应该了，又为了富贵利达去求人，这是大丈夫的耻辱啊！

多文密节　礼教罪人

【原文】　足恭过厚，多文密节，皆名教之罪人也。圣人之道自有中正。彼乡原者，徼名惧讥，希进求荣，辱身降志，皆所不恤，遂成举世通套。虽直道清节之君子，稍无砥柱之力，不免逐波随流。其砥柱者旋以得罪。嗟夫！佞风谀俗不有持衡当路者一极力挽回之，世道何时复古邪？

【译文】　过度地谦恭，过分地享受，过多地修饰，过繁的礼节，都是礼教的罪人。圣人之道就是中正。那些乡原，徼名惧讥，希进求荣，即使辱身降志，也不顾惜，他们的做法成了世人遵行的俗套。即使是直道清节的君子，稍微欠缺砥柱般的力量，就不免会随波逐流，而那些挺立激流之中坚持不屈的人就会获罪。唉，那些佞风谀俗如果没有主持公正的执政者极力挽回的话，世道何时能回古代淳厚的风俗呢？

休恤人情　遵循天理

【原文】　时时体悉人情，念念持循天理。

【译文】　时时要体恤人情，念念要遵循天理。

愈进觉退　愈检觉非

【原文】　愈进修愈觉不长，愈点检愈觉有非。何者？不留意作人，自家尽看得过；只日日留意向上，看得自家都是病痛，那有些好处？初头只见得人欲中过失，到久久又见得天理中过失，到无天理过失则中和矣。又有不自然、不浑化、着色吃力过失，走出这个边境，才是圣人，能立无过之地。故学者以有一善自多，以寡一过自幸，皆无志者也。急行者只见道远而足不前，急耘者只见草多而锄不利。

【译文】　愈进修愈觉得不长进，愈点检愈觉得有毛病。为什么呢？因为不注意修养的时候，看自己样样都过得去；只要天天注意修养，看自己全身都是毛病，哪有一点好处呢？开始时只能看见人欲方面的过失，时间长了，又看到天理方面的过失，到了无天理过失的时候，就是按中道行事了。这时还有不自然、不浑化、着化、吃力等过失，走出这个境界，才能像圣人那样立于无过之地。所以学者认为，那些有一善就觉得已经够多了，少一过还自我庆幸的人，都是无志的人。这些人就如同想快走的人一看见道远就裹足不前，想锄草锄得快的一看见草多就嫌锄不快一样。

得过且过　礼之大害

汪士慎《猫石桃花图》

【原文】　礼义之大防，坏于众人一念之苟。譬如由径之人，只为一时倦行几步，便平地踏破一条蹊径。后来人跟寻旧迹，踵成不可塞之大道。是以君了当众人所惊之事略不动容，才干碍礼义上些须，使愕然变色，若触大刑宪然。惧大防之不可溃，而微端之不可开也。嗟夫！此众人之所谓迁而不以为重轻者也，此开天下不可塞之衅者，自苟且之人始也。

【译文】　礼义的堤防，就坏在众人一个念头的得过且过上。譬如走路的人，只为一时少走几步，便在平地上踏出一条小路，后来的人沿着踩出来的旧迹，就踏成了不可堵塞的大道。因此君子要在众人认为惊讶的事情上不动声色，而对那些不对礼义有一点小的妨碍的事情愕然变色，好像触犯了大的法则一样。就是害怕大堤会崩溃，而微小的缝隙也不能开啊！唉！这就是众人认为迂阔，认为不足为重的事情。开天下不可堵塞的裂痕的，就是从那些苟且之人开始的。

吉凶福祸　不可取代

【原文】　吉凶祸福是天主张，毁誉予夺是人主张，立身行己是我主张。此三者不相夺也。

【译文】　吉凶祸福是由上天主宰的，毁誉予夺是由他人主宰的，立身行己是由自己主宰的，这三者不能相互取代。

罪于法易　罪于理难

【原文】　不得罪于法易，不得罪于理难，君子只是不得罪于理耳。

【译文】　不得罪于法容易，不得罪于理难，君子只是要求不得罪于理而已。

我者份内　是知足处

【原文】　凡在我者都是分内底，在天在人者都是分外底。学者要明于内外之分，则在内缺一分便是不成人处，在外得一分便是该知足处。

【译文】　凡是通过我的努力可以达到的，都是我分内的事；而在天、在别人掌握的，都是分外的事。学者要明于内外之分，那么就在分内的事缺一分，便是不成人处；在分外的事得一分，便是该知足处。

听言观行　取人之道

【原文】　听言现行，是取人之道；乐其言而不问其人，是取善之道。今人恶闻善言，便施施曰："彼能言而行不逮，言何足取？"是弗思也。吾之听言也，为其言之有益于我耳，苟益于我，人之贤否奚问焉。衣敝枲者市文绣，食糟糠者市梁肉，将以人弃之乎？

【译文】　听其言观其行，是选择人材的方法；喜欢他的言论而不看他的为人，是取善的办法。现在的人不愿听善言，听到别人说的正确，便傲慢地说："他只是善于说，行动做不到，说的好听也不足取。"这种态度是因为没有认真思考的缘故。我听别人说话，是因为他的话对我有益，如果能对我有益，他的人品贤不贤何必问呢？穿着破麻布衣服的人去卖绣花衣服，食糟糠的人去卖白米大肉，人们会因为他穿的破吃的不好而不买他的东西吗？

善而不用　依旧常人

【原文】　取善而不用，依旧是寻常人，何贵于取？譬之八珍方丈而不下箸，依然饿死耳。

【译文】　吸取了美德而不用，依旧和寻常人一样，得到了又有什么用呢？譬如摆了满桌的山珍海味而不下筷子，依然还要饿死。

嵇康养生　其死虑外

【原文】　今之养生者，饵药、服气、避险、辞难、慎时、寡欲，诚要法也。嵇康善养生，而其死也，却在所虑之外，乃知养德尤养生之第一要也。德在我而蹈白刃以死，何害其为养生哉？

【译文】　现在养生的人，饵药服气、避险辞难、慎时寡欲，的确是重要的方法。嵇康是善于养生的人，但他的死却是因为养生之外的事，以此可知养德尤其是养生第一重要的。我有很高的品德，冒着刀枪的危险而死，怎能说没有养生呢？

元气安定　休闲之宗

【原文】　仁者寿，生理完也；默者寿，元气定也；拙者寿，元神固也，反此皆夭道也。其不然，非常理耳。

【译文】　仁者寿，是因为对人生的道理了解的清楚；默者寿，是因为元气安定；拙者寿，是因为元神牢固。与此相反的都是夭折之道，如果不是这样，就不符合常理。

言语过多　精神衰竭

【原文】　太朴，天地之命脉也，太朴散而天地之寿夭可卜矣，故万物蕃则造化之元精耗散。木多实者根伤，草出茎者根虚，费用广者家贫，言行多者神竭，皆夭道也。老子受用处，尽在此中看破。

【译文】　元气，是天地的命脉，元气散了，天地是长寿还是夭折就可以推测了。因此万物繁茂，造化的元气精神就会耗散。树木果实结多了就会伤根，草长出茎叶根就虚弱，花费多家就贫穷，言行多精神就会衰竭，这都是夭折之道，老子受用处，都是看到了这些道理。

自受自全　自己留心

【原文】　饥寒痛痒，此我独觉，虽父母不觉也。衰老病死，此我独当，虽妻子不能代也，自受自全之道不自留心，将谁赖哉！

【译文】　饥寒痛痒，只有我自己体会得到，即使是父母也体会不到。

衰老病死，只能自己承当，即使是妻子儿女也无法代替。自爱自全的方法不自己留心，将依赖谁呢！

气存则存 气亡则亡

【原文】 气有为而无知，神有知而无为，精者无知无为，而有知有为之母也。精，天一也，属水，水生气；气，纯阳也，属火，火生神；神，太虚也，属无，而丽于有。精盛则气盛，精衰则气衰，故甑涸而不蒸。气存则神存，气亡则神亡，故烛尽而火灭。

【译文】 气有作为而无知觉，神有知觉而无作为，精无知觉无作为，但它是有知有为之本。精为天一，属水，水生气；气为纯阳，属火，火生神；神为太虚，属无，而附丽于有。精盛则气盛，精衰则气衰，因此蒸锅中的水干了就不会冒出蒸气，气存则神存，气亡则神亡。因此腊烛燃烧尽了火就熄灭。

多余分毫 消耗真体

【原文】 气只够喘息底，声只够听闻底，切莫长余分毫，以耗无声无臭之真体。

【译文】 呼气只够喘息的就够了，发声只够听闻的就够了。切不要多余分毫，来消耗无声无臭的真体。

纵欲忘身 惊心回首

【原文】 语云："纵欲忘身"，"忘"之一字最宜体玩。昏不省记谓之忘，欲迷而不悟，情胜而不顾也。夜气清明时，都一一分晓，着迷处，便思不起，沉溺者可以惊心回首矣。

【译文】 俗话说："纵俗忘身"，"忘"这个字最应该体玩。昏惑记不住民做忘，被欲望迷住不醒悟，感情强烈了就会不顾及其他事情。夜气清明时，件件记得清楚；着迷时，便想不起来。沉溺其中者应该惊心回首啊！

在箧香韫　在炉香烬

【原文】 在箧香韫，在几香损，在炉香烬。

【译文】 在盒子里的香会发出阵阵香气，在桌子上的香容易折损，插在香炉上烧着的香容易烧尽。

文徵明《湘君夫人图》（局部）

无为无作　优游清逸

【原文】 钓水，逸事也，尚持生杀之柄；奕棋，清戏也，且动战争之心。可见喜事不如省事之为适，多能不若无能之全真。

【译文】 静坐水边垂钓本来是一件高雅的活动，然而在活动中却手握对鱼的生杀大权；对坐桌前下棋本来是一利悠雅娱乐，但是在娱乐中却存在争强好胜的战争心理。可见好事就不如无事那样能悠闲自在，多才就不如无才那样能保持本性。

言者无行　谈者不真

【原文】 谈山林之乐者，未必真得山林之趣；厌名得利之谈者，未必尽忘名利之情。

【译文】　经常畅谈山野林泉生活之乐的人，未必就真的领悟了山林的真正乐趣；高谈讨厌功名利禄的人，心中未必就不存名利思想。

依阿权势　凄凉万世

【原文】　栖守道德者，寂寞一时；依阿权势者，凄凉万世。

【译文】　恪守遵循道德的人，只是寂寞一时；依附阿谀权势的人，必将万世凄凉。

王门杂吹　郢路飞声

【原文】　王门杂吹非竽，梦连魏阙；郢路之飞声无调，羞向楚囚。

【译文】　滥竽充数，只可在齐宣王门下杂吹，聊以糊口，一旦败露，唯有溜之大吉，梦归魏国都城；飞声无调，郢路漫漫，即对楚国囚徒，也觉羞愧。

肝胆气骨　清如秋水

【原文】　肝胆煦若春风，虽囊乏一文，还怜茕独，气骨清如秋水。

【译文】　肝胆像和煦的春风一样，即使囊中空空，孤单无依仍需洁身自好，气骨如秋水一般清奇。

一片热肠　冷眼相看

【原文】　负心满天地，辜他一片热肠；恋态自古今，悬此两只冷眼。

【译文】　普天之下负心之人甚多，辜负了他的一片热心肠；从古至今眷恋之情常存，应该头脑清醒冷眼相看。

胸中甲兵　老于牖下

【原文】　龙津一剑，尚作合于风雷；胸中数万甲兵，宁终老于牖下。

【译文】　龙津宝剑，还须和风雷结合，方能显出威力无穷；胸中韬略，可指挥千军万马，生不逢时宁愿老于草屋茅舍。

风流不尽　英雄霸图

【原文】　英雄未转之雄图，假糟丘为霸业；风流不尽之余韵，托花谷为深山。红润口脂，花蕊乍过微雨；翠匀眉黛。柳条八拂轻风。

【译文】　英雄豪杰的雄心壮志难以如愿的时候，常常沉溺酒乡，醉后飘飘然，仿佛霸业已就；风流才子的经国治世之策无法实现的时候，常常沉溺声色，寄托情怀，仿佛深山美景为之再造。殷红鲜润的香口，仿佛刚刚经过细雨的花蕊，那样秀色可餐；翠绿均匀的黛眉，仿佛轻风吹拂着的柳枝，那样妩媚动人。

生当封侯　死当庙食

【原文】　大丈夫居世，生当封侯，死当庙食，不惟闲居可以养志，诗书足以自娱。

【译文】　大丈夫在世，活着的时候应当被君王封侯，享受荣华，死去后应当被人建庙祭祀。然而，贫时闲居要能够蓄养志气，赋诗写字同样可以自我娱乐。

意气精神　不可磨灭

【原文】　云长香火，千载遍于华夷；坡老姓字，至今口于妇孺。意气精神，不可磨灭。

【译文】　关云长的香火千百年来遍布汉族和少数民族的各个角落，受到人们的敬仰；苏东坡的姓名从古至今妇儒皆知，受到人们的传颂。由此可见，意气和精神不可磨灭。

豪士谈锋　酒人醉态

【原文】　据床嗒尔，听豪士之谈锋；把雷惺然，看酒人之醉态。

【译文】　神情专一地按着床、静听豪爽人士刚厉的谈锋；醉眼朦胧地拿着酒杯，细看酒中人醉态纷呈。

情意真诚　态度开朗

【原文】　遇故旧之交，意气要愈新，处隐微之事，心迹宜愈显；待衰朽之人，恩礼当愈隆。

【译文】　偶尔遇到多年不见的老友时，情意要特别真诚，气氛要特别热烈，偶尔处理某种秘密事情时，居心要特别坦诚，态度要特别开朗，偶尔服侍身体衰弱的老人时，举止要特别殷勤，礼节要特别周到。

德才兼备　正人君子

【原文】　德者才之主，才者德之奴。有才无德，如家无主而奴用事矣，几何不魑魑猖狂。

【译文】　一个人的品德是才学才干的主人，而才学才干只不过是品德的奴隶而已。所以一个人假如只有才学才干而没有品德修养，就等于一个家庭没有主人而由奴隶当家，这样哪有不遭受精灵鬼怪肆意人之理？

没点真情　繁文侈费

【原文】　没这点真情，可惜了繁文侈费；有这点真情，何嫌于二簋一掬。

【译文】　如果没一点真情，有多少繁琐的礼节和奢侈招待也是白白浪费；如果有了真情，即使只有两碗饭一杯水也不嫌少。

谈人评人　一定慎重

徐枋《山水图》

【原文】　百代而下，百里而外，论人只是个耳边纸上，并迹而诬之，那能论心？呜呼！文士尚可轻论人乎哉？此天谴鬼责所系，慎之。

【译文】　百代以后，百里以外，评论人只是凭言语和文章，他的行迹也会被误解，还能评论到人的真实思想吗？啊！文士可以轻易地评论人吗？这是上天和鬼神都要谴责的事啊，一定要慎重。

凶服者式　式负版者

【原文】　凶服者式之，式负版者。

【译文】　当自己坐着车子，遇见给死人送衣物的人，便把身体向前一探，两手扶一下车前的横木，表示同情。遇见背负国家国籍的人，也要用手扶一下车前横木，探一下身，表示尊敬。

托物于人　恭敬送行

【原文】　问人于他邦，再拜而送之。

【译文】　当孔子托人给国外的朋友问好或送礼时，总是向受托的人恭敬地礼拜送行。

不学礼法　难以立世

【原文】　（孔子曰）"不学礼，无以立。"

【译文】　孔子说："一个人如果不学礼，就不能在社会上立身处世做人。"

兴诗立礼　成之于乐

【原文】　子曰："兴于诗，立于礼，成于乐。"

【译文】　孔子说："学《诗》篇使我振奋，学礼使我在社会上能站住脚，学音乐使我所学得以完成。"

道德齐礼　有耻且格

【原文】　子曰："道之以政，齐之以刑，民免而无耻；道之以德，齐之以礼，有耻且格。"

【译文】　孔子说：关于治理国家和百姓的办法，用政法来诱导他们，再用刑罚来整顿他们，人们可以暂时免于罪过；如果用道德来诱导他们，再用礼教来教育他们，人们不但有廉耻之心，而且从心理真正佩服你。"

仁义道德　大丈夫也

【原文】　孟子曰："居天下之广居，立天下之正位，行天下之大道；得志，与民由之；不得志，独行其道。富贵不能淫，贫贱不能移，威武不能屈，此之谓大丈夫。"

【译文】　孟子说："男子理当住在天下广大的仁宅里，站在天下正确的礼的位置中，前进在天下光明的义的道路上。得志时，跟百姓一起沿着正道走；不得志时，能独立坚持原则。要做到富贵不致迷惑腐败，贫贱不致动摇改志，威武不致屈服变节。只有这样的人，才称得起是男子汉。"

仁义二字　君子之道

【原文】　孟子曰："自暴者，不可与有言也；自弃者，不可与有为也，言非礼之，谓之自暴也；吾身不能居仁由义，谓之自弃也。仁，人之安宅也；义，人之正路也。旷安宅而弗居，舍正路而不由，哀哉！"

【译文】　孟子说："自己损害自己的人，不能跟他正经交谈；自己抛弃自己的人，不能跟他正经共事。口出破坏礼义之言，就叫损害自己；自认为居心不仁，行动不义，就叫做抛弃自己。仁，是人类最安全的居所，义，是人类最正确的途径。让安全居所处空闲而不去居住，把正确的途径舍弃而不去行走，是很可悲的事情！"

舍生取义　谓之君子

【原文】 孟子曰："生亦我所欲也；义亦我所欲也；二者不可得兼，舍生取义者也。生亦我所欲，所欲有甚于生者，故不为苟得也；死亦我所恶，所恶有甚于死者，故患有所不避也。"

【译文】 孟子说："生命是我所喜欢的，义也是我所喜欢的，假若两者不能同时有，便舍弃生命而选择义。生命虽是我所喜欢的，但我所喜欢的还有超过生命的东西，因此，我不去做苟且偷生的事。死亡虽是我所厌恶的，但我所厌恶的还有超过死亡的东西，因此，有的祸患就不躲避。"

穷善其身　达泽天下

【原文】 孟子曰："尊德乐义，则可以嚣嚣矣。故士穷不失义，达不离道。穷不失义，故士得已焉；达不离道，故民不失望焉。古之人，得志，泽加于民；不得志，修身见于世。穷则独善其身，达则兼善天下。"

【译文】 孟子说："讲究德行，喜欢仁义，更可以安详自若。因此，士人穷困而不失掉仁义，得志而不离开正道。穷困不失义，士人因此自得其乐；得意不离道，平民因此不致失望。古代的人，得意时，恩惠遍及百姓；不得意时，修养自身以显于世。穷困时修身养性，得志时施善于天下人。"

浮躁隐秘　认真对待

【原文】 未可与言而言谓之傲，可与言而不言谓之隐，不观气色而言谓之瞽。故君子不傲，不隐，不瞽，谨顺其身。

【译文】 可以说的话去说了，这叫做浮躁；应该说的话却不说，这叫做隐秘；不观察对方的脸色就谈论，这叫做眼瞎。所以君子不浮躁，不隐秘，不瞎眼，谨慎地对待那些来请教的人。

谢苏《荷花图》

侍之穷君　事务顺利

【原文】 身劳而心安，为之；利少而义多，为之；事乱君而通，不知事穷君而顺焉。

【译文】 有身体操劳而内心安全的事情，就去做；有利益少而道义多的事情，就去做；侍奉昏乱的国君而官运亨通，不如侍奉困穷的君主而事务顺利。

劳苦争光　人莫不任

【原文】 劳苦之事则争先，饶乐之事则能让，端悫诚信，拘守而详，横行天下，虽困四夷，人莫不任。

【译文】 遇到劳苦的事情，就争先去做；遇到享乐的事情，就让给别人。端谨、诚信，拘守身心，而又举止善良。这样的人走遍天下，虽然困顿在边远地区，人们没有不信任他的。

德行完备　谓之君子

【原文】　君子宽而不慢，廉而不刿，辩而不争，察而不激，直立而不胜，坚强而不暴，柔从而不流，恭敬谨慎而不容，夫是文谓至文。

【译文】　君子宽宏而不怠慢，讲原则而不刺伤人，辩论而不争讼，明察而不偏激，品行正直而不盛气凌人，坚强而不粗暴，柔从而不邪移，恭敬、谨慎而有威仪，这就是所谓的德行完备。

虽有戈矛　不如恭俭

【原文】　泄者，人之殃也；恭俭者，王兵也，虽有戈矛之刺，不如恭俭之利也。

【译文】　傲慢，是人的祸害；谦恭，可以抵御一切兵器。虽然有长矛的锋芒，也比不过谦恭能保护自己。

随机应变　各得其宜

【原文】　佚而不惰，劳而不慢，宗原应变，曲得其宜。如是，然后圣人也。

【译文】　虽然居住安逸而不怠惰；虽然行动劳苦，而不怠慢；宗守师法，随机应变，各得其宜。做到这样，然后才符合于圣人之道。

君子必备　敦厚行为

【原文】　立隆而勿贰也，然后恭敬以先之，忠信以统之，慎谨以行之，端悫以守之，顿穷则从之，疾力以申重之。

【译文】　树立敦厚的行为，而没有二心，然后用恭敬来指引，用忠信来统率，用谨慎来行动，用端厚来保守，如果发生困顿，就会力前进。

始终俱善　人道毕矣

【原文】　生，人之始也；死，人之终也。终始俱善，人道毕矣。故君子敬始而慎终。

【译文】　生，是人生的开始；死，是人生的终结。从开始到终结都处理的完善，为人之道就完备了。因此君子严肃地对待人生的开始，谨慎地对待人生的终结。

君子之道　视听必端

【原文】　视听必端：毋浮视，毋倾听。

【译文】　看和听的姿势必须端正：不能瞟着眼睛看人，不能侧着耳朵听话。

容貌必庄　端严凝重

【原文】　容貌必庄：必端严凝重，勿轻易放肆，勿粗豪狠傲，勿轻有喜怒。

【译文】　人的容貌必须庄重；人的容颜面貌必须端庄凝重，不要轻慢放肆，不要粗鲁斗狠，不要轻易有高兴或恼怒的表现。

君子衣冠　必须整洁

【原文】　衣冠必整：勿为诡异华靡，毋致垢弊简率，虽燕处不得裸袒露项，虽盛暑不得辄去鞋袜。

【译文】　衣服帽子必须整洁：不要做怪异而华丽奢侈的衣帽；不要用粗简脏烂的衣帽。虽然闲居家中，也不能裸露身体、露出头顶；虽然酷暑乘凉，亦不能脱掉鞋子、去掉袜子。

有计难悖　善听难惑

【原文】　计有一二者难悖也，听无失本末者难惑。

【译文】　具有一两套计谋的人，处理事情就不大会失误；从头到尾全面考察的人，就不会被复杂情况所迷惑。

先而不备　是谓之怠

【原文】　可先而不备谓之怠，可后而先之，谓之召灾。

【译文】　可以提前做的事情而无准备，这叫做怠惰；只能放在以后做的事却把它提前，这叫做招灾惹祸。

免国于患　三节行上

【原文】　免国于患者，必穷三节以行其上。上不可则行其中，中不可则行其下。

【译文】　能够使国家免于危患的人，在决定问题时一定要充分考虑上、中、下三种对策以便实行上策，上策如果不行就用中策，中策不行就用下策。意谓在决策时要准备几种方案，从中选优。

谋必见成　而后履之

【原文】　谋必素见成事焉，而后履之，不可以授命。

【译文】　谋划一件事，必须事先预见它可以成功，然后才去实施，而不能白白去送命。

事不先豫　不可应卒

【原文】　事不豫办不可以应卒，内无备不可以御敌。

【译文】　做事情不预先有准备，就不能够应付突然发生的情况；内部没有防备，就不能抵御敌人的入侵。

渴后穿井　难以应卒

【原文】　渴而后穿井，饥而后殖种，可以图远，难以应卒也。

【译文】　渴了以后去挖井，饿了以后去种植，这样可以作为长远的考虑，但难以应付突然情况。比喻不早作准备，仓促从事，难以奏效。

智者先胜　而后求战

【原文】　智者先胜而后求战，暗者先战而后求胜。

【译文】　聪明的人有了胜利的把握以后才去向敌人挑战，愚笨的人则是先向人挑战后才希望取胜。

善知敌势　善知险阻

【原文】　五善者，所谓善知敌之形势，善知进退之道，善知国之虚实，善知天时人事，善知山川险阻。

【译文】　所说的五种"善"是：善于了解掌握敌军的形势，善于掌握进攻和退却的规律，善于了解国家的虚实，善于了解天时人事，善于了解山川地势险阻情况。

妙算决胜　先审彼我

【原文】　妙算决胜，必宜审量彼我，万全而后动。

【译文】　国家研究决定要获取胜利的重大决策，必须先审查衡量敌我双方的力量，各方面的准备工作做好之后才能采取行动。

先审后发　费而不晚

【原文】　审而后发，犹未为晚。

【译文】　仔细瞄准好了，才把箭射出去，这样虽然多费一点时间，也不能算是迟误。

关思《放鹤图》

先谋者逸　先事者失

【原文】　先谋后事者逸，先事后谋者失。

【译文】　先考虑谋划好了才去做的人，就安闲超脱；冒冒失失地动手后才去筹划的人，必然要出错漏。

事先而预　处之有余

【原文】　事未至而预图，则处之常有余；事既至而后计，则应之常不足。

【译文】　事情还没到来就预先考虑对策，一旦到来，处理起来就非常从容了；事情已经到来才开始考虑对策，应付起来往往有力不从心之感。

先知其然　事至不惧

【原文】　惟能前知其当然，事至不惧，而徐为之图，是以得至于成功。

【译文】　正因能预先知道事情的发生是必然的，所以，事到临头就没有惊慌失措的行为，并且针对出现的情况从容不迫地想办法去处置，因此，能够获得事业的成功。

决胜之术　其要有三

【原文】　立策决胜之术，其要有三：一曰形，二曰势，三曰情。

【译文】　确定作战计划，决定最后胜负的办法，主要依据三个要点：一是地形地势，二是双方形势，三是心情意志。

虑定而动　事尽可为

【原文】　审度时宜，虑定而动，天下无不可为之事。

【译文】　按照时代要求审时度势，待考虑妥当之后再去做，那么天下就没有做不成的事情。

虑之贵详　行之贵力

【原文】　天下之事，虑之贵祥，行之贵力。

【译文】　天下的事情，斟酌计划贵在详备，具体去做的时候贵在竭尽全力。

为成功者　先计于始

【原文】　锐始者必图其终，成功者先计于始。

【译文】　急于开始的一定要考虑其结尾，能成就功业的总在开始的时候就精心设计。

先机不豫　临事嗟叹

【原文】　先机失所豫，临事徒嗟叹。

【译文】　如果对事情发生的先兆没有觉察和防备，一旦出现事情，则只会叹息悔恨。

计得财委　不计民心

【原文】　计得地与宝，而不计失诸侯；计得财委，而不计失百姓；计见亲而不计见弃。三者之属一，足以削，遍而有者亡矣。

【译文】　只考虑取得土地与宝物而不考虑是否因此而得罪诸侯国；只考虑财物的积累而不考虑是否因此而失去百姓；只考虑近亲而不考虑被抛弃。这三条有了一条，就完全会削弱国家；全都有的，就灭亡了。

利财行之　害则舍之

【原文】　良医知病人之死生，圣主明于成败之事，利则行之，害则舍之。

【译文】　出色的医生知道病人的生与死，英明的君主明了事业的成与败，有利就实行，有害就舍弃。

以小害大　是谓不智

【原文】　无以小害大，无以贱害贵。

【译文】　不要因为小的事情妨害了大的事情，不要因为不重要的东西而妨害了重要的东西。

无益于事　弃之可矣

【原文】　为之无益于成也，求之无益于得也，忧戚之无益于几也，则广焉能弃之矣。

【译文】 对于那些做了也无益于事情的成功，追求也无益于事情的实际效果，忧虑也无益于解决问题的事，那么就应当远远地将它抛弃掉。

全则必缺　极则必反

【原文】 全则必缺，极则心反，盈则必亏。先王知物之不可两大，故择物，当而处之。

【译文】 完美就会转向缺损，极端就会走向反面，满盈就会转向欠缺。先王知道不能两方面同时发展壮大，所以对于事物要加以选择，适宜做的才做。意思是，对立着的矛盾双方不能同时得以发展，所以做事不能要求十全十美，只能权衡利弊，择一而从。

决营大者　不计小名

【原文】 营大者，不计小名；图远者，弗拘近利。

【译文】 经营伟大事业的人，决不在小名声上斤斤计较；筹划远大目标的人，决不把自己束缚在眼前利益上。

宋人《汉宫图》

所取之远　必有所待

【原文】 君子之所取者远，则必有所待；所就者大，则必有所忍。

【译文】 一个有才能的人追求的目标远大，就必须有所等待；要干的事业伟大，就必须有所忍耐。

天旱备舟　目光深远

【原文】　旱斯具舟，热斯具裘。

【译文】　天大旱时，就要预备船只；天大热时，就要准备皮袄。比喻做事要有远见，不要只看眼前。

善于渔者　不会泄泽

【原文】　善渔者不泄泽，善田者不竭卉。

【译文】　会打渔的人不把水全部排干，会种田的人不把草都拔除。意谓不能只顾眼前利益，还要为以后着想。

司国计者　识大体难

【原文】　司国计而知大体者之难，小人以环堵之识，惜目睫之锱珠，吝于出而急于纳。

【译文】　负责国家大计的人能够识大体顾长远是很难得的。一般小人往往以狭隘的见识，只知道计较眼前的小利，舍不得付出而急于纳进。

凡人之情　局于目前

【原文】　凡人之情，局于目前而迷于四际者，固不足以测之。

【译文】　一般人的性情，总是被眼前的事物所局限，被周围的事物所迷惑，当然就没有足够的水平来正确地判断形势。

择善而从　多见而识

【原文】　多闻，择其善者而从之，多见而识之。

【译文】　广泛听取意见，选择其中好的意见而采纳它，多看各种事情，牢牢地记在心里。

事宜绝四　意必固我

【原文】　事绝四：毋意，毋必，毋固，毋我。

【译文】　孔子杜绝了四种毛病：他不凭空猜测，不绝对肯定，不拘泥固执，不自以为是。

愚者自用　贱者自专

【原文】　愚而好自用，贱而好自专。

【译文】　愚昧的人往往喜欢凭自己的主观意图行事；卑贱的人经常喜欢独断专行。

适可而止　可以不殆

【原文】　知止可以不殆。

【译文】　懂得适可而止，可以避免危险。强调行事要审时度势，掌握分寸。

愚而自专　国事不治

【原文】　愚而自专事不治。主忌苟胜，群臣莫谏必逢灾。

【译文】　君主愚钝却又独断专行，国家就不能得到很好的治理。君主好嫉妒，又总想胜过臣下，这样大臣们都没进行劝谏，这样必然要遇到灾祸。

迷因不问　亡人好独

【原文】　迷者不问路，溺者不问遂，亡人好独。

【译文】　迷路的人是因为他不问路，溺水的人是因为他不打听河中可以涉水而过的道，亡国的君主是因为他好独断专行，不能用人。

明主任计　暗主信怒

【原文】　明主任计不信怒，暗主信怒不任计。计胜怒则强，怒胜计则亡。

【译文】　明智的君主在决定问题时凭谋略不凭个人感情，昏庸的君主凭个人感情不凭谋略。谋略胜过感情就强大，感情胜过谋略就灭亡。说明凭个人感情决定问题危害是很大的。

君子辩说　言辞有度

【原文】　处道而不贰，吐而不争，和而不流，贵公正而贱鄙争。是士君子之辩说也。

【译文】　坚守正道，而不发生偏差；言辞有度，而不强辞夺理；态度和蔼，不流于淫邪；尊重正大光明，而鄙薄粗野的争论。这是士君子的辩说之道。

人心检制　以敬为主

【原文】　天理之节文，人心之检制。出门如见大宾，使民如承大祭。当以敬为主，非一朝之可废。

【译文】　礼是根据天理所制定的一种行为规范，它是用来约制民心的。所以孔子曾说，出门像迎接大宾，使用民众时像身临祭祀。礼应以尊敬为主，不是一朝就能废除的。

屈于恭敬　弭于守礼

【原文】　钼麑屈于宣子之恭敬，汉兵弭于鲁城之守礼。

【译文】　刺客钼麑由于被赵宣子的谦恭诚敬所感动，没有杀宣子，便触槐自杀了。汉高祖的大兵因为鲁国是知义守礼的国家，所以罢兵不战。

世之言乐　读书田家

【原文】　世之言乐者，但曰读书乐，田家乐。可知务本业者，其境常安。古之言忧者，必曰天下忧，廊庙忧。可知当大任者，其心良苦。

【译文】　世人说到快乐之事，都只说读书的快乐和田园生活的快乐，由此可知只要就自身的工作去努力，便是最安乐的境地。古人说到忧心之处，一定都是忧天下苍生疾苦，以及忧朝廷政事清明，由此可知身负重任的人，真是用心甚苦。

因噎废食　讳疾忌医

【原文】　偶缘为善受累，遂无意为善，是因噎废食也；明识有过当规，却讳言有过，是讳疾忌医也。

【译文】　偶尔因为做善事受到连累，便不再行善，这就好比曾被食物哽在喉咙，从此不再吃饭一般。明明知道有过失应当纠正，却因忌讳而不肯承认，这就如同生病怕人知道而不肯去看医生一样。

相遇以礼　和气浃洽

【原文】　诸生以时归省，宗族乡党，相遇以礼，必致其敬老慈幼之诚，使一家一乡，和气浃洽。

【译文】　同学们回家探亲的时候，如果遇到乡里同族的人，要以礼相见，自己必须用诚实的态度来尊敬老人、慈爱小孩，使一家一户，乃至整个乡里，都感到和气、融洽。

金人《溪山无尽图》（局部）

在路在学　端行三坐

【原文】　慎威仪。在路在学，须端行正坐，轻佻失仪者责。

【译文】　要注重容貌的严肃和举止的庄重。在路上，必须端正走路的姿势；在学校，必须端正坐下的姿势。凡是轻佻失去庄重仪表的人，要责罚。

不重不威　学则不固

【原文】　学贵端容貌。端容貌所以坚德性也，故夫子曰："君子不重则不威，学则不固。"此内外交符之道也。《礼记》曰："足容重，手容恭，目容端，口容止，声容静，头容直，气容肃，立容德，色容庄。"持身之大端亦略尽矣。

【译文】　学习贵在端正容貌。端正容貌是用来坚定自己的品德行为，所以孔子说："君子，如果不庄重，就没有威严；即使读书，所学的也不会巩固。"这里在家处理事务，出外交结朋友必须具备的道德。《礼记》说："走路要稳重；举手要高正；看人不斜视；讲话不随便；声音不咳嗽；头部不歪斜；精神要振奋；伫立不能动；脸色要庄重。"一个人修身处世要保持的大的方面，也就是这些！

偷机钻营　小人作风

【原文】　末俗相尚钻营，谓科名势利可依附权要而得，此大谬也。有命在天，实非人力所能为。其求而得也，乃命所固有，而多此一求也；其求而不得，乃命所本无，而又多一求之辱也。世间学者讲求声气、潜通关节，科场之岁，百弊丛生，权要之门，奔走如市。

【译文】　末流的习俗是讲究钻营，认为科举功名及权势，可以依附于权贵显要人物来得到，这是一个大错误。功名由命在天，实在不是人的力量所能改变的，你请托而得到了这是你命运中本来就有的，因而，这一请托实在是多此一举；你请托却得不到，这是你命运中本来就没有的，因此，这一请托就又多了一份耻辱。社会上一些读书人每每互通声气，暗中打通关节，到了科举考试的那一年，各种作弊的现象就都出现了，一时间，权贵显要人物的大门前，车水马龙，奔走的人流如同街市。

居处必恭　居有常位

【原文】　居处必恭：居有常处，序坐以齿，凡坐必直身正体，毋箕踞、倾倚、交胫、摇足；寝必后长者，既寝勿言，当昼勿寝。

【译文】　居住的地方必须端庄整洁：居住要有固定的地方，按人年龄的大小顺序就坐；凡是坐下，必须身体正直，不能两腿岔开坐，不能倾斜歪靠着坐，不能两个小腿交叉着坐，坐着不能摇摆脚；就寝必须让年长的先睡，已经睡觉了就不能讲话，白天不能睡觉。

宁使人骂　不使人怜

【原文】　顺眉之士在世，宁使乡里小儿怒骂，不当使乡里小儿见怜。

【译文】　堂堂正正的须眉丈夫生在世上，宁愿让鄙俗的小人恼怒谩骂，也不应让鄙俗的小人看见可怜。

男人双脚　此处插入

【原文】　胡宗宪读《汉书》，至终军请缨事，乃起，拍案曰："男儿双脚当从此处插入，其他皆狼籍耳。"

【译文】　明朝人胡宗宪读《汉书》，至汉终军请缨出使南越的事时，就拍案而起，说："好男儿双脚应当从此处插入，其它都是乱七八糟。"

七尺之躯　大海葬之

【原文】　宋海翁才高嗜酒，睥睨当世，忽乘醉泛舟海上，仰天大笑，曰"吾七尺之躯，岂世间凡土所能贮，合以大海葬之耳。"遂按波而入。

【译文】　宋海翁才华横溢，嗜酒如命，傲视世人，有一天忽然乘着酒兴，驾着一叶小舟驶向大海，仰天长笑，说："我这七尺之躯，难道世间凡土能容纳下吗？应当用一望无际的大海来埋葬我。"于是，随着波涛消失在海洋中。

犹薄苏秦　安事邓通

【原文】　毛澄七岁善属对，诸喜之者赠以金钱，归掷之，曰："吾犹薄苏秦斗大，安事此邓通靡靡。"

【译文】　毛澄七岁时善于作文妙对，那些喜欢他的人都赠给他金钱，毛澄回到家即随后把金扔掉，说："我把苏秦似斗大的金子看得很淡，何况毫无用处的银子。"

英雄藏之　鱼樵耕牧

【原文】　旨言不显，经济多论之工瞽乌芜；高踪不落，英雄常混之渔樵耕牧。

【译文】　真知灼见往往不被世人理解，有经国济世之才的人常常被当做手工业者、盲人、农夫等；高尚的行为往往不能被认识，英雄豪杰常常被混为渔夫、樵夫、牧人等。

太上立言　千古之心

【原文】　立言者未必即成千古之业，吾取其有千古之心；好客者未必尽四海之交，吾取其有四海之愿。

【译文】　著书立说的人不一定能成就千古传颂的事业，我吸取他准备千古传颂的念头；热情好客的人不一定能尽交普天之下的朋友，我赞美他有欲交尽天下朋友的心愿。

襟怀疏朗　文字雄奇

【原文】　襟怀贵疏朗，不宜太逞豪华；文字要雄奇，不宜故求寂寞。

【译文】　人的襟怀贵在畅达明了，不宜过分卖弄豪华；作文写字关键在于雄伟、奇宕，不宜故意追求生僻。

处处讨好　悲其为人

【原文】　为文而欲一世之人好，吾悲其为文；为人而欲一世之人好，吾悲其为人。

【译文】　做文章而想让世人都喜欢，我对他做文章感到痛惜；做人而想让世人都喜欢，我对他做人感到痛惜。

胸中无书　未必能文

【原文】　胸中无三万卷书，眼中无天下奇山川，示必能文，纵能亦无豪杰语耳。

【译文】 胸中如果没有数万卷书，眼中如果没有天下的奇山大川，未必能够写出好文章，纵然能够写也不会有豪言壮语罢了。

招贤共卧　闻君子言

【原文】 孟宗少游学，其母制十二幅被，以招贤士共卧，庶得闻君子之言。

【译文】 三国时，吴人孟宗年轻时四处求学，他的母亲缝制了十二幅被子，用来招纳天下的贤士，和孟宗同床共眠，希望能听取到君子真知灼言。

马琬《乔岫幽居图》

囿之豪杰　化之愚蒙

【原文】 天下固有父兄不能囿之豪杰，必无师友不可化之愚蒙。

【译文】 普天下固然有不为父兄所约束的豪杰，也必定没有老师、朋友不能教化的愚蠢者。

不必人知　何关世议

【原文】 得意不必人知，兴来书自圣；纵口何关世议，醉后语犹颠。

【译文】 得意之时不必要人人皆知，兴致来时挥毫运墨自成圣人；口若悬河那管世人议论，醉酒之后依然颠狂不羁。

缺己不可　为人不及

【原文】　能为世必不可少之人，能为人必不可及之事，则庶几此生之不虚。

【译文】　能够做一个世上必不可少的人，能够干一般人干不出来的事情，那么差不多不虚此生了。

儿女英雄　并行不悖

【原文】　儿女情，英雄气，并行不悖，或柔肠，或侠骨，总是吾徒。

【译文】　儿女私情，情意浓重，英雄豪杰，气贯长虹，相依互存，并行不悖。有时缠缠绵绵，牵肠挂肚，有时侠义横生，铮骨犹存，互为表里，这才是我们这一辈人。

上马横槊　下马作赋

【原文】　上马横槊，下马作赋，自是英雄本色，熟读《离骚》，痛饮浊酒，果然名士风流。

【译文】　上马横槊，驰骋疆场，下马赋诗，吟咏不绝，自然是英雄本色；熟读屈原的《离骚》，痛饮廉价低劣之酒，果然不愧风流名士的称号。

诗狂古今　酒狂天地

【原文】　诗狂空古今，酒狂空天地。

【译文】　"诗狂"无拘无束，把古今不放在眼中；"诗狂"放荡不羁，天地犹然不见。

热地思冷　冷地思热

【原文】　处世当于热地思冷，出世当于冷地求热。

【译文】　处世应当在"热"地想到"冷"时，也即荣华思贫困；出世应当在"冷"时追求"热"地，也即失意之时奋求得意。

办大事者　智略绝也

【原文】　办大事者，匪独以意气胜，盖亦其智略绝也。故负气雄行，力足以折公侯；出奇制事足以骇耳目。如此人者俱千古矣。嗟叹今世徒虚语耳。

【译文】　干大事业的人，不单单凭靠意气豪爽使人信服，大概也因其智慧谋略力量卓绝。所以，凭勇气豪爽行英雄之事，产生的威力足以折服公侯权贵；出谋划策，制胜算计，干出的事情才足以惊骇世人。像这样的人都一去不复返了。唉！今世之人徒然兴叹罢了。

积累之难　倾覆之易

【原文】　问祖宗之德泽，吾身所享者是，当念其积累之难；问子孙之福祉，吾身所贻者是，要思其倾复之易。

【译文】　假如要问我们的祖先是否给我们留下恩德，就要看看我们现在生活所享受的程度是否高，我们就要感谢祖先当年留下这些德泽的不易，假如我们要问我们的子孙将来是否能生活幸福，就必须先看看自己给子孙留下的德泽究竟有多少，假如我们给子孙留下的恩惠很少，就要想到子孙势将无法守成而容易使家业衰败。

练出幸福　考出学问

【原文】　一苦一乐相磨练，练极而成福者其福始久；一疑一信相参勘，勘极而成知者其知始真。

【译文】　在人的一生中有苦也有乐，只有在苦难中不断磨炼而得来的幸福才能长久；在求学时既要有信心也要有怀疑精神，只有在不断考证中得来的学问才是真学问。

诈善肆恶　改节自新

【原文】　君子而诈善，无异小人之肆恶；君子而改节，不及小人之自新。

【译文】　一个伪装心地善良的正人君子，和无恶不作的邪僻小人并没什么区别；一个正人君子如果改变自己所操守的名节，他的品格还不如一个毅然痛改前非而重新做人的小人。

世间万物　心地来定

【原文】　此心常看得圆满，天下自无缺陷之世界；此心常放得宽平，天下自无险侧之人情。

【译文】　一个天性善良心地纯洁的乐观主义者，把人间的万事万物都看得很美好，而毫无缺陷；一个天性忠厚心胸开朗的达观主义者，待人接物都抱着宽大为怀的态度，因此他把万事万物看得很正常而毫无邪恶。

一时失足　千古成恨

【原文】　人只一念贪私，便销刚为柔、塞智为昏、变恩为惨、染洁为污，坏了一生人品。故古人以不贪为宝，所以度越一世。

【译文】　一个人只要心中出现一点贪婪偏私的念头，那他原本刚直的性格就会变得很懦弱、原本聪明的性格就会被蒙蔽的很昏庸，原本慈悲的心肠就会变得很残酷，原来纯洁的人格就会变得很污浊，结果就是毁灭了他一辈子的品德。所以古圣贤一致认为，做人要以"不贪"二字为修身之宝，所以古圣先贤才能超越物欲度过一生。

出泥不染　近墨不黑

【原文】　澹泊之士，必为浓艳者所疑；检饰之人，多为放肆者所忌。君子处此，固不可少变其操履，亦不可露其锋芒！

【译文】　一个具有淡泊之志的人，一定会遭受那些热衷名利的人所怀疑；一个言行谨慎处处检点的真君子，往往会遭受那些邪恶放纵无所忌惮的小人的嫉妒。所以一个有才学而又有修养的君子，万一不幸处在这种既被猜疑而又遭忌恨的恶劣环境中，固然不可以略为改变自己的操守和志向，但是也绝对不可以过分表现自己的才华和节操。

暗不欺隐　明处受用

【原文】　闲中不放过，忙处有受用；静中不落空，动处有受用；暗中不欺隐，明处有受用。

【译文】　在闲暇的时候不要轻易放过宝贵的时光，最好利用这段时间为以后的事情做一些准备，等到忙碌起来就会有受用不尽之感；当平静的时候也不要忘记充实自己的精神生活，以便为日后的担任艰巨工作有所准备，等到艰巨工作一旦来到才会有应付自如之感；当你一个人静静的坐在没有任何人看见的地方时，也能保持你光明磊落的胸襟，如此才能使你在众人面前受到人们的尊敬。

逆境之中　敦品励行

【原文】　居逆境中，周身皆针砭药石，砥节砺行而不觉；处顺境中，眼前尽兵刃戈矛，销膏靡骨而不知。

【译文】　一个人如果生活在艰苦贫困的环境中，那周围所接触到的全是有如针药的事物，在不知不觉中会使你敦品励行把一切毛病都治好；反之一个人如果生活在丰衣足食无忧无虑的良好环境中，这就等于你面前摆满了刀枪等杀人的利器，在不知不觉中使你的身心受到腐蚀走向失败的路途。

拉回欲念　转祸为福

【原文】　念头起处，才觉向欲路上
去，便挽从理路上来。一起便觉，一觉便转，此是转祸为福，起死回生的关头，切莫轻易放过。

钱慧安《烹茶洗砚图》

【译文】　当你心中刚一浮起邪念时，假如你能发觉这种邪念有走向物欲或情欲方向的可能，你就应该立刻用理智把这种欲念拉回正路上去。只要坏的念头一产生你就立刻有所警觉，当你有所警觉就立刻设法来挽救，这才是扭转灾祸为幸福，改变死亡为生机的重要关头，所以你绝对不可以轻轻放过。

富贵嗜欲　必将自烁

【原文】　生长富贵家中，嗜欲知猛火，权热似烈炎，若不带些清冷气味，其火焰不至焚人，必将自烁矣。

【译文】　一个生长在富豪权贵之家的人，物质享受方面可说应有尽有，因此就会养成各种不良嗜好和喜欢作威作福的个性；但是不良嗜好对人体的危害就有如烈火，作威作福专权弄势的脾气对心性的腐蚀就有如凶焰；假如不及时给他一点清凉冷淡的观念来缓和一下他强烈的欲望，那猛烈的欲火如果不使他粉身碎骨，早晚有一天也必然会像引火自焚般早晚把他毁灭。

至诚镂金　伪妄自愧

【原文】　人心一真，使霜可飞，城可损，金石可镂，若伪妄之人，形骸徒具，真宰已亡，对人则面目可憎，独居则形影自愧。

【译文】　一个人的精神修养功夫如果能达到至诚地步，就可感动上天变不可能为可能，甚至就连最坚固的金石也会由于真诚的精神力量而把它完全雕凿贯穿。反之一个人如果心存虚伪邪恶的念头，那他只不过是空有人的形体架势而已，其实他的灵魂早已经死亡，并且由于心术不正也会使人觉得讨厌。更由于坏事做得太多，再当夜深人静，就会忽然良心发现，这时不由得面对自己的影子看看，顿时觉得万分羞愧。

好谈之人　未必真人

【原文】　谭山林之乐者，未必真得山林之趣。厌名利之谭者，未必尽忘名利之情。

【译文】　好谈山居生活之乐的人，未必真能由山林原野中得到乐趣。

好在口头作厌恶名利之论的人，未必真的将名利完全忘掉。

三年不飞　一飞冲天

【原文】　伏久者，飞必高；开先者；谢独早。

【译文】　伏藏甚久的事物，一旦显露出来，必定飞黄腾达；过早开发的事物，往往结束也早。

义行之中　报之以利

【原文】　义之中有利，而尚义之君子，初非计及于利也；利之中有害，而趋利之小人，并不愿其为害也。

【译文】　在义行之中也会得到利益，这个利益是崇尚行义的君子始料所不及的。在谋利中也会有不利的事发生，这是一心求利的小人不愿得善其后，畅则无咎也；高自位置者，难保其终，亢则有悔也。

小心谨慎　畅则无咎

【原文】　小心谨慎者，必善其后，畅则无咎也；高自位置者，难保其终，亢则有悔也。

【译文】　凡是小心谨慎的人，必定谋求安全的善后方法，因为只要戒惧，必然不会犯下过错。凡是居高位的人，很难能够维持长久，因为只要到达顶点，就会开始走下坡路。

贫不足羞　贱不作恶

【原文】　贫不足羞，可羞得贫而无志；贱不作恶，可恶是贱而无能；老不足叹，可叹是老而虚生；死不足悲，可悲是死而无补。

【译文】　贫穷并不是值得羞愧的事，贫穷而没有振作的志向才是羞耻的事。地位卑贱并不是令人厌恶的原因，厌恶的是地位卑贱还不知充实自己的能力。年老并不值得叹息，值得叹息的是年老而一无所成。死也不值得悲伤，令人悲伤的是死去面对世人毫无贡献。

一寸光阴　一寸黄金

【原文】　矮板凳，且坐着；好光阴，莫错过。

【译文】　这小小的板凳，暂且坐着吧！人有许多美好的时光，不要让它偷偷溜走了呀！

天赋良知　失去似兽

【原文】　天地生人，都有一个良心；苟丧此良心，则其去禽兽不远矣。圣贤教人，总是一条正路；若舍此正路，则常行荆棘之中矣。

【译文】　人生于天地之间，都有开赋的良知良能，如果失去了它，就和禽兽无异。圣贤教导众人，总会指出一条平坦的大道，如果放弃这条路，就会走在荆棘丛生的境地中。

夙夜所为　无惭于影

【原文】　夙夜所为，得毋抱惭于衾影；光阴已逝，尚期收效于桑榆。

【译文】　每天早晚的所做所为，没有一件是暗中想来有愧于心的。人生的光阴虽然已经逝去，但是总希望在晚年能看到自己一生的成就。

克勤克俭　毋负先祖

【原文】　念祖考创家基，不知栉风沐雨，受多少苦辛，才能足食足衣，以贻后世；为子孙计长久，除却读书耕田，恐别无生活，总期克勤克俭，毋负先人。

【译文】　祖先创立家业，不知受过多少艰辛，经过多少努力，才能够衣食暖饱，留下财产给后代子孙。若要为子孙做长久的打算，除了读书和耕田外，恐怕就没有别的人，总希望他们能勤俭生活，不要辜负了先人的辛劳。

有所贡献　受人传颂

【原文】　但作里中不可缺少之人，便为于世有济；必使身后有可传之事，方为此生不虚。

【译文】　成为乡里不可缺少的人，就是对社会有所贡献了。在死后有足以为人传颂的事，这一生才算没有虚度。

且不论古　但须论己

【原文】　自己所行之是非，尚不能知，安望知人？古人已往之得失，且不必论，但须论己。

【译文】　自己的行为举止是对是错，还不能确实知道，哪里还希望知道他人的对错呢？过去古人所做的事是得是失，暂且不要讨论，重要的是先要明白自己的得失。

仁爱之心　治世之道

【原文】　治术必本儒术者，念念皆仁顾也；今人不及古人者，事事皆虚浮也。

【译文】　治理国家之所以必定要本着儒家的方法，因乃在于儒家的治国之道都出于仁爱宽厚之心。现代人之所以不如古代人，乃在于现代人所做的事都十分不实在，尚虚华。

自得之人　与天相通

【原文】　字到不择笔处，文到不修句处，话到不检口处，事到不苦心处，皆谓之自得。自得者，与天遇。

董其昌《秋兴八景图》之一

【译文】　写字到了不必选择笔的时候，文章到了句子不必修饰的时候，说话到了话到口边不必检点的时候，处理事情到了不必煞费苦心的时候，皆称作自得。自得的人可以和天相通。

用情使悔　奋然向义

【原文】　激之以理法，则未至于恶也，而备然为恶；愧之以情好，则本不徒义也，而备然向义，此游说者所当知也。

【译文】　用道理和法律来激怒他，本来还未至做恶，他可能会奋然而为恶；用感情来使他愧悔，本来不准备为义，他可能会奋然向义。对这种情况，劝说人的人应当知道。

君子观人　因人而宜

【原文】　人有言不能达意者，有其状非其本心者，有其言貌诬其本心者。君子观人，与其过察而诬人之心，宁过恕以逃人之情。

【译文】　有言论不能表达其思想意义的情况，有表现出来的情状不符合他本心的情况，有言貌诬蔑了他本心的情况。君子观察人，与其太苛察而诬蔑了人的本心，宁可过于宽厚不符合那人的情况。

古今所同　同归于道

【原文】　人情，天下古今所同。圣人防其肆，特为之立中以的之，故立法不可太激，制礼不可太严，贵人不可太尽，然后可以同归于道，不然是驱之使畔也。

【译文】　人情，天下古今所同。圣人防备其太放肆，特地立了个中来作为标准，所以立法不可太激，制礼不可太严，责人不可太尽，然后可以同归于道，不然是驱使人叛道的作法。

相机因时　成功之举

【原文】　天下之事，有速而迫之者，有迟而耐之者，有勇而劫之者，有柔而折之者，有愤而激之者，有喻而悟之者，有奖而歆之者，有甚而淡之者，有顺而缓之者，有积诚而感之者。要在相机因时，舛施未有不败者也。

【译文】　天下的事情，有迅速又急迫的，有迟缓须等待的，有靠勇敢果断而取得的，有用柔和的办法而使他折服的，有需要愤怒的办法而激发他的，有需要启发让其醒悟的，有用奖励的办法使他高兴的，有用过分的办法反而使他淡薄的，有用顺从的办法使他缓慢的，有用积诚的方法使他感化的。应用这些方法关键在于相机因时，在错误时机施行没有不失败的。

论眼前事　眼前就办

【原文】　论眼前事，就要说眼前处置，无追既往，无道远图。此等语虽精，无裨见在也。

【译文】　论眼前的事，就要说眼下怎么办，不要追究以往的事，不要说长远的事。那些话即使精辟，也无补于现在。

天下之事　确实后宁

【原文】　天下之事，只定了便无事。物无定主而争，言无定见而争，事无定体而争。

【译文】　天下的事情，只要确定了便没事了。物品没有固定主人就会发生争夺，言论没有确定见解就会发生争论，事情没有定下规模大小就会发生争论。

世间好恶　因人而论

【原文】　至人无好恶，圣人公好恶，众人随好恶，小人作好恶。

【译文】　道德修养达到最高境界的人没有好恶，圣人以公众的好恶为自己的好恶，普通人随从别人的好恶为好恶，小人经常制出自己的一套好恶。

恶人自弃　视自为仇

【原文】　古人爱人之意多，今日恶人之意多。爱人，故人易于改过而视我也常亲，我之教常易行。恶人，故人甘于自弃而视我也常仇，我之言益不入。

【译文】　古人爱人之意多，今人恶人之意多。爱人，所以人容易改过，看见我就觉得亲近，我的教化就常常容易实行。恶人，所以人甘于自暴自弃，而视我为仇，我的话他更加听不进去。

心之邪正　一言分晓

【原文】　观一叶而知树之死生，观一面而知人之病否，观一言而知识之是非，观一事而知心之邪正。

【译文】　观察一片树叶就知道这树是死的还是活的，看一看人的面孔就知道这人是否有病，听他说的一句话就可以判断他的见解是否正确，察看他做的一件事就知他的心是邪是正。

留有余地　养人面子

【原文】　论理要精详，论事要剀切，论人须带二三分浑厚。若切中人情，人必难堪，故君子不尽人之情，不尽人之过。非直远祸，亦以留人掩饰之路，触人悔悟之机，养人体面之余，亦天地涵蓄之气也。

【译文】　论理要精详，论事要切实，论人须带三分朴实厚道。如果说中了他内心的真情，他必然难堪，所以君子不完全把人的内情揭穿，不尽数人的过失。这样做不只是远祸，也给别人留一点掩饰的余地，触发他悔改的念头，保留一点做人的体面，这也是天地涵养万物的气量。

米友仁《云山图》

上交不谄　下交不渎

【原文】　君子上交不谄，下交不渎。

【译文】　品德高尚的人，与上司相交时不巴结奉承，与下属相交时不失礼轻慢。

君子之交　平淡如水

【原文】　君子之接如水，小人之接如醴。君子淡以成，小人甘以坏。

【译文】　君子之间的交往，像水那样清澈平淡；小人之间的交往，象甜酒那样浓烈芳香。但是，君子之间的交往虽然平淡而成功长久，小人之间的交往即使亲密而失败分离。

居必择邻　游必就士

【原文】　君子居必择邻，游必就士。

【译文】　品德高尚的人在寻觅住宅时，一定会选择好的邻居；在外出他乡时，只接近知书识礼的人。

若无信用　盟亦无益

【原文】　苟信不继，盟无益也。

【译文】　如果诺言和信誉，不能保持即使是双方签订条约，结盟友好，也是没有任何用处的。

以色而交　华落爱终

【原文】　以色交者，华落而爱渝。

【译文】　年老色衰，情爱也就完结了。

士为知己　虽死亦甘

【原文】　士为知己者死，女为悦己者容。

【译文】　大丈夫愿为知己朋友而舍去性命，女子好为喜欢自己的人修饰打扮。

大悲生离　大乐新知

【原文】　悲莫悲兮生别离，乐莫乐兮新相知。

【译文】　要说悲哀，没有比活生生的离别更悲哀；要说快乐，没有比交上新的知己朋友更快乐。

朋而不心　谓之面朋

【原文】　朋而不心，面朋也；友而不心，面友也。

【译文】　朋友之间的交往，不是推心置腹，而是各怀私意，这只能叫面朋、面友，而不是真心诚意互相信赖的朋友。

为势结交　不能长久

【原文】　势利之交，难以经远。

【译文】　为权势、私利而交结朋友，时间不会久长。

虽然绝交　不出丑言

【原文】　古之君子，绝交不出丑言。

【译文】　古代品德高尚的人，即使与他人断绝了交情，也决不会说出难于启口的脏话。

先择后交　先交反择

【原文】　君子先择而后交，小人先交而反择。

【译文】　品德高尚的人交朋友，先选择，然后才与他们交结为朋友；小人却不同，一见如故，显得异常亲热，然后才去选择自己所需要的人。

交往师友　宜含敬畏

【原文】　香海为人最好，吾虽未与久居，而相知颇深，尔以兄事之可也。丁秩臣、王衡臣两君，吾皆未见，大约可为尔之师。或师之，或友之，在弟自为审择。若果威仪可测、淳实宏通，师之可也；若仅博雅能文，友之可也。或师或友皆宜常存敬畏之心，不宜视为等夷，渐至慢亵，则不复能受其益矣。

【译文】　香海为人很好，我虽然没有与他长期共处，但是彼此有着很深的了解，你可以把他当作兄长对待。丁秩臣、王衡臣两人，我都没有见过，大约可以作为你的老师。无论拜师或是交友，都全靠弟弟自行审视选择。如果容貌庄重威严，学问谆朴切实，见解高深宏达，就可以尊为老师；如果仅限于爱好博雅，善书能文，就可以引为朋友。不论待师交友，都应该经常保持敬畏的心理，而不应该把他们看作和自己一样的人，以防渐渐轻慢，不尊重他们，也就不能再从他们那里得到教益了。

交朋结友　首贵雅量

【原文】　盖仆寡昧之资，不自振厉，恒资辅车以自强，故生平于友谊兢兢焉。尝自虑执德不宏，量既隘而不足以来天下之善，故不敢执一律求之。虽偏长薄善，苟其有裨于吾，未尝不博取焉以自资益；其有以谠言争论陈于前者，即不必有当于吾，未尝不深感其意，以为彼之所以爱我者，异于众人泛然相遇情也。昨秋与二陈兄弟相见，论辩之间不合者十六七矣，然心雅重其人，以为实今日豪杰之士。所见虽不尽衷于道，而要其所以自得者，非俗儒口耳之学所及；持论虽不必矩于醇，而其所讥切实，足以匡吾之不逮。至于性情气诣（调）之相感，又别有微契焉。别后独时时念之，以为如斯人实友朋中所不可少者，而不敢以门户之见参之也。盖平日区区所以自励，而差堪自信者如此。

【译文】　由于我天资愚钝，无法凭自身求得振作、进步，常常借助外界的帮助来使自己不断向上、完善。因此一生对于友谊一向珍视，谨慎而不敷衍。我曾经思虑自己如果心胸不够宽宏，器量狭小的话就不能博取天下的美德，因此不敢拿一个标准来强求他人。哪怕是一点长处、一点善行，如果它有益于我，都广泛吸取以求培养自己的德行；那些以正大之词、劝勉之论前来告知我的人，即使不一定投合我的心意，也从来都没有不深深感念他的厚意，认为他对我的关心，和其他人的泛泛之情迥乎不同。去年秋天和陈家二位兄弟见面，我们一起讨论争辩，其中有十分之六七的观点和我不一致，但我心里还是十分器重他们，认为他们确实是当今出类拔萃的人物。其见解虽不完全合乎大道，然而关键在于这些是他们自己悟到的，不像是一般读书人仅从读书、道听途说中得到的；其观点虽然不一定臻至炉火纯青毫无杂质，然而他们所批评的切合实际，完全可以匡正我的不足、欠缺。至于说到我们彼此之间的情投意合，又别有微妙难言的默契。离别之后惟独经常思念他们，觉得像这样的人实在是朋友中不可缺少的，丝毫不敢以私心偏见参杂其中。平时我之所以不断勉励自己，并且大体上还能相信自己，原因就在于此。

处世交友　忌露锋芒

【原文】　易念园归，称岱老有《之官诗》四章，未蒙出示。（近各省有拐带幼儿之案，京城亦多，尊处有之否？若有，须从严办也。）杜兰溪于闰月杪奉母讳，将以八月出都，留眷口在京。胡咏芝来京，住小珊处。将在陕西捐输、指捐贵州知府万余金之多，不费囊中一钱，而一呼云集，其才调良不可及，而光芒仍自透露，恐犹虞缺折也。岱老自外间历练，能韬锋敛锐否？胡以世态生光，君以气节生芒。其源不同，而其为人所忌一也，尚祈慎旃！（陕甘番务办毕，尚为妥善。云南回务尚无实耗，大约剿抚兼施耳。镜海丈尚在南京。）比移广信，士友啧啧以肥缺相慕，眼光如豆，世态类然。

【译文】　易念园归来，说岱老作了四首《之官诗》，没有拿出来让我见识，（近年各省都有拐骗儿童的案件，京城里也多有此事，您那里有这种事没有？如果有，应该从严办理啊！）杜兰溪由于今年的闰月末尾不幸母亲过世，将在八月离京丁忧，只留家眷在北京。胡咏芝来到北京，住在小珊那里。他将去陕西募捐，捐纳一万两银子这么多的钱财来做贵州知府。不花费自己钱袋中的一文钱，却出来一发倡议钱财就滚滚而来，他的才能活动力确实非他人所能及，但是他的锋芒太露，恐怕还要防备有所闪失啊！岱老在外地任职日久而经验丰富，能否收藏自己的锋芒？胡咏芝凭借人际周旋而显示能量，你依恃个人气节而夺人眼目。二人的途径虽不相同，但都被人忌讳是一样的。还望对此谨慎！（对陕甘边境少数民族的事务已经办理完毕，还算妥善。云南回族事务还无着落，大约要兼用剿灭、招抚两种办法吧！镜海（唐鉴）先生还在南京。）等我改任广信这里做官，其他士子、朋友都羡慕地说这是个有油水的职务，眼光短浅，世态大多如此。

势利之交　难以经远

【原文】　势利之交，难以经远。

【译文】 为权势、私利而交结朋友，时间不会久长。

三分侠气　一点素心

【原文】 交友须带三分侠气，作人要存一点素心。

【译文】 交友须带三分豪爽之气，作人要存一点纯洁之心。

文嘉《曲水园图》（局部）

得一好友　人生一快

【原文】 人生德业成就，少朋友不得。……惟夫朋友者，朝夕相与，既不若师之进见有时，情礼无嫌，又不若父子兄弟之言语有忌，一德亏则友责之，一业废则友责之，美则相与奖劝，非则相与匡救，日更月变，互感交摩，骎骎然不觉其劳且难，而入于君子之域矣。是朋友者，四伦之所赖也。嗟夫！斯道之亡久矣，言语嬉媟，尊俎妪煦，无论事之善恶，以顺我者为厚交；无论人之奸贤，以敬我者为君子。蹑足附耳，自谓知心；接膝拍肩，滥许刎颈。大家同陷于小人而不知，可哀也已。是故物相反者相成，见相左者相益。孔子取友曰"直"、"谅"、"多闻"，此三友者，皆与我不相附会者也，故曰益。是故得二友难，难为人三友更难。天地间不论天南地北、缙绅草莽，得一好友，道同志和，亦人生一大快也。

【译文】 人的一生如果要建立功名，成就事业，没有朋友是不行的。……只有朋友能在一起朝夕相处，既不像与老师相处仅是偶然的，在感情和礼仪上没有疑惑，也不像父子、兄弟之间谈说有所忌讳。如果品德存在亏欠，朋友就会责难，一旦学业荒废，朋友就会批评。好事就相互鼓励，坏事就相互匡救。日复一日，互相接触，浑然不觉得朋友相处有什么辛苦和困难，这样便进入了君子之交的境界了。作为五伦之一的朋友，是其他四伦所依赖的。唉！这种朋友相处之道已不多见了。言谈嘻闹，贪聚酒肉，凡事不辨是非，只以会说好话的人为好友；无论坏人好人，只把恭敬自己的人当作正人君子。潜足疾行，俯耳谗言，自认为是知心朋友；促膝相谈，拍肩而语，随便就结为生死之交。这样，众人都陷于小人的迷惑而不觉察，实在是可悲可怜。所以说，相反的事物能够相互促成，意见相互对立的才能互相获益。孔子结交朋友的条件是"直"、"谅"、"多闻"。这三个交友的条件，都是不附会迎合自己，故称这种朋友为益友。所以说，能够得到这三种朋友很难，同时能够具备这三种条件而作为他人的朋友更难。无论天南地北，也无论贵人雅士或者草莽村夫，能够得到一个知心好友，志同道合，也是人生最令人愉悦的事情。

小人之交　其名为市

【原文】　淡全甘坏，先哲所戒；势贿谈量，易燠易凉。盖君子之交，慎终如始；小人之交，其名为市。

【译文】　君子之间的交往淡薄如水但能保持始终；小人之间的交往看来像酒一样浓烈但却很容易毁坏。这是先哲所告诫人们的。因权势而交友，或贿赂而结交，要么因谈吐相宜而相交，或因都有度量而结成朋友，他们之间要么热要么冷，变化不定啊！因此，君子一旦交了朋友，就要长期维护保持这种友谊始终如一；小人的交友则像生意人那样，生意做定了，友情也完了。

初虽相欢　后必相咄

【原文】　乌集之交，初虽相欢，后必相咄。

【译文】 交结朋友，若是象乌鸦聚合那样，开始时喊喊喳喳，欢快热烈，但要不了多久，就会互相讥讽，吵闹不休。

人之一生　岂能无友

【原文】 人生德业成就，少朋友不得。……惟夫朋友者，朝夕相与，既不若师之进见有时，情礼无嫌，又不若父子兄弟之言语有忌，一德亏则友责之，一业废则友责之，美则相与奖劝，非则相与匡救，日更月变，互感交摩，骎骎然不觉其劳且难，而入于君子之域矣。是朋友者，四伦之所赖也。嗟夫！斯道之亡久矣，言语嬉媒，尊俎妪煦，无论事之善恶，以顺我者为厚交；无论人之奸贤，以敬我者为君子。蹑足附耳，自谓知心；接膝拍肩，滥许刎颈。大家同陷于小人而不知，可衷也已。是故物相反者相成，见相左者相益。孔子取友曰"直"、"谅"、"多闻"，此三友者，皆与我不相附会者也，故曰益。是故得三友难，能为人三友更难。天地间不论天南地北、缙绅草莽，得一好友，道同志和，亦人生一大快也。

【译文】 人的一生如果要建立功名，成就事业，没有朋友是不行的。……只有朋友能在一起朝夕相处，既不像与老师相处仅是偶然的，在感情和礼仪上没有疑惑，也不像父子、兄弟之间谈说有所忌讳。如果品德存在亏欠，朋友就会责难，一旦学业荒废，朋友就会批评。好事就相互鼓励，坏事就相互匡救。日复一日，互相接触，浑然不觉得朋友相处有什么辛苦和困难，这样便进入了君子之交的境界了。作为五伦之一的朋友，是其他四伦所依赖的。唉！这种朋友相处之道已不多见了。言谈嬉闹，贪聚酒肉，凡事不辨是非，只以会说好话的人为好友；尤论坏人好人，只把恭敬自己的人当作正人君子。潜足疾行，俯耳谗言，自认为是知心朋友；促膝相谈，拍肩而语，随便就结为生死之交。这样，众人都陷于小人的迷惑而不觉察，实在是可悲可怜。所以说，相反的事物能够相互促成，意见相互对立的才能互相获益。孔子结交朋友的条件是"直"、"谅"、"多闻"。这三个交友的条件，都是不附会迎合自己，故称这种朋友为益友。所以说，能够得到这三种朋友很难，同时能够具备这三种条件而作为他人的朋友更难。无论天南地北，也无论贵人雅士或者草莽村夫，能够得到一个知心好友，志同道合，也是人生最令人愉悦的事情。

择善而交 造乎精微

【原文】 择善人而交，择善书而读，择善言而听，择善行而从，是初学切要功夫。从此造乎精微，总不外"择善"二字。

【译文】 选择贤良的人做朋友；选择美好的书来阅读；选择正确的言论来听取；选择完美的行为来顺从，是学习开始时最重要的功夫。从这开始直到精深学问，总离不开"择善"二字。

友有过失 尽言相告

【原文】 朋友偶有过失，即于静处尽言相告，令其改图。即所闻未真，亦不妨当面一问，以释胸中之疑。不惟不可背后讲说，即在公会中，亦不可对众言之，令彼难堪，反决然自弃。交砥互砺，日迈月征，庶几共为君子。改过迁善，为圣学第一义，我辈勉之。

【译文】 如果朋友偶然犯了错误，就在僻静的地方向他讲清楚，使他考虑清楚后改正。即使自己听到的不一定准确，也不妨当面问一问，以解除自己胸中的怀疑。这样的事，不仅不可以在他不在的时候讲说，就是在大庭广众之下，也不可以对大家讲这样的事，使他感到难以忍受，反而坚决自暴自弃。朋友之间只要相互切磋，就会每天有所进步，每月有所收获，时间长了之后，就会同时成为君子。改正错误转变到好的方面来，是圣人学问的第一个要义，我们应该以它来勉励自己。

交直朋友 必有令名

【原文】 能结交直道朋友，其人必有令名；肯亲近耆德老成，其家必多善事。

【译文】　能与行为正直的人交朋友，这样的人必然也会有很好的名声；肯向德高望重的人亲近求教，这样的家庭必然常常有善事。

淡中交久　静里寿长

【原文】　淡中交耐久，静里寿延长。

【译文】　平淡之交，往往能维持很久。而在平静中度日，寿命必定绵长。

苏汉臣《秋庭婴戏图》

得一知己　对之无惭

【原文】　人得一知己，须对知己而无惭；士既多读书，必求读书而有用。

【译文】　人难得有一个知己，在面对知己时应该毫无可惭愧之处；读书人既然读了很多书，总要将学问用之于世，才不枉然。

规我之过　方为益友

【原文】　何者为益友？凡事肯规我之过者是也；何者为小人？凡事必徇己之私者是也。

【译文】　哪一种朋友才算是益友呢？凡遇到我做事有不对的地方肯规劝我的便是益友。哪一种人算是小人呢？凡遇到自己做错事，只会一味地回护自己过失的便是小人。

用人不刻　交友不滥

【原文】　用人不宜刻，刻则思效者去；交友不宜滥，滥则贡谀者来

【译文】　用人要宽厚而不可太刻薄，因为用人如果太刻薄，即使想为你效力的人，也由于受不了你的刻薄而设法离去，交友不可太浮滥，因为交友如果太浮滥，那些善于逢迎谀媚的人都会设法接近来到你的身边。

真金百炼　不改其色

【原文】　古交如真金百炼而后不改其色；今交如暴流盈涸而不保朝夕。

【译文】　古人交友就像真金一样，虽经百炼也不改变它的真本色；而现代人交友，如同天下暴雨一样不长久。

管鲍之知　穷达不移

【原文】　管鲍之知，穷达不移；范张之谊，生死不弃。

【译文】　管仲和鲍叔牙相互了解的友谊，无论贫穷时还是显贵时都坚定不移；东汉范式和张劭的深厚友情，无论活着还是死后，都不会彼此抛弃。

交贵始终　中路莫分

【原文】　人生结交在终始，莫为升沉中路分。

【译文】　人生于世，对待朋友时要始终如一，不要因为自己的地位改

变而中途分手，也不要在朋友倒霉时却离开他。

淡全甘坏　先哲所戒

【原文】　淡全甘坏，先哲所戒；势贿谈量，易燠易凉。盖君子之交，慎终如始；小人之交，其名为市。

【译文】　君子之间的交往淡薄如水但能保持始终；小人之间的交往看来像酒一样浓烈但却很容易毁坏。这是先哲所告诫人们的。因权势而交友，或贿赂而结交，要么因谈吐相宜而相交，或因都有度量而结成朋友，他们之间要么热要么冷，变化不定啊！因此，君子一旦交了朋友，就要长期维护保持这种友谊始终如一；小人的交友则像生意人那样，生意做定了，友情也完了。

二人同心　其利断金

【原文】　二人用心，其利断金；同心之言，其臭如兰。

【译文】　两人齐心协力，有如锋利的刀剑，能够把金属切断；朋友间推心置腹，志同道合的交谈，象是兰草那样馥郁芬芳。

受于冥冥　显之昭昭

【原文】　肝受病则目不能视，肾受病则耳不能听，受病于人所不见，必发于人所共见；故君子欲无得罪于昭昭，必先无得罪于冥冥。

【译文】　肝脏有疾病，眼睛就看不清，肾脏有疾病，耳朵就听不清。病虽然生在人们所看不见的肝脏和内脏，但是病的症状必然发作于人们所都能看见的地方；所以君子要想表面没有过错，必须从看不到的细微处下功夫。

福不可徼　祸不可避

【原文】　福不可徼，养喜神以为召福之本而已；祸不可避，去杀机以为远祸之方而已。

【译文】　人间幸福不可勉强去追求，只要能经常保持愉快的心情，就算是追求人生幸福的基础；人间的灾祸实在难以避免，消除怨恨他人的念头，就算是远离灾祸的惟一方法。

施人钱物　不求回报

【原文】　施恩者，内不见己，外不见人，则斗粟可当万钟之报；利物者，计己之施，责人之报，虽百镒难成一丈之功。

【译文】　一个施恩惠给别人的人，不可老把这种恩惠记在心头，更不可存让别人赞美观念；这样即使是一斗米也可收到万种的回报；一个用财物帮助别人的人，不但计较自己对人的施舍，而且要求人家的报答，这样即使是付出一百镒，也难收到一文钱的功德。

施之以恩　不求回报

【原文】　舍己毋处其疑，处其疑即所舍之志多愧矣；施人毋责其报，责其报并所施之心俱非矣。

【译文】　假如一个人要想作自我牺牲，就不应计较利害得失，假如有这种观念就会使你对这种牺牲感到犹疑不决，即然对你的牺牲心存计较犹疑，那就会使你的牺牲志节蒙羞。假如一个人要想施恩惠给他人，就绝对不要希望得到人家的回报，假如你一定要求对方感恩图报，那就连你原来帮助人的一番好心也会变质。

满腔热情　福分渊源

【原文】　天地之气，暖则生，寒则杀。故性气清冷者，受享亦凉薄；惟和气热心之人，其福亦厚，其泽也长。

【译文】　由于有大自然四季的变化，春夏气候温暖，万物就获得生机，秋冬寒冷，万物就丧失生机。同样做人的道理也跟大自然一样，一个性情高傲冷漠的人，他的表情就有如秋冬天气那样冷漠而无人敢接近，因此他所能得到的福分也就冷酷而冷薄。只有那些个性温和而又满腔热情的人，既肯帮助人也能获得别人的帮助，所以他获得的福分不但丰厚，而且他的禄位也会源远流长。

宋人《碧桃图》

种德施惠　无位公相

【原文】　平民肯种德施惠，便是无位的公相；士夫徒贪权市宠，竟成有爵的乞人。

【译文】　一个普通老百姓只要肯多积功德广施恩惠帮助他人，就等于一位没有实际爵禄的公卿宰相；反之一个达官贵人假如一味贪恋权势把官职作为一种生意买卖欺下蒙上，这种人行径的卑鄙就如同一个有爵禄的乞丐那样可怜。

天理路宽　人欲径窄

【原文】　天理路上甚宽，稍游心胸中便觉广大宏朗；人欲路上甚窄，才寄迹眼前俱是荆棘泥途。

【译文】　大自然中的道理就像一条宽敞的大路，只要人们略为用心探讨，心灵深处就会无边辽阔豁然开朗；人世间欲望就好像一条狭窄的小径，刚一把脚踏上就觉得眼前全是一片崎岖不平的泥路，只要稍不小心就会把两脚陷进泥潭中。

师以质疑　友以析疑

【原文】　师以质疑，友以析疑。师友者，学问之资之。

【译文】　拜老师以解答疑难，交朋友以辨析疑难，老师和朋友对学问很有帮助。

弦歌之声　抛砖引玉

【原文】　子游既已受业，为武城宰。孔子过，闻弦歌之声。孔子莞尔而笑曰："割鸡焉用牛刀？"子游曰："昔者偃闻诸夫子曰：'君子学道则爱人，小人学道则易使。'"孔子曰："二三了，偃之言是也，前言戏之耳。"

【译文】　子游学业完成以后，做了武城的长官。孔宁经过武城，听到了弹琴唱歌的声音。孔子微笑着说："杀鸡何必用宰牛的刀？小城都也需要用礼乐治理吗？子游说："从前我听先生说过，'做官的学习了道理，就会爱护百姓；老百姓学习了道理，就容易使唤。'"孔子说："学生们，言偃的话是对的。刚才我说的那句话不过是开玩笑罢了。"

与君子游 如入兰室

【原文】 与君子游，乎如入兰芷之室，久而不闻，则与之化矣；与小人游，贷乎如入鲍鱼之次，则与之化矣；是故，君子慎其所去就。

【译文】 "和君子交游，就如走入放置香草的室中，芳香浓郁，时间一久就闻不到香味，那么嗅觉就被香草同化了；和小人交游，就像走进鲍鱼的市场，腥臭四溢，时间一久就闻不到臭味，那么嗅觉就被臭鱼同化了；因此，君子对于离开或结交朋友是很谨慎的。

与君子游 如日加长

【原文】 与君子游，如长日加益，而不自知也；与小人游，如履薄冰，每履而下，几何而不陷乎哉？吾不见好学盛而不衰者矣，吾不见好教如食疾子者矣，吾不见日省而月考之其友者矣！吾不孜孜而与来而改者矣！"

【译文】 "和君子交游，你的进步如冬至后白昼的天天加长，而自己不觉得；和小人交游，好像在薄冰上走路一般，每踏一步冰层便下沉一点，哪会不掉到冰层里面的呢？我没看到过好学而不怠惰下去的人！我没看到过喜欢教学生像乳养病子那么勤慎的人！我没看到过天天自省而每月就正于朋友的人！我没看到过勤于求学而肯改过的人！．

指我缺短 即为我师

【原文】 非我而当者，吾师也；是我而当者，吾友也，谄谀我者，吾贼也。故君子隆师而亲友，以致恶其贼。

【译文】 批评我而恰当的，是我的老师；肯定我而恰当的，是我的朋友；一味奉承我的，是害我的小人。因之，君子尊崇老师，新近朋友，而极其厌恶那些溜须拍马的小人。

积累之难　倾覆之易

【原文】　问祖宗之德泽，吾身所享者是，当念其积累之难；问子孙之福祉，吾身所贻者是，要思其倾复之易。

【译文】　假如要问我们的祖先是否给我们留下恩德，就要看看我们现在生活所享受的程度是否高，我们就要感谢祖先当年留下这些德泽的不易，假如我们要问我们的子孙将来是否能生活幸福，就必须先看看自己给子孙留下的德泽究竟有多少，假如我们给子孙留下的恩惠很少，就要想到子孙势将无法守成而容易使家业衰败。

炼出幸福　考出学问

【原文】　一苦一乐相磨炼，练极而成福者其福始久；一疑一信相参勘，勘极而成知者其知始真。

【译文】　在人的一生中有苦也有乐，只有在苦难中不断磨炼而得来的幸福才能长久；在求学时既要有信心也要有怀疑精神，只有在不断考证中得来的学问才是真学问。

诈善肆恶　改节自新

【原文】　君子而诈善，无异小人之肆恶；君子而改节，不及小人之自新。

【译文】　一个伪装心地善良的正人君子，和无恶不作的邪僻小人并没什么区别；一个正人君子如果改变自己所操守的名节，他的品格还不如一个毅然痛改前非而重新做人的小人。

不贵无过　贵之能改

【原文】　夫过者自大贤所不免，然不害其卒为大贤者，为其能改也。故不贵于无过而贵于能改过。

【译文】　过错，这是大贤人都难以避免的，然而这不影响他们最终成为大贤人，因为他们能够改正过错。所以，没有过错并不可贵，可贵的是能够改正过错。

悔悟之后　改之为贵

【原文】　悔悟是去病之药，然以改之为贵，若留滞于中，则又因药发病。

【译文】　悔悟好比是消除疾病的药物，但重要的是改正错误。如果仅仅停留在悔悟上，则又会因为药不治病，却阻塞在身体内，反而使旧病复发。

善救其失　教人之道

【原文】　教人之道，只"长善而救其失"，一语尽之。如《舜典》命夔典乐教胄子，而曰："直而温，宽而栗，刚而无虐，简而无傲"，只是此意。万世教人之法，不能易也。盖直者恒不足于温。故欲其温；宽者恒不足于栗，故欲栗；而者易于于虐，故戒其虐；简者易至于傲，故戒其傲。在学者，变化气质之道，亦在自长其善、自救其失而已。

【译文】　教诲人的方法，只用"增进好的方面来弥补自己的过失和不足"一句话就说完全了。比如《舜典》中舜命令夔主持乐官，去教育贵族子弟。因而说："要把他们教育得正直而温和，宽大而谨慎，性格刚正而不凌人，态度简约而不傲慢"，就是这个意思。这是万代教育人的法则，不能更改。大概行为正直的人常常缺少温和的态度，所以要他温和；秉性旷达、不拘小节的人常常缺少恭敬、谨慎，所以要他恭敬、谨慎；性格刚正的人容易粗暴，所以要他防止粗暴、鲁莽；能从大处着眼小处着手的人容易产生傲慢情绪，所以要他防止骄傲。

对于正在学习的人来说，变化自己气质的方法，也是在于自我增益好的方面，自我弥补不足罢了。

随波逐流　害人害己

【原文】　见恶不疾，是为长恶；见善不从，是为弃善，损于己亦损于人。

【译文】　看见邪恶而不憎恨，就是助长邪恶；看见美好而不顺从，就是舍弃美好，这不仅损害了自己也损害了别人。

人之生也　必用其心

【原文】　人之生也，必无一息不用其心之理。用之于善，别为善人矣；用之于恶，则为恶人矣。用之于大，则为大人矣；用之于小，则为小人矣。

【译文】　人的一生，必然没有一刻不用自己心中的智慧的。如果把它用于善良，那么，就可以成为善良的人；如果把它用于邪恶，那么，就会成为邪恶的人。如果把它用于大的方面，那么，就可以成为君子；如果把它用于小的方面，那么，就会成为小人。

全慎全得　全忽全失

【原文】　世间事各有恰好处，慎一分者得一分，忽一分者失一分，全慎全得，全忽全失。小事多忽，忽小则失大；易事多忽，忽易则失难。存心君子自得之体验中耳。

【译文】　世间的各种事情都有各自的恰好处，谨慎一分就能得到一分，疏忽一分就会失去一分，全都谨慎就会全部得到，全都疏忽就会全部失去。在小事上，多会产生疏忽，疏忽了小的就会失去大的；在容易的事上，多会产生疏忽，疏忽了容易的就会失去难得的。用心思考的人自然会从自身的体验中领悟到这个道理。

入乡随俗　不会违背

【原文】　到一处问一处风俗，果不大害，相与循之，无与相忤。果于义有妨，或不言而默默转移，或婉言而徐徐感动。彼将不觉而同归于我矣。若疾言厉色，是已非人，是激也，自家取祸不惜。可惜好事做不成。

【译文】　到一处问一处风欲，就不会有大的害处，就可以入乡随俗，不会违背。如果对义有妨害，或者不说而默默加以转移，或者婉言相劝使其慢慢感动。对方会在不知不觉中同意我。如果疾言厉色，是己非人，是激他的做法，自己受祸还不足惜，可惜的是好事做不成。

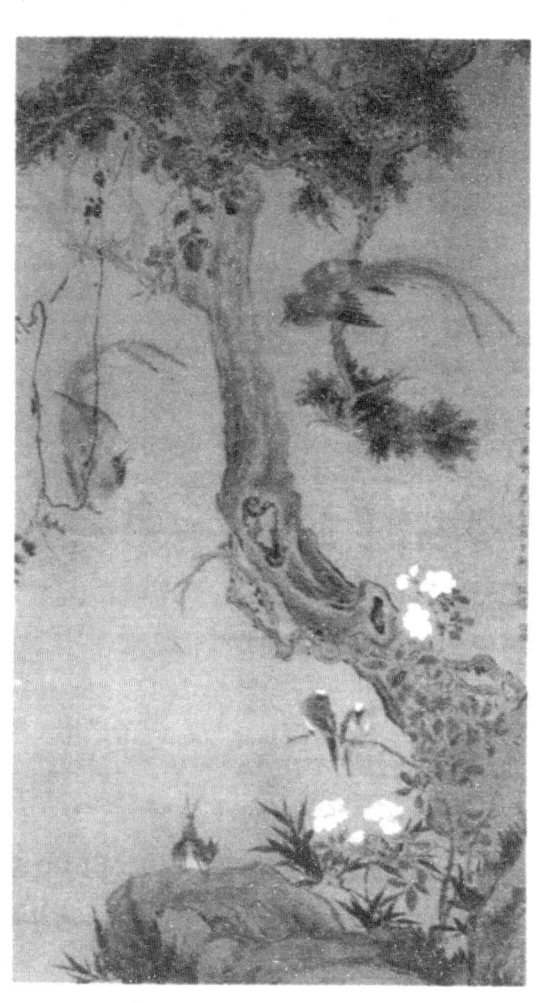

华嵒《翠羽和鸣图》

独自觉断　不必观望

【原文】　事有可以义起者，不必泥守旧例；有可以独断者，不必观望众人。若旧例当、众人是，莫非胸中道理而彼先得之者也。方喜旧例免吾劳，方喜众见印吾是，何可别生意见以作聪明哉！此继人之后者之所当智也。

【译文】　事有为了义而做的，这时就不必拘泥于旧例；有可以独自决定的，就不必观望众人。如果旧例确实妥当，众人确实正确，只不过是我胸中的道理别人先明白罢了。这时正高兴旧例可以免得我再去思考的劳累，正高兴众见可以印证我的意见的正确，哪还能再生出别的意见自作聪明呢！这是继承别人事业的人应当知道的。

正确意见　听而从之

【原文】　你说底是，我便从，我不是从你，我自从是，何私之有？你说底不是，我便不从，不是不从你，我自不从不是，何嫌之有？

【译文】　你说的正确，我便听从，我不是听从你，我是听从正确的意见，这有什么私心呢？你说的不对，我便不听从，不是不听从你，是不听从不对的意见，有什么嫌疑呢？

文过饰非　招致大祸

【原文】　人君唯毋听谄谀饰过之言，则败。奚以知其然也？夫谄臣者，常使其主不悔其过不更其失者也，故主惑而不自知也，如是则谋臣死而谄臣尊矣。

【译文】　人君只要听信阿谀奉承、文过饰非的言论，就会导致失败。

怎么知道是这样呢？谄媚之臣常常使君主不知悔过又不知改过的，所以君主受迷惑而自己觉察不到，这样就导致忠臣谋士被排斥而死，而谄媚之臣却高升了。

毋访于佞　毋蓄于谄

【原文】　毋访于佞，毋蓄于谄，毋育于凶，毋监于谗。

【译文】　不要询访求教于奸佞之人，不要保护谄媚的行为，不要培植凶恶行为，不可听信谗言。

屏流言迹　塞朋党门

【原文】　明主绝疑去谗，屏流言之迹，塞朋党之门。

【译文】　英明的君主杜绝猜忌消除谗言，排除流言蜚语的迹象，堵塞结党营私的途径。

去谗远色　所以劝贤

【原文】　去谗远色，贱货而贵德，所以劝贤也。

【译文】　摒弃那些谗佞小人的坏话，远离那诱人的女色，轻视钱财货物，珍视道德品质，这才是勉励贤人的最好方法。

不贿权贵　不利辟者

【原文】　不贿贵有之权势，不利便辟者之辞。

【译文】　不用财物去买通富贵者的权势，不喜爱身边的人讨好的言辞。

周围环境　持以谨慎

【原文】　正君渐于香酒，可谗而得也。君子之所渐不可不慎也。

【译文】　就像美酒的熏陶可以醉人一样，正派的君子被周围美好动听的谗言所熏染，也可以使君主改变思想。所以君子对周围环境的浸染不可不持谨慎的态度。

善取宠上　是态之臣

【原文】　内不足使一民，外不足使距难；百姓不亲，诸侯不信；然而巧敏佞说，善取宠乎上，是态臣者也。

【译文】　对内不能团结统一人民，对外不能抵御敌人入侵；百姓不亲近，诸侯不信任；然而却善于花言巧语，阿谀奉承，很会博得君主的宠爱，这种臣子就是谄媚之臣。

无滞碍心　是通达人

【原文】　无执滞心，才是通方士；有做作气，便非本色人。

【译文】　没有执着滞碍的心，才是通达事理的人。有矫揉造作的习气，便无法保持自己的本色。

不加学力　气质难化

【原文】　有生资，不加学习，气质究难化也；慎大德，不矜细行，形迹终可疑也。

【译文】　天生的资材很美好，如果不加以学习，脾气性情还是很难有所改进的。只在大行为上面留心谨慎，却在小节上不加以爱惜，到底让人对他的言行不能信任。

世风狡诈　忠厚不破

【原文】　世风之狡诈多端，到底忠厚人颠扑不破；末俗以繁华相尚，终觉冷淡处趣味弥长。

【译文】　世俗的风气愈来愈趋于狡猾欺诈，但是，忠厚的人诚恳踏实，他们的稳重质朴，永远是众人行事的模范。近世的习俗愈来愈崇尚奢侈浮华，不过，还是寂静平淡的日子真味自在，日月悠长。

使之报应　劝善之方

【原文】　为乡邻解纷争，使得和好如初，即化人之事也；为世俗谈因果，使知报应不爽，亦劝善之方也。

【译文】　替乡里的邻居解决纷争，使他们和最初一样友好，这便是感化他人的事了。向世俗的解说因果报应的事，使他们知道"善有善报，恶有恶报"的道理，这也是一种劝人为善的方法。

发达命定　肯做功夫

【原文】　发达虽命定，亦由肯做功夫；福寿虽天生，还是多积阴德。

【译文】　一个人的飞黄腾达，虽然是命运注定，却也是因为他肯努力。一个人的福分寿命，虽然是一生下来便有定数，仍然还是要多做善事来积阴德。

居必择乡　游必就士

【原文】　君子居必择乡，游必就士，所以防邪僻而近中正也。

【译文】　君子定居一定谨慎地选择好地方，外出必须和有学问有道德的人交往，这是为了防止受邪恶人的影响，而接近正道。

君子追随　慎重选择

【原文】　孔子见罗者，其所得者皆黄口也。孔子曰："黄口尽得，大爵独不得何也？"罗者对曰："黄口从大爵者，不得；大爵从黄口者；可得。"孔子顾谓弟子曰："君子慎所从，不得其人，则有罗网之患。"

【译文】　孔子见到一个用网捕鸟的人，他抓住的鸟都是雏雀。孔子问道："你捕的全是雏雀，大雀却网不到，这是什么原因呢？"捕鸟人回答："雏雀若跟从大雀，便网不住大雀；大雀若跟从雏雀，便可捕住大雀。"孔子对弟子们说："君子追随什么样的人一定要慎重，如果跟从不恰当的人，就有陷入罗网的危险。"

宾入幕中　披肝之士

【原文】　宾入幕中，皆沥胆披肝之士；客登座上，无焦头烂额之人。

【译文】　凡被自己视同可信任的朋友而与之商量事情的人，一定是与自己能相互竭尽忠诚的人。能够被自己当做朋友，在心中有一席之地的人，必然不是一个言行有缺失的人。

彼无望德　此无示恩

【原文】　彼无望德，此无示恩，穷交所以能长。望不胜奢，欲不胜餍，利交所以必伤。

【译文】　对方并不期望得到什么帮助，我也不会故示恩惠，这是穷朋友能长久交往的原因。老是想有所获得，欲望又永远无法满足，这是以利益来结交朋友必然会反目的理，由。

时常警戒　相互勉励

【原文】　非得良友时时警发砥砺，平日志向鲜有不潜移默夺，驰然日就颓靡者。

【译文】　除非得到好朋友时常警戒启发及相互勉励，一个人平日的志向很少有不无形中松懈的，而志向松懈了，人就会一天天地颓废下去。

戴进《关山行旅图》

当与同过　不与同功

【原文】　当与人同过，不当与人同功，同功则相忌；可与人共患难，不可与人共安乐，安乐则相仇。

【译文】　要有跟人共同承担过失的勇气，不可有跟人共享功劳的念头，因为共享功劳彼此就会互相猜忌；可以有跟人共患难的胸襟，不可以有跟人共安乐的贪心，因为共安乐彼此之间就会互相仇视。

勤者德义　借勤济贫

【原文】　勤者敏于德义，而世人借勤以济其贫；俭者淡于钱利，而世人假俭以饰其吝。君子持身之符，反为小人营私之具矣，惜哉！

【译文】　一个勤奋的人应该尽心尽力在品德和义理上下功夫，可是一般人却都仰仗勤奋来解决自己的穷困，一个俭朴的人应该把钱财和利益看得很淡泊，可是一般人却假借俭朴来掩饰自己的吝啬，勤奋和俭朴本来是有德君子立身处世的信条，不料反倒成为市井小人营利阿私的工具，说来也真是令人感到惋惜。

情意真诚　态度开朗

【原文】　遇故旧之交，意气要愈新，处隐微之事，心迹宜愈显；待衰朽之人，恩礼当愈隆。

【译文】　偶尔遇到多年不见的老友时，情意要特别真诚，气氛要特别热烈，偶尔处理某种秘密事情时，居心要特别坦诚，态度要特别开朗，偶尔服侍身体衰弱的老人时，举止要特别殷勤，礼节要特别周到。

德才兼备　正人君子

【原文】　德者才之主，才者德之奴。有才无德，如家无主而奴用事矣，几何不魍魉猖狂。

【译文】　一个人的品德是才学才干的主人，而才学才干只不过是品德的奴隶而已。所以一个人假如只有才学才干而没有品德修养，就等于一个家庭没有主人而由奴隶当家，这样哪有不遭受精灵鬼怪肆意害人之理？

日行一善　积善何难

【原文】　为人日行一善，三年可以千善，积善何难，人病不为耳。

【译文】　为人每天做一件善事，三年可以做一千件善事，积善有什么难处？主要的问题是人们不愿意罢了。

有过可改　有善可迁

【原文】　学者但不见今日有过可改，有善可迁，便是昏惰一日。

【译文】　求学的人只要不见到自己今天有错误可以改正，有善事可以去做，便是稀里糊涂地混了一天。

迁善改过　勿要踌躇

【原文】　迁善改过必刚而速，勿片刻踌躇。

【译文】　从善改过一定要坚决而迅速，不要有片刻的犹豫。

不认不是　终身小人

【原文】　人不论过恶大小，只不认不是，即终身真小人，更不变换。

【译文】　人无论过错大小，只要不承认错误，就永远是小人，不会有任何变化。

日常行为　合乎仪礼

【原文】　子曰："非礼勿视，非礼勿听，非礼勿言，非礼勿动。"

【译文】　孔子说："不合乎礼的东西不看，不合乎礼的话不听，不合乎礼的话不说，不合乎礼的事不做。"

君子一生　须有三戒

【原文】　孔子曰："君子有三戒：少之时，血气未定，戒之在色；及其壮也，血气方刚，戒之在斗；及其老也，血气既衰，戒之在得。"

【译文】　孔子说："君子有三件事情应该提高警惕：年轻的时候，血气未定，不要迷恋女色；等到壮年，血气正盛，不要好胜喜斗；等到年老了，血气已经衰弱，不要贪求无厌。"

花言巧语　招致失败

【原文】　惟截截善谝言，俾君子易辞，我皇多有之。

【译文】　那缺乏深谋远虑的、浅薄的花言巧语使君主轻忽怠惰，招致失败，这样的人我怎能随便地亲近他们呢？

正人君子　无信胡言

【原文】　恺悌君子，无信谗信。谗言罔极，交乱四周。

【译文】　快乐平和的国君，不要听那奸臣的胡言。谗言得不到制止，定会把同邻国的关系搞坏。

功过少混　恩仇不明

【原文】　功过不容少混，混则人怀惰堕之心；恩仇不可太明，明则人起携贰之志。

【译文】　长官对于部下的功劳和过失，不可有一点模糊不清，假如功过不明就会使部下心灰意冷而不肯努力工作；一个人对于恩惠和仇恨，不可以表现得太鲜明，假如对恩仇太鲜明就容易使部下产生疑心而发生背叛之意。

觉人之诈　不形于言

【原文】　觉人之诈不形于言，受人之侮不动于色，此中有无穷意味，亦有无穷受用。

【译文】　当我们发觉被人家欺骗时不要立刻说出来，当我们遭受人家侮辱时也不要立刻生气。因为一个人能够有吃亏忍辱的胸襟，在人生旅途上自然会觉得有无穷深味，而且对你的前途事业也有一生受用不尽之感。

彰友之过　第一不仁

【原文】　彰死友之过，此是第一不仁。生而告之也，望其能改，彼及闻之也，尚能自白。死而彰之，夫何为者？虽实过也，吾为掩之。

【译文】　揭露死友的过错，这是第一等的不仁。生时告诉他，是希望他能改过，这时他还能听到，还可以自我表白。死了以后才揭发，是为了什么呢？虽然他实有过错，也要为他遮掩。

淡泊自处　无限快乐

【原文】　争利起于人各有欲，争言起于人各有见。惟君子以淡泊自处，以知能让人，胸中有无限快活处。

【译文】　争利起于人各有欲，争言起于人各有不同之见。只有君子能以淡泊自处，以智能让人，胸中有无限快活处。

不思劳者　有负世民

【原文】　吃这一著饭是何人种获底？穿这一匹帛是何人织染底？大厦高堂如何该我住居？安车驷马如何该我乘坐？获饱暖之体，思作者之劳；享尊荣之乐，思供者之苦，此士大夫日夜不可忘情者也。不然，有负斯世斯民多矣。

【译文】　吃的这一碗饭是何人种收的？穿的这一匹帛是何人织染的？大厦高堂如何该我居住？安车驷马如何该我乘坐？获得饱暖的生活，应思劳做者的辛苦；享受尊荣的快乐，应思供给者的辛劳。这是士大夫日夜不可忘记的啊？不然，有负这世界、这百姓的就太多了。

高克恭《春云晓霭图》

菜根谭

离开五字　孟浪作法

【原文】　定、静、安、虑、得，此五字时时有，事事有，离了此五字，便是孟浪做。

【译文】　定、静、安、虑、得，这五个字时时有、事事有，离了这五个字，便是孟浪的作法。

莫尚乎刚　莫贵乎速

【原文】　损不善而从善者，莫尚乎刚，莫贵乎速。

【译文】　减少不善而顺从善的人，最重要的是刚毅，最可贵的是迅速。

为誉之举　自己担当

【原文】　善是大家公共的，不是一人自私的。为善却是自己担当的，不是他人强攀的。

【译文】　善良是大家共同公有的品德，不是哪一个人自己的私有财产。但是，做好事却是自己主动承担的，并不是其他的人强加给你的。

改过迁善　圣学要义

【原文】　朋友偶有过失，即于静处尽言相告，令其改图。即所闻未真，亦不妨当面一问，以释胸中之疑。不惟不可背后讲说，即在公会中，亦不可对众言之，令彼难堪，反决然自弃。交砥互砺，日迈月征，庶几共为君子。改过迁善，为圣学第一义，我辈勉之。

【译文】 如果朋友偶然犯了错误，就在僻静的地方向他讲清楚，使他考虑清楚后改正。即使自己听到的不一定准确，也不妨当面问一问，以解除自己胸中的怀疑。这样的事，不仅不可以在他不在的时候讲说，就是在大庭广众之下，也不可以对大家讲这样的事，使他感到难以忍受，反而坚决自暴自弃。朋友之间只要相互切磋，就会每天有所进步，每月有所收获，时间长了之后，就会同时成为君子。改正错误转变到好的方面来，是圣人学问的第一个要义，我们应该以它来勉励自己。

立志善良　醇厚谨慎

【原文】 人称我善良，则喜；称我凶恶，则怨；此可见凶恶非美名也，即当立志为善良。我见人醇谨，则爱，见人浮躁，则恶；此可见浮躁非佳士也，何不反身为醇谨？

【译文】 别人说我善良，我就很欢喜，说我凶恶，我就很生气，由此可知凶恶不是美好的名声，所以我们应当立志做善良的人。我看到他人醇厚谨慎，就很喜爱他，见到他人心浮气躁，就很厌恶他，由此可见心浮气躁不是优良的人该有的毛病，何不让自己做一个醇厚谨慎的人呢？

历久自明　不必急求

【原文】 以直道教人，人即不从，而自反无愧。切勿曲以求容也；以诚心待人，人或不谅，而历久自明，不必急于求白也。

【译文】 以正直的道理去教导他人，即使他不听从，只要我问心无愧，千万不要委曲求全，于理有损，以诚恳的心对待他人，他人或者因为不能了解而有所误会，日子久了他自然会明白你的心意，不须急着去向他辩解。

过责于人　亡身之念

【原文】　过责于人，亡身之念也。君子相与，要两有退心，不可两有进心。自反者，退心也。故刚两进则碎，柔两进同屈，万福皆生于退反。

【译文】　过分地责备别人，是危害自己的做法。君子和人相交，要双方都有退心，不能都有进心。反躬自问，就是退心。因此刚两进则碎，柔两进则屈，万福都生于退反。

阳异阴同　不应之应

【原文】　施者不知、受者不知，诚动于天之南，而心通于海之北，是谓神应。我意才萌，彼意即觉，不俟出言，可以默会，是谓念应。我以目授之，彼以自受之，人皆不知，两人独觉，是谓不言之反。我固强之，彼固拂之，阳异而阴同，是谓不应之应。明乎此者，可以谈兵矣。

【译文】　施与的不知道，接受的也不知道，诚恳表现于天之南而诚心通于海之北，这叫神应。我刚萌发一种意念，对方马上领悟，不等出言，已经默会，这叫念应。我用目光授意，他用目光接受，别人都未觉察，只有我二人独知，这叫不言之应。我固执地勉强他，他固执地反对，表面上意见不同，暗中却是相同的，这叫不应之应。明白这些道理的，就可以谈论用兵之道。

责幼之地　慎重时机

【原文】　卑幼有过，慎其所以责让之者：对众不责，愧悔不责，暮夜不责，正饮食不贵，正欢庆不责，正悲忧不责，疾病不责。

【译文】　地位低、年龄小的人有过失，责备他们一定要慎重时机：当着众人面不责备，他已惭愧了不责备，黑夜不责备，正在吃饭时不责备，正在欢庆时不责备，正在悲伤时不责备，生病的时候不责备。

长久以来　议论之难

【原文】　举世之议论有五：求之天理而顺，即之人情而安，可揆圣贤，可质神明，而不必于天下所同，曰公论。情有所使，意有所拂，逞辩博以济其一偏之说，曰私论。心无私曲，气甚豪雄，不察事之虚实、势之难易、理之可否，执一隅之见，狃时俗之习，即不正大，又不精明，蝇哄哇嗷，通国成

沈周《东庄图册》之一

一家之说，而不可与圣贤平正通达之识，曰妄论。造伪投奸，谲橘诡秘，为不根之言，播众人之耳，千口成公，久传成实，卒使夷、由为跖、跅，曰诬论。称人之善，胸无秤尺，惑于小廉曲谨，感其煦意象恭，喜一激之义气，悦一霎之道言，不观大节，不较生平，不举全体，不要永终，而遽许之，曰无识之论。呜呼！议论之难也久矣，听之者可弗察与？

【译文】　举世的议论有五种：按天理来衡量符合天理，用人情来要求符合人情，可以让圣贤来度量，可以请神明来评定，而不必让天下的人都认同，这叫公论。所议论的事情对有些人有利，所讲的意见与有的人不同，旁征博引，以激烈的辩说来成就其偏向某一方的议论，这叫私论。心无私心，气甚豪雄，不观察事情的虚实、势的难易、理的可否，执一偏之见，拘泥于当时的习俗，既不正大，又不精明，如蝇哄蛙叫，使全国都变成了一种论调，但又不和圣贤平正通达的见识相合，这叫妄论。造伪投奸，痛恨毁谤，隐秘难测，造不根之言，播众人之耳。千口传说，似成公论；长久传播，好

像实事。从而使伯夷、许由这样的贤者被诬为庄佞、盗跖那样的恶人，这叫诬论。称赞人家的好处，但胸中没有标准，迷惑于小处的廉洁谨慎，感动于和乐的貌似恭敬，喜欢他一时激发的义气，说服他一时合于道理的话，不观大节，大察其平生为人，不看全体，不要求永终，而马上称许，这叫无识之论。啊！议论之难是长久以来的事了，听的人可以不明察吗？

巧言虽美　用之必灭

【原文】　都庶虽甘，杖之必折；巧言虽美，用之必灭。

【译文】　甘庶虽然甜，但用它作手仗，一定会折断；花言巧语听起来虽然漂亮，但用起来必遭失败。

谀听谄拒　王之明焉

【原文】　谀言则听，谄言不听，王至是然，可为明焉。

【译文】　正直的话就听取，讨好献媚的话就摒弃，君主能做到这点，就可以说是明辨是非的人。

人生结交　在于始终

【原文】　人生结交在终始，莫为升沉中路分。

【译文】　人生于世，对待朋友时要始终如一，不要因为自己的地位改变而中途分手，也不要在朋友倒霉时却离开他。

富贵嗜欲　　必将自烁

【原文】　生长富贵家中，嗜欲如猛火，权势似烈炎，若不带些清冷气味，其火焰不至焚人，必将自烁矣。

【译文】　一人生长在富豪权贵之家的人，物质享受方面可说应有尽有，因此就会养成各种不良嗜好和喜欢作威作福的个性；但是不良嗜好对人体的危害就有如烈火，作威作福专权弄势的脾气对心性的腐蚀就有如凶焰；假如不及时给他一点清凉冷淡的观念来缓和一下他强烈的欲望，那猛烈的欲火如果不使他粉身碎骨，早晚有一天也必然会像引火自焚般早晚把他毁灭。

至诚镂金　　伪妄自愧

【原文】　人心一真，使霜可飞，城可损，金石可镂，若伪妄之人，形骸徒具，真宰已亡，对人则面目可赠，独居则形影自愧。

【译文】　一个人的精神修养功夫如果能达到至诚地步，就可感动上天变不可能为可能，甚至就连最坚固的金石也会由于真诚的精神力量而把它完全雕凿贯穿。反之一个人如果心存虚伪邪恶的念头，那他只不过是空有人的形体架势而已，其实他的灵魂早已经死亡，并且由于心术不正也会使人觉得讨厌。更由于坏事做得太多，再当夜深人静，就会忽然良心发现，这时不由得面对自己的影子看看，顿时觉得万分羞愧。

好谈之人　　未必真人

【原文】　谭山林之乐者，未必真得山林之趣。厌名利之谭者，未必尽忘名利之情。

【译文】　好谈山居生活之乐的人，未必真能由山林原野中得到乐趣。

好在口头作厌恶名利之论的人，未必真的将名利完全忘掉。

三年不飞　一飞冲天

【原文】　伏久者，飞必高；开先者，谢独早。

【译文】　伏藏甚久的事物，一旦显露出来，必定飞黄腾达；过早开发的事物，往往结束也早。

祸隐骄漫　福隐小祸

【原文】　天欲祸人，必先以微福骄之，要看他会受，天欲福人，必先以微祸儆之，要看他会救。

【译文】　天要降祸给一个人，必定先降下一些小福分使他起骄漫之心，目的要看他是否懂得承受的道理。天要降福给一个人，必定先降下一些小祸事来使他引起警觉，主要是看他有无自救的本领。

必考其终　必求其当

【原文】　严考课之法，审名实之归，用人必考其终，授任必求其当。

【译文】　严明考核督察的制度，审验官员的名声和实绩是否相称，用人必须考察他的全部历史，授人职位一定要求能力与职位相适应。

菜根生光

大肚能容难容事

有一天，孔子的学生子贡问老师："有没有一个字可以做为终生奉行不渝的法则呢?"孔子回答："其恕乎! 己所不欲，勿施于人。"这里的恕是凡事替别人着想的意思。其意是，自己不喜欢做的事，不要加在别人身上。

战国时，梁国与楚国相界，两国在边境上各设界亭，亭座们也都在各自的地界里种了西瓜。梁亭的亭座勤劳，瓜身长势极好，而楚亭的亭座懒惰，瓜身又瘦又弱，与对面瓜田的长势简直不能相比。楚亭的人觉得失了面子，有一天夜里偷跑过去把梁亭的瓜秧全给扯断了。梁亭的人第二天发现后，气愤难平，报告给这个县的县令宋就，说我们也过去把他们的瓜秧扯断好了! 宋就说，这样做当然是很卑鄙的。可是，我们明明不愿他们扯断我们的瓜秧，那么为什么再反过去扯断人家的瓜秧? 别人不对，我们再跟着学，那就太狭隘了。你们听我的话，从今天起，每天晚上去给他们的瓜秧浇水。让他们的瓜秧长得好，而且，你们这样做，一定不可以让他们知道。梁亭的人听了宋就的话后觉得有道理，于是就照办了。楚亭的人发现自己的瓜秧长势一天好似一天，而且是梁亭的人在黑夜里悄悄为他们浇的，便将此事报告楚国边县的县令。县令听后感到十分的惭愧又十分的敬佩，于是把这件事报告于楚王。楚王听说后，也感于梁国人修睦边邻的诚心，特备重礼送梁王，既以示自责，亦以示酬谢，结果这一对敌国成了友好的邻邦。

"恕"的核心是用以己度人，推己及人的方式处理问题。这样可以造成一种重大局、尚信义，不计前嫌、不报私仇的氛围，以及双方宽广而又仁爱的胸怀。

降至日常生活的处理，又何尝不是这样？因为在各人的眼中，每个人的位置是各不相同的，并没有统一的标准可以提供给你。那不妨就按照"己所不欲，勿施于人"的原则，反求诸己，推己及人，则往往会有皆大欢喜的结果。反求诸己，易入情，由情入理，自然会生羞恶之心而知义，辞让之心而知礼，是非之心而知耻。自私自利之人，往往不懂推己及人的道理，往往毫无顾忌地损害他人的利益，把苦恼转嫁到旁人身上。以这种方式做人，无论走到哪里，都会被人骂到哪里，真正是既损人又损己。

人人都有自尊心，人人都有好胜心，若要联络感情，应处处重视对方的自尊心，因为要重视对方的自尊心，必须抑制你自己的好胜心，成全对方的好胜心。

比如对方与你有同样一种特长，对方与你比赛，你必须让他一步，即使对方的技术敌不过你，你也得让对方获得胜利。但是一味退让，便表现不出你的真实本领，也许会使对方误认你的技术不太高明，反而引起无足轻重的心理。所以你与他比赛的时候，应该施展你的实际本领，先造成一个均势之局，使对方知道你不是一个弱者，进一步再施小技，把他逼得很紧，使他神情紧张，才知道你是个能手，再一步，故意留下破绽，让他突转而出，从劣势转为均势，从均势转为优势，结果把最后的胜利让于对方。对方得到这个胜利，不但费过许多心力，而且危而复安，面子上自然好看，精神一定十分愉快，对你也有敬佩之心。不过安排破绽，必须十分自然，千万不要让对方明白这是你故意使他胜利，否则便觉得你是虚伪。所面临的难题，在起初你还能以理智自持，比赛到后来，感情一时冲动，好胜心勃发，不肯再作让步，也是常有的事。或者在有意无意之间，无论在神情上，在语气上，在举止上，不免流露出故意让步的意思，那就白费心机了。

常常有些人，无理争三分，得理不让人，小肚鸡肠。相反，有些人真理在握，不吭不响，得理也让人三分，显得胸襟坦荡，有君子风度。前者，往往是生活中的不安定因素，后者则具有一种天然的向心力；一个活得叽叽喳喳，一个活得自然潇洒。有理，没理，饶人不饶人，一般都在是非场上、论辩之中。假如是重大的或重要的是非问题，自然应当不失原则地论个青红皂白甚至为追求真理而献身。但日常生活中，也包括工作中，往往为一些非原则的、鸡毛蒜皮的问题争得不亦乐乎，以至于非得决一雌雄才算罢休。

时下里流行一句话："玩深沉。"其实这种场合玩点深沉正显示了大度绰约的风姿。争强好胜者未必掌握真理，而谦下的人，原本就把出人头地看得很淡，更不消说一点小是小非的争论，根本不值得称雄。你若是有理，却表现得谦下，往往能显示出一个人的胸襟之坦荡、修养之深厚。

朋友之间倘太重视礼让，自贬而崇人，恐怕更加糟糕。所以，朋友间的交往要恰如其分，不强交、不苟绝、不面誉以求亲、不愉悦以合流，其关系的处理，恐怕用得上这么一副对联："大着肚皮容物，立定脚跟做人"，即"君子为人，和而不流"，小事"和"大事"不流"。

朋友之间，在非原则问题上应谦和礼让，宽厚仁慈，多点糊涂。但在大事大非面前，则应保持清醒，不能一团和气。见不义不善之举应阻之正之，如力不至此，亦应做到不助之。如果明明知道有人在行不义不善之事，却因他是长辈、上司、朋友，即默而容之，这就是一种很自私的趋避。有时候，立定了脚跟做人，的确是会冒风险的，也可能会受到暂时的委屈，被别人不理解。但是，这种公正的品德，最终会赢得人们的尊敬的。

《说唐》里鼎鼎大名的尉迟恭是一名莽勇的将军，却不知在唐史里，也是一位以"和而不流"著称于世的君子。有一次，唐太宗李世民与吏部尚书唐俭下棋。唐俭是个直性子的人，平时不善逢迎，又好逞强，与皇帝下棋时使出自己的浑身解数，把唐太宗打了个落花流水，颜面扫地。唐太宗心中大怒，想起他平时种种的不敬，更是无法抑制自己，立即下令贬唐俭为潭州刺史。还不解恨，又找来尉迟恭让他去唐俭家一次，听唐俭是否对自己的处理有怨言，若有，即可以此定他的死罪！尉迟恭听后，觉得太宗这种张网杀人的做法太过分，所以当第二天太宗召问他唐俭的情况时，尉迟恭只是不肯回答，反而说，陛下请你好好考虑考虑这件事，到底该如何处理。唐太宗气极了，把手中的玉板狠狠地朝地下一摔，转身就走。尉迟恭见了，也只好退下。唐太宗回去后，一来冷静后自觉无理，二来也是为了挽回面子，于是大开宴会，召三品官入席，自己则主宴并宣布道："今天请大家来，是为了表彰尉迟恭的品行。由于尉迟恭的劝谏，唐俭得以免死；我也由此免了枉杀的罪名，并加我以知过即改的品德，尉迟恭自己也免去了说假话冤屈人的罪过。得到忠直的荣誉。尉迟恭得绸缎千匹之赐。"

唐太宗这样做，当然主要还是为了显示自己的"明正"，同时，为此他当然也感激尉迟恭。假如尉迟恭真的按他的话去，又怎知唐太宗"明正"起来，不治罪尉迟恭呢？

不迁怒方为上策

"不迁怒，不贰过。"

这是孔子称赞自己学生颜回的话。

有一天，鲁哀公问孔子：

"您的学生中谁最好学？"

孔子答：

"有个叫颜回的最好学，他从不拿别人出气，而且不会犯两次同样的错误。"

可见，古时圣人贤者，对"不迁怒"的品行给予了很高的评价。

与此相反，迁怒于别人便是"怒室色市"。意思是：当自己不如意，心情不好时，除了一个人在房间内发怒外，甚至还跑到集市上，莫名其妙地向毫无关系的人乱发一通脾气。

春秋时期，楚国举兵伐吴。战之不胜，反而全军溃败。

吴国举国欢腾，庆祝胜利。吴王兴奋之余便生出骄情，别出心裁地决定派自己的弟弟蹶由去慰问楚军。

楚王觉得吴王的做法是对自己的讽刺和示威，大怒之下，便囚禁蹶由，拟处以死刑。

在即将行刑之际，楚王最后一次审讯蹶由，问道：

"你来此之前，是不是卜到一个吉卦？"

"是的。如果大王赐外臣不死，平安归国，吴国一定会停止战争，与贵国维持和平友好的。若如是，当然为吉。反之，假如大王杀了我，吴国必定挟胜利之势来攻打上国，这对我来说仍不失为吉。"

楚王听了他这番话，心中茫然，拟放了蹶由，但又心有不甘，摇摆不定之际，便问计于近臣子暇。

子暇说：

"如果大王杀了蹶由，那就大错特错了。发动这次战争是我们，吴国是保卫国家与我战斗，我方失败了咎由自取，何必归罪于蹶由呢？如拿他来出气，甚至杀掉他，便是'怒室色市'。因此，臣下以为，应该放了蹶由，与吴国讲和。"

楚王终于听从了子暇的建议，放走蹶由，并且派使者入吴答谢，双方缔约修好，维护了两国间的和平。

"不迁怒"是领导者的大度大量行为，对外不迁怒，可以维护集团在社会中的形象与地位，对内不迁怒，则可以树立领导者的崇高形象，团结部下，共同做好工作。

扬其之长改其短

"一人之身，才有长短，取其长则不问其短。"这是王安石在《委任》中说的一句话，意思是告诉我们，一个人身上都有长处和短处，在与人之交往时，一定要多注意别人的长处，不要太在意别人的短处。

同学交往中，也应如此，多看他人的长处，对你只有好处而没有坏处。只有看到了同学的长处，才会认为他值得去交，有值得你去学习的地方，而同学见你很注意他的长处，就会不断地显露出来，或者很希望能帮助你，这样一方面有助于你取长补短，另一方面也有助于同学更加发挥自身的长处。可见，多看同学的长处于己、于他人都有好处。

孔子的学生子路与子贡在当时都非常勤奋好学，他们的天赋与才学深受孔子的喜爱与赞赏。

但两人在某些方面却不尽相同。子贡碰到不会的问题时经常是去问孔子，而子路则不尽然，除了去问孔子外，他还不耻下问，向一些农夫、商贾或年龄比他小的人请教不懂的问题。

后来，子贡在与子路交往的过程中，发现子路在许多问题上有独到的见解，因此他细心观察，终于知道了子路的秘密，看到了子路具有自己所没有的长处。于是，他不断向子路请教，子路也很高兴地教子贡如何向不同层次的人请教问题的方法，最后两人相帮相助，取长补短，终成孔子的得意门生。

子贡在这里就看到了同学子路的长处，然后抓住这个对自己有益的长处与子路处好关系，子路在受别人重视的前提下，可以说自尊心得到了满足，于是主动地将自己好的学习方法与同学共享，长久下去，两者的关系就会越来越好，双方的关系处好了，最后都达到了各自的目标。

如果只一味地看到同学的短处，而不注意同学的长处，那你给别人的印象将会是不良的：苛刻、没有见识，也许这些贬义词都会扣到你的头上，那么你与同学的关系那将是可想而知了。

古代北魏时期，有一所专为培养国家高级将领的学校，当时有一个叫拓跋琪的皇子，也被他父皇送进了这个学校。同时，与拓跋琪同拜一个老师的还有一位叫刘管的学生，他是朝中一位大将的儿子。

拓跋琪从小生活在极其优越的环境中，充实的物质条件使他养成了许多自私自利的坏毛病，其中有一点就是为人非常刻薄、待人苛刻。

刘管是一位将门子弟，由于也是显宦人家的儿子，因此从小也娇生惯养。刘管的父亲长年在外，府内别无男性，除了几个极少数的男仆外，刘管所能接触的人几乎全是女性。所以，刘管虽为一男儿，却在生活习惯、言谈举止上都具有女性的特点，若穿上女子衣服，则活脱脱的是一个"娇弱女"。

拓跋琪在与刘管的交往中，看到了刘管的这个短处，感到特别的好笑，经常在一些场合讥笑他，捉弄他，让刘管感到特别的难堪，刘管因为畏惧拓跋琪的身份，所以心中敢怒不敢言，只好把屈辱往肚子里咽。拓跋琪很失误的一点就在于，他只看到刘管的"似女"短处，而忽略了刘管的聪明才智与为人处世，这一点注定他将来自喝自己酿的苦酒。

过了几年，拓跋琪与刘管都长大了，年近弱冠，这时皇帝也正在朝中与大臣商定关于皇太子的人选问题。这个问题似乎早就公开化了，拓跋琪与他的弟弟正是皇太子的最佳候选人，而且两人的明争暗斗也越来越激烈了。

刘管这时也已在朝中初崭头角，他毫不犹豫地支持拓跋琪的弟弟，为他出谋划策，尽自己一切心智与才力辅佐他。终于，在刘管的帮助下，拓跋琪的父皇终于作下决定，下诏确定拓跋琪的弟弟为皇太子。

杜堇《题竹图》

这场皇太子的争夺，看似拓跋琪的弟弟才智更高，更受父皇宠爱与朝中大臣的支持，其实很重要的原因就在于拓跋琪早年的错误。如果他当年多看刘管的长处，注意与刘管处好关系，那结果，很可能是相反的。搬起石头砸自己的脚，正是拓跋琪留给我们的教训。

现实生活中，许多同学忽略了这点看似平常但又十分重要的关系处理技巧，比如说，看到一位同学言语木讷，但说不定他重行不重言；看到一位同学行动鲁莽，但说不定他性格直率、诚恳，看到一位同学心胸狭窄，但说不定他颇具才华……总之，很多人都会犯以偏概全，以点概面的错误。同学之中存在着许多共同的特点，但也必有不相同的一面，因此我们不妨求同存异，多看同学的长处，但也不是不看同学的短处，但必须尽量少看，更不要因看不惯而去随意揭短，那样对你是没有好处的。

不过，这里讲的不去揭短也不是绝对化的，如果同学中有存在着不义不善之举，则应阻之正之，如果力不至此，也应做到不助之。其关系的处理，恐怕用得上这么一副对联："大着肚皮容物，立定脚跟做人。"也就是"君子为人，和而不流"，小事和大事"不流"。

与同学相处，如果是真心待人，就应该对他加以爱护，不但要多看到他的长处，而且也要帮助他克服种种短处，天长日久，同学们自然会了解你的为人和品格。

因此，揭同学之短并不全是坏事，有时你是要非揭不可的，不但要揭，还要帮他在短处敷上药，助他早日恢复此"伤"。

不过，这一"揭"字，是一个很灵活的过程，不能揭得太少，也不能揭得太露。前者很可能会费了你一通气力，毫无结果；而后者则会使你吃力不讨好，"赔了夫人又折兵"。因此，在这个"揭"的过程中，一定要结合适当的时间与场合，分析不同的对象，而后去"揭"，不但要稳、要曲，最关键的还是要把握尺度，点透就行。

同窗相处乐融融

"经路窄处，留一步与人行，滋味浓的减三分让人尝。此是涉世一极安乐法。"这句话旨在说明谦让的美德，在道路狭窄之处，应该停下来让别人先行一步，只要心中经常有这种想法，那么人生就会快乐吉祥。所谓谦让的美德绝非一味的让步，要你忘记精确的计算。即使终身的让步，也不过百步而已。也就是说，凡事让步表面上看来是吃亏，但由此送个人情给别人，事实上你获得的必然比失去的多。

书中进一步说："锄奸杜患，要放他一条生路。若使之一无所容，譬如塞鼠穴者，一切去路都塞尽，则一切好物俱咬破矣。"所谓"狗急跳墙"，对他人紧迫不舍的结果，必然招致对方不顾一切的反击，最终吃亏的还是自己。因此这时不妨让让，送个人情给别人，会发现原先狭窄的天地顿时变得海阔天空。

从前有某显宦的儿子，在闲暇之余，喜欢与同窗好友下棋，自负是高手。某甲是其同窗之一，有一天与他对弈，一人一子便咄咄逼人，这个贵公子知是劲敌，比赛到后来，竟逼得这个贵公子心神失常，汗涔涔下，某甲见对方焦急的神情，格外高兴，故意留一个破绽，给这个贵公子发现了，立即进攻，满以为可以转败为胜，谁知某甲突然出其杀手锏，一子定盘，很得意地说道：

"你还不投子认输吗？"

贵公子遭此打击，心中大不高兴，站起身来就走。

据说这位贵公子向来着意于修养，胸襟比普通人宽大，但此刻显然也受不了这种刺激，因此对于某甲，始终心有芥蒂，不能忘怀。而某甲呢，还是莫名其妙，他始终不懂为什么这位同窗不再与他下棋。这位贵公子本能使其甲富贵，为了这一点不快，于是老是仗着自己父亲的权势压制某甲，某甲只好郁郁不得志，以清客终其一生，自认命薄。

某甲在这里就是忽略了对方的自尊心，抑制不住自己的好胜心，小过失铸成了终身的大错，不但没有处好与这位同窗的关系，还影响了自己的一生。

这个故事，也许说明了那位显宦的儿子睚眦必报，心胸过于狭窄，但从某甲这个角度来看，这种无关紧要的较量何不让对方一步，送个人情给他，当然不能说是为了买对方的欢心，作升官发财的阶梯，起码在获得对方的好感，处好同窗之间的关系，对于你的一切，多少总有点好处。

上面所述是一个处理同窗关系失败的例子，但成功的事例也不少。

姚崇是唐玄宗时期有名的宰相，权倾当朝。

在姚崇的同窗之中，有一人深得姚崇的敬佩。那是在姚崇高中秀才后，与一位叫张宗全的秀才同拜一位老师门下继续深造，以期将来能考中进士，光宗耀祖。

一次，老师要姚崇与张宗全就某个题目写一篇文章，两天之后他要考核。这两位学生下去都精心作了准备，将自认为写得最好的一篇交了上来。事有凑巧，姚崇与张宗全所写的内容几乎完全一样，且观点也相当一致，这如何不使老师为之恼火？没想到自己门下两位最得意的门生敢剽窃他人作品，这如何了得？

看到这种情况，姚崇据理力争，声明文章绝非剽窃。而张宗全作品也非剽窃他人，但他为了平息老师的怒火，就对老师说：

"这实属学生不该，前两天与姚崇兄弟论及此题，姚兄高谈阔论，学生深感佩服，遂引以为论。"

老师听到这番话，也知错怪了两位学生，就平息了心中怒火。事后姚崇心里为此深感佩服，为张宗全的广阔胸襟所感动。姚崇当了宰相以后，遂向唐玄宗推荐此人，唐玄宗在亲自考核张宗全的才华之后，深以为信，便封了他一个正三品官衔，专职外藩事务。

乡音难忘乡情亲

中国的老乡关系是很特殊的，也是一种很重要的人际关系。既然是同乡，那涉及到某种实际利益的时候，"肥水不流外人田"，只能让"圈子"内人"近水楼台先得月"。也就是说，必须按照"资源共享"的原则，给予适当的"照顾"。

如此看来，如何搞好老乡关系是非常重要的，不仅可以多几个朋友，最重要的是可以获得许多有用的东西，也许一辈子都会受益无穷。

清朝末代的大太监李莲英的发迹可以说已是运用了此种技巧。在封建社会，很多贫苦人家的子弟，为生活所迫，只好到宫里当太监，过着不男不女、屈辱的生活。但李莲英却是与众不同，他进宫当太监是为了追求荣华富贵，出人头地，毕竟，在过去的历史，太监专权、富可敌国的例子不在少数。

可在当时，有这种目的的并不只有李莲英一个人，若没有一点关系的还真进不去。

李莲英出身贫苦，个子瘦小，若以当时清朝宫廷太监的标准来衡量，他是根本不够资格的。可一次偶然的机会，李莲英听说在宫廷中有一个太监是他老乡，且是同一村的。于是，李莲英大胆地去找了这个老乡。

李莲英当时很穷，没有钱买东西去送礼。当他知道这位老乡很重乡情，但应怎样做才能引起老乡的注意却一直在困扰着他。

终于，他想出了一个办法，一天他瞅准了正是这位老乡出来当值时，他才去报名，然后用一口地道的家乡话说出了自己的姓名与籍贯。李莲英的这位老乡听了这声音，身体不由抖了一下，遂抬头看了看眼前的这位小老乡，心里暗暗记了下来。

后来，在这位老乡的帮助下，李莲英做了慈禧太后梳头屋里的太监，以梳得一头好发型深得慈禧宠爱，最后成了慈禧太后面前的大红人。

李莲英只说了几句话，就博取了对方的注意与好感，但要注意的是，这几句话是家乡话，是乡音，而对方也恰巧是同乡人，且又同处异乡，在这种情况下，李莲英轻而易举地争到了一个名额就不足为奇了。

用家乡话作见面礼，可以说是独树一帜的，它不需要物质上的东西。在这里，有一点是相当重要的，那就是运用这种方法的场合，最好是在异乡，因为在异乡才会有恋乡情绪，才会"爱乡及人"，这时再来个"他乡遇老乡"，哪有不欣喜之理。对方离乡愈久，离乡愈远，心中的那份情就愈沉、愈深，因此，越是这种情况，越要运用"乡音"这种技巧，你就会得到老乡所给你的种种好处。

另外，还有一种场合一定要注意，那就是在一定的公共场合与交际场合上。在这些场合中，一般是较为正式的，都有正式的社交礼仪与社交技巧，这时就尽量少用"乡音"去找老乡，希望对方引起共鸣。其实，这样经常会弄巧成拙，正式场合中满口方言，不是你老乡的会诧异的看着你，从心底会有一种不自主的排斥感；而就是你的老乡，也会在心里认为你缺乏教养、举止不文明或"丢面子"，更别说老乡在这个时候附和你，从心里感到欣喜异常了。

随机应变韬晦术

中国古代传说中，有一种叫"泥鱼"的动物。每当天旱，池塘里的水逐渐干涸时，其它鱼类都因失水而丧失了生命，泥鱼却依然悠闲自得，它找到一块足以容身的泥地，便把整个身体藏进泥中不动。由于它躲藏在泥中动也不动，处于一种类似休眠的状态，所以可以呆在泥中半年、一年之久而不死。

等到天下了雨，池塘中又积满了水，泥鱼便慢慢从泥中钻出来，重新活跃在池塘中。其它死去鱼类的尸体成了它最好的食物。这时它很快繁殖，成为池塘中的占有者和统治者。

物竞天择，适者生存。由于泥鱼有这种适应天道的能力，所以成为有不死之身的奇鱼。

看来，泥鱼比前面所说的盲人要聪明得多，其聪明之处就是懂得应变之术。

能不能随着外界的变化及时调整主体行为，以维护主体自身的利益，这是聪明和愚蠢的分野之一。不管具体情况如何，抱着既定的条条框框，不思修正变革，"一条道儿跑到黑"，这是蠢人的作法；以主体利益为核心，以外界环境的变化为参数，本着灵活机动、具体问题具体分析的原则，进退自如，取舍随机，这是聪明之为。

孔子居住在陈国，离开陈国到蒲国去。这时正好公叔氏在蒲国叛乱，蒲人挡住孔子，对他说道："你如果不到卫国去，我们就把你送出去。"于是，孔子就和蒲人盟誓，绝不到卫国去。为此，蒲人把孔子送出东门。可是，出了东门，孔子就向卫国走去。子贡不理解地问道："盟约也可以违背吗？"孔子答道："这是被迫订的盟约，神灵是不会承认的。"

可以看出，对孔子说来，只要能够到达卫国，你提出什么条件我都可以答应，说假话也在所不辞！这就叫不能死心眼儿！

张毅作同州观察判官。当时朝廷命他制兵器以供边关作战用。一次，朝廷急令征箭十万支，并限定必须用雕雁的羽毛做箭羽。这种鸟羽价格昂贵，很难购得。张毅说："箭是射出去的东西，什么羽还不行？"节度使说："改变箭羽应该向朝廷报告，请求批示。"张毅说："我们这里离京城二千多里路，而边关又急需用箭，这怎么来得及呢？如果朝廷怪罪下来，本官承担一切责任！"于是便按新的标准造箭，一日之间，降低了几倍购羽的开支，按时完成了造箭的任务。

后来，尚书省同意了张毅的作法。

张毅和孔子的行为特点，都可称之为随机应变。但他们所面对的外界环境，并不是白驹过隙，稍纵即逝，相对而言，还有一点儿时间用来观察和思考，为此，只要善于进行理性分析判断并且不"死心眼"，就可以做到。

有些时候，外界环境

宋人《大傩图》

的变化，极其迅速，特别突然，令人猝不及防。究竟做出什么样的反应才是合适的，几乎来不及思考。这时的举措言行，大多依赖直觉和灵感。

春秋时期，有这样一段故事。齐国国君的大公子纠在鲁国，二公子小白在莒国。后来听说国君死了，齐国无君，公子纠和公子小白一齐归返齐国，碰巧同时赶到，争先而入。辅佐公子纠的管仲开弓放箭杀公子小白，没射中公子小白，射中了钩。这时，辅佐公子小白的大臣鲍叔灵机一动，马上让小白倒下装死。躺在车中。管仲以为公子小白已被射死，便告诉公子纠说："你可以安稳地坐上国君的宝座了，公子小白已经死了。"这时，鲍叔抓紧时间，立刻驱车最先赶入齐国。于是，公子小白当了国君。

冯梦龙先生在评价这段故事时说："鲍叔的应变能力真厉害，其心术的运用像疾飞的箭头一样快！"

三国时期的曹操和刘备，堪称一代豪杰。曹操一向忌恨刘备。有一天，曹操到刘备的住处饮酒闲谈。当谈到当今天下谁称得上英雄时，曹操说道："如今天下的英雄，只有我你两人，袁本初不值一提！"这时，刘备正巧不慎失落勺筷，同时，天上打了个响雷，于是，刘备对曹操说："圣人说迅雷风烈，必有大变，是真说得对呀！这一声雷的威力，竟把我吓成这个样子了！看来，我真不配当英雄啊！"当时，刘备正客居在曹操手下，每时每刻都在寻找时机，逃出曹营，自立门户，担当起复兴汉室的大业。为实现这一目的，他采取了韬晦装蒜的心术。当曹操说他是英雄时，他误以为曹操摸到了一点儿蛛丝马迹，故意以言语试探，为此有些惊慌，随之失落了勺筷。这是个意想不到的突发事件，曹操很可能由此发现他内心的秘密。这时，老谋深算的刘备，直觉和灵感上来了，不慌不忙地解释了一番。刘备的解释可谓一箭双雕，既解除了曹操对失落勺筷的猜疑，又为他胸无大志、平庸无能的假象增加了一层修饰。

宋文帝的时候，因为连年征战，武器库为之空虚。有一次宋文帝举行宴会，北国人也在座。闲谈期间，宋文帝偶然问起武器库中的兵器还有几件，这时大臣顾琛立即机警地撒谎应对："还有足够十万人用的兵器。旧武器库秘藏的兵器还不知道有多少。"宋文帝发问完了，追悔自己失言。但得到顾琛随机补救的回答，心里十分高兴。

毛遂自荐成功名

时机并不是时时处处都存在的，关键在于认准它，并抓住它，方才能成功。毛遂正是把握并利用好时机，在两个立功扬名的关头挺身而出，……从而名垂青史。

公元前260年，白起在长平大破赵师，杀死赵国士兵45万人，使赵国人大为震惊。其后，秦王又派大将王陵等领兵20万围困赵国都城邯郸，赵孝成王让平原君赵胜想法搬取救兵解除邯郸之围。平原君是当时天下有名的贤士，他想从3000食客中精选出20名文武全才的人，带他们到楚国去求取救兵。平原君选来选去，只选中了19人，还差一个名额，却怎么也选不出来了。这时，一个叫毛遂的门客挺身而出，自告奋勇要随同他们前往楚国。起先，平原君并不记得自己的门客中有毛遂这个人，便不以为然地问："先生来我这里几年了？"毛遂说："三年了。"平原君说："我听说有才能的人就像锥子在口袋里一样，它的锋芒会立刻显现出来。现在先生已经在我这里呆了三年，我却从未听到左右的人提起过先生的长处，这说明先生并没有什么才能，所以，还是请先生留在家中吧。"毛遂不慌不忙地说："我是今日才请求您将我放进口袋里的。如果您早把我放进口袋，我早就脱颖而出了，又何止仅仅显露一点点锋芒呢？"平原君听罢，便决定带毛遂一起去。

到了楚国，平原君进宫去同楚王谈判联合抗秦，让门客们等在台阶下面。平原君从一大早就同楚王谈判，一直谈到中午，可楚王还是下不了同赵国联合的决心。毛遂等得不耐烦了，便按着剑走上台阶，对平原君说："谈联合抗秦的事，两句话就可以说清楚，可现在谈了整整半天，还定不下来，这是怎么回事？"没等平原君说话，楚王先问："这个人是干什么的？"平原君说："这是我的一个门客。"楚王很不高兴，斥责毛遂道："还不快下去！我在同你家主人谈话，你算是干什么的？"毛遂按剑上前，说："大王之所以敢斥责我，是因为您的国家有众多的士兵。可现在我离您仅10步远，您的士兵都不在身边，您的性命操在我的手上。在这种情况下，您怎能当着我主人的面斥责我呢？请听我说，当初商汤只有70里土地却能得到整个天下，周文王仅有百里方圆土地却能使诸侯们臣服，依靠的并不是士卒的众多，而是他们的威势；现在楚国强大，天下无与伦比，这是成就霸业的资本。可是你却被一个小小的秦将白起屡次打败，这是多么大的耻辱！大王难道不想雪耻复仇吗？与赵国联合抗秦，这是对楚国有利的事，大王难道不清楚吗？"

毛遂的一番话，说中了楚王的心病，楚王当场表态说："先生的话是有道理，我愿意以全楚国的力量来同赵国联合抗秦。"毛遂不失时机地对楚王的臣下说："快拿鸡狗的血来盟誓。"

就这样，在毛遂的步步紧逼下，楚王与平原君当场盟誓联合抗秦。随后，楚王派春申君为大将，率兵前去救赵。

《三国演义》第二十四回说：曹操杀董卓后，发兵攻打徐州的刘备。刘备派遣孙乾向袁绍求救，袁绍的谋臣田丰带孙乾见袁绍。田丰对袁绍说："今曹操东征刘玄德，许昌空虚，若以义兵乘虚而入，上可以保天子，下可以救万民。此不易得之机会也，惟明公裁之。"袁绍因自己的幼子生疥疮，执意不听田丰的意见。田丰以杖击地说："遭此难遇之时，乃以婴儿之病，失此机会，大事去矣，大事去矣！可痛惜哉！"史称袁绍、刘表"咸存威容、器观，知名当世。"而袁绍当时占据北方广大地区，势力量大，足可与曹操抗衡。但他外宽内忌，好谋无决，坐失良机，最后被曹操击败。如果袁绍善于把握时机，听取正确意见，"三国"的历史也许是另一个样子。

聪明反被聪明误

《孟子·尽心章句下》中说：只有点小聪明而不知道君子之道，那就只足以伤害自身。盆成括做了官，孟子断言他的死期到了。盆成括果然被杀了。孟子的学生问孟子如何知道盆成括必死无疑，孟子说：盆成括这个人有点小聪明，但却不懂得君子的大道。这样，小聪明也就只足以伤害他自身了。小聪明不能称为智，充其量只是知道一些小道末技。小道末技可以让人逞一时之能，但最终会祸及自身。《红楼梦》中的王熙凤，机关算尽太聪明，反误了卿卿性命，聪明反被聪明误就是这个意思。只有大智才能使人伸展自如，只有大智才是人生的依凭。

明代大政治家吕坤以他丰富的阅历和对历史人生的深刻洞察，写了《吟呻语》这一千古处世奇书。书中说了一段十分精用豹话："精明也要十分，只须藏在浑厚里作用。古今得祸，精明者十居其九，未有浑厚而得祸者。今之人惟恐精明不至，乃所以愚也。"

这就是说，聪明是一笔财富，关键在于使用；财富可以使人过得很好，也可以使人毁掉。凡事总有两面，好的和坏的，有利的和不利的。真正聪明的人会使用自己的聪明，那主要是深藏不露，或者不到刀刃上，不到火候时不要轻易使用，一定要貌似浑厚，让人家不眼红你。一味耍小聪明，其实是笨蛋。因为那往往是招灾惹祸的根源。无论是从政，是经商，是做学问，还是治家务农，都不能耍小聪明。

提起《红楼梦》，说到王熙凤，人们一面惊叹于她的无与伦比的治家才能，她的应付各色人等的技巧，但人们更熟悉的是她的结局。她算是文学作品中"聪明反被聪明误"的典型了。

王熙凤在贾府算是一个巾帼英雄了，她想尽各种办法，用种种计谋，想使贾府振兴起来，或者至少维持着大家的局面，同时也积攒些家私。然而她的努力，她的鞠躬尽瘁，却招至贾府上下人的一片不满，最终也没有使贾家有什么起色，死后甚至连女儿也保不住。

看看贾府里外人对凤姐的评价："于世路好机变，言谈去得。""心性又极深细，竟是个男人万不及一的。""少说着只怕有一万心眼子，再要赌口齿，十个会说的男人也说不过她呢！""从小几个妹妹玩弄进就有杀伐决断，如今出了阁，在那府里办事，越发历练老成了。""真真泥脚光棍，专会打细算盘"。"天下都叫她算计了去"。"嘴甜心苦，而面三也。""上头笑着，脚底下使绊子。""明是一盆火，暗是一把刀"她都占全了。这些熟悉凤姐为人的各色人对凤姐的评价，活脱脱现出了一个机关算尽太聪明的人物。然而，她这样一个十分精明的人物，却落得孤家寡人，身心劳碌至死，最终又一无所得的下场，岂不正应了"聪明反被聪明误"那句话了吗？

凤姐比一般人更多地体验了痛苦的折磨，且不说她在背后遭骂、挨咒、劳心竭力，绞尽脑汁，就是死时的凄凉和死后的寂寞也会使她倍尝苦楚。倒是李纨并不轰轰烈烈，并不劳心竭力，却落得十净自在，有人缘，中年时儿子功成名就。的确，王熙凤只知进，不知退，只知耍小聪明，不知道厚道待人，只知损人利己，不知深藏于密。甚至连自己的丈夫也数落她。背叛她，她实在是活得好苦好苦，而这一切的根源，却在于她的聪明和爱耍小聪明。

西方有这样一种说法，法兰西人的聪明藏在内，西班牙人的聪明露在外。前者是真聪明，后者则是假聪明。培根认为，不论这两国人是否真的如此，但这两种情况是值得深思的。他指出"生活中有许多人徒聪明，大糊涂，冷眼看看这种人怎样机关算尽，办出一件件蠢事。简直是令人好笑的。例如有的人似乎是那样善于保密，而保密的原因，其实只是因为他的货色，不在阴暗处就拿不出手。……这种聪明的人为了骗取有才干的虚名，简直比破落子弟设法维持一个阔面子诡计还要多。但是这种人，在任何事业上也是言过其实，不可大用的。因为没有比这种假聪明更误大事的了。"

防人之心不可无

在现实社会中，欺骗、狡诈之徒大有人在。大到国家之间的争端，小到个人之间的利害关系，这种欺诈无处不在。因此，与其说欺瞒他人是不正当的行为，倒不如说吃亏上当的人太单纯，太大意。

战国时期，魏人庞涓和齐人孙膑同时就读于鬼谷先生门下。庞涓学业有成，别师下山，在魏惠王驾下称臣，官拜大将军之职，孙膑仍旧在鬼谷先生那里精心研读。

一日，墨翟的门生禽滑厘云游天下，到了鬼谷。他和孙膑谈古论今，非常投机。由于孙膑对禽滑厘就像对待老师一样，使禽滑厘十分高兴，觉得孙膑满腹经纶，待人又热情诚恳，就对孙膑说．"你的学问已经很有根底了，为何不下山求仕呢？"

孙膑说："我的同学庞涓下山之时曾和我约定，他若求仕成功，便替我引见，我正等着他的消息。"

禽滑厘说："庞涓已作了魏国大将军，为什么还不来找你？我去给你打听一下消息。"

禽滑厘到了魏国，对魏惠王谈到孙膑与庞涓的关系，还向惠王介绍了孙膑的身世和本事，引起了魏惠王的极大兴趣，魏惠王命庞涓请孙膑下山，辅佐自己，以成霸业。

孙膑到魏国以后，魏惠王请他做了客卿。半年之后，有个齐国口音，自称名叫丁乙的人来找孙膑，并带来孙膑叔伯兄弟孙平和孙卓的书信，信的大意叫孙膑回齐国，重新创家立业，孙膑回信说，我已在魏国做了客卿，不便随意行动。不料，孙膑的信被魏国人搜出交给了魏惠王，惠王很不高兴，以为孙膑不安心在魏国。从此，对孙膑心怀芥蒂。庞涓此时又对孙膑说：

"你离家多年，为何不向惠王请假，回乡上坟祭祖呢？"孙膑说：

"我也这么想过，只是怕惠王疑心，没敢提。"庞涓说："一切有我呐！"

于是，孙膑就上了奏章。惠王不看则已，一看勃然大怒，骂孙膑私通齐国，把孙膑送军师府审问。庞涓见状，安慰说：

"大哥不必害怕，我去为你求情。"过了一会儿，庞涓慌慌张张地回来，对孙膑说：

"大王盛怒，非要定你死罪不可，是我再三求情，才保全了你的性命，但死罪已免，活罪难容，要给你用刖刑。这是魏国的法令，我也没办法了。"说罢，命令刀斧手给孙膑用了刑。

孙膑被剔去膝盖骨，成了一个残废人。庞涓命人好生服侍孙膑，孙膑就在庞涓府中安身。

一日庞涓对孙膑说："鬼谷先生注解的孙武兵书，你能不能写出来，让我拜读，长点见识呀！"孙膑因庞涓对自己有救命之恩，正不知如何报答，听了庞涓的话，就满口答应，从这天起，孙膑开始默写孙子兵法十三篇。可巧有一次服侍孙膑的家人诚儿和侍候庞涓的下人聊天，诚儿问庞涓的下人：

"军师为什么老催孙先生写书啊？"

下人答道："你不知道，军师可真够狠毒的，他留着孙膑的性命，就是为了要他的祖传兵书。兵书写完，孙膑也就该归天了。"

诚儿听了，暗自为孙膑捏了把汗。他把庞涓的真正意图告诉了孙膑。孙膑如梦方醒，他悔恨交加，叹道：我真是瞎了眼睛，交上这么个人面兽心的势利小人，我原以为他保我在魏国当官，这次又救了我的性命，是我的大恩人，没想到，他竟用心狠毒，别有所图。此时的孙膑真是后悔莫及。

后来，孙膑装疯，禽滑厘用计，才将孙膑偷偷带回齐国。孙膑回到齐国，立即打听叔伯兄弟孙子和孙卓，结果，根本没有这两个人。这时孙膑才知道，齐国来的送信人，原来是庞涓派人装的，书信也是庞涓让人伪造的，庞涓的目的就是要陷害孙膑，夺取兵书。

孙膑因轻信庞涓这个势利小人，蒙冤受刑，还险些丧了性命。

巧用恭维好处多

也许你没有留意，恭维在生活中不但是好的润滑剂，还是人际间的解毒散，许多尴尬的事，都可用它一一化解，当然也要注意"到什么山上唱什么歌"，开什么锁用什么钥匙。

在生活中，遇到不同的事可用不同的"钥匙"，许多尴尬之事便迎刃而解。

①异性纠缠。这是令许多女子颇感烦恼的问题。当今社会，青年女子在生活与工作中与男人接触越来越多，自然令一些男人心动神移，生非分之想。怎样使男人们打消念头，又不至于影响到彼此关系，这是摆在青年女子面前的一道难题。我们可在谈话中先恭维对方，给其一个响亮的称呼，从而使对方于盛名之下难以胡作非为。俗话说："爱美之心人皆有之。"你长得年轻漂亮，别人想跟你亲近，不能一概斥之为"好色之徒"。不妨给他戴一顶高帽子，迫使其打消邪念。有一位女子，相貌出众，在一家公司负责产品销售策划。一次跟某公司经理谈判之后，经理悄悄主动邀请她："小姐，晚上陪我吃夜宵好吗？"她不得不按时赴约。见面后，经理喜出望外，情意绵绵。两人边吃边谈。女子竭力向经理劝酒，滔滔不绝地向他介绍公司的发展计划，并不时赞扬这位经理，称他是一位有修养、有气质、讲信用、受人尊敬的现代企业家。经理颇为得意，故作谦虚："你过奖了。"最后两人共舞一曲而告终。临别时经理握住女子的手，郑重地说："你是个自尊自爱的女子！

石涛《搜尽奇峰打草稿图》（局部）

我心里会永远记得你这个完美的女孩形象的。"

②自我解困。即说错话之后，巧妙地通过恭维对方以达到自我解困的目的。任何人都会反感恶语而绝不会拒绝赞美。适度的恭维既会令对方心生暖意，又会令自己摆脱语误的困境，何乐而不为呢？

一个高高瘦瘦的小姐新买了一件掐腰的短上衣，兴冲冲地邀女友品评。女友见她穿了新衣越发状如衣板，不禁脱口说道："这件衣服并不适合你。"对方顿时面沉如水。女友见状自责，转而笑吟吟地说道："像你这样苗条又修长的身材，如果穿上那种宽松肥大长至膝下的衣服，就会越发显得神采飘逸、潇洒大方了。那些矮而又胖的人就穿不出这种气质来。"小姐听罢顿时转怒为喜。

女友的话既巧妙地暗示了这件衣服不合其身材，又诚恳地指出了其择衣标准。同时用苗条修长这样美好的词语委婉地指出了其身材的特点，又用矮胖之人来对比，照顾对方的自尊心。一句看似恭维的话，实则蕴含了无限的玄机，因而便显得委婉含蓄，巧妙地为自己解了围。

③制止争吵。人与人相处，发生争吵在所难免，夫妻也不例外。对此，一旦有了纷争，即使认为自己一方在理，也应避免过分的数落、指责。这时候，最好的方式是使用调侃、幽默的言语，浇灭对方的怒气，达到释疑解纷的效果。有一妻子虚荣心重，当夫妻商量出席友人婚礼时，她缠着丈夫要买一种昂贵的花帽。此时正值夫妻闹经济危机，丈夫自然不肯答应花这笔钱。争吵中，妻子赌气地说："人家小喜和小金的爱人多大方，早就给自己的夫人买了这种花帽，哪像你，小气鬼！"丈夫不愿争论，只是故意夸张地说："可是，她俩有你这样漂亮吗？我敢说，她们也有你这样美，根本就不用买帽子装饰了，是吗？"妻子一听幽默的赞语，不觉转怒为笑，一场争吵也随之止息了。

④应对傲者。高傲者多看重自我形象，感觉良好。与他们打交道不妨采取投其所好的方式，对其业绩、学识、才能等给以实事求是的赞美，使其荣誉心、自尊心得到满足。这样就可以从心理上缩短距离，同样能起到左右他们态度的作用。比如，有位生性高傲的处长，一般生人很难接近，他的生硬冷漠面孔常使人望而却步。有位外地来的办事员听说了他的脾气，一见面就微笑着扔了一支烟说："处长，我一进门就有人告诉我，处长是个爽快人，办事认真，富有同情心，特别是对外地人格外关照。我一听，高兴极了。我

就爱和这样的领导共事，痛快!"处长的脸上立刻露出一丝笑容，接下去谈正事，果然大见成效。

这位办事员的成功便得益于开头的那几句恭维话。这样，对方就不好意思对一个恭维尊敬自己的人给冷遇，脸难看了。自然会在维护自我形象的心理支配下变得和蔼可亲起来。使用恭维方式时需注意两点：一是要实事求是。恭维的内容不是无中生有，而是确有其事，对方才会感到高兴。如果进行肉麻的吹捧，拍马屁，清醒的高傲者会把他当成小人而更加小视。二是使赞美要适可而止。赞美在这里不过是使高傲者改变态度的手段，是交际的序幕。如果一味赞美，而不及时转入正题，就失去了意义。

⑤巧妙指责。某百货公司的时装专柜，一段时间，客人纷纷投书指责售货小姐服务态度不佳。专柜主任的解决方式真是与众不同，而且效果惊人。他没有指责那些售货小姐反而大肆赞扬，他对那些被客人指名的小姐说："有客人称赞你服务亲切，希望今后继续努力。""有客人说你很有礼貌。"这么一来，她们的待客态度便大为改变，笑脸迎向任何客人，业务蒸蒸日上。

这真是巧妙地掌握女性心理的教育方法。一般来讲，女性被人指责说"你要改掉什么什么缺点"，她们甚至觉得全部人格都遭到否定，很容易反抗或哭泣。但如稍加称赞，她们便神采飞扬，变得非常积极。如想纠正女性的缺点，不要直接指出缺点而要称赞她的优点，这一点非常重要。如此一来，她们更加发挥优点，同时也改掉缺点。

虞寄假病巧避祸

跟着上级做事，眼看他做错事而不劝阻，便有同流合污之嫌。当这种错事更为严重时，就要考虑自己如何避祸了。

虞寄字次安，是会稽余姚（今浙江余姚）人。虞寄自幼聪明，思想敏锐。有一次，家里来了一位拜访其父亲的客人，正好在门口遇见虞寄。他听说虞寄很聪明，决定试试他，便对他开玩笑说："郎君姓愚（虞），必定无智。"虞寄马上回答说："可不，连文字都不能分辨清楚，怎么会不愚呢？"客人没想到会遭孩子嘲弄，满面羞愧。他见到虞寄的父亲，便对他说："您的孩子太聪明了，长大必有出息。"

梁武帝末年，发生了"侯景之乱"。当时虞寄正在梁朝廷内作官。当京城被侯景攻陷后，虞寄便逃回到家乡。后来，张彪往临川，强请虞寄与之同行，不料中途发生变故，虞寄便被劫持到晋安郡（治今福建福州）。当时，占据福建地区的是豪强陈宝应。陈宝应听说虞寄有才，大喜，便将他留在自己手下。陈霸先起兵，虞寄劝陈宝应响应，陈宝应从之，后来，朝廷要召虞寄为和戎将军、中书侍郎，陈宝应爱虞寄之才，便以道路险阻为由，留住他不放。

陈宝应是地方上的豪强，其家为闽中四姓之一。他的父亲陈羽，有才干，为郡中雄豪。萧梁之时，晋安郡数次发生反叛朝廷，诛杀郡将之事。陈羽先为叛乱的扇动与参与者，后又为官军向导，镇压叛乱，因此掌握了一郡的兵权。梁末陈初，地方豪强势力崛起，朝廷对他们控制不住。陈羽自觉年事已高，便将郡守之位传给儿子陈宝应。按规定，地方行政长官应由朝廷任命，不能世袭，但朝廷对陈氏父子所作所为无能为力，只得承认现实。陈宝应大权在握，多有反叛之意。对此，虞寄已经有所察觉，他多次利用一切机会，向陈宝应暗示叛逆必亡的道理，但陈宝应都当作耳旁风。

有一次，陈宝应让左右之人为他念《汉书》，他自己斜卧在床上闭目聆听。正好念到《蒯通传》，蒯通劝韩信造反一节，只听左右人念道：

蒯通知天下权在信（指韩信），欲说信令背汉，乃先微感信曰："仆尝受相人之术，相君之面，不过封侯，又危而不安；相君之背，贵而不可言。"

陈宝应听到这里，猛地坐起来，连声称赞说："蒯通真可谓智士。"虞寄知道陈宝应的心思，便严肃地说："蒯通在韩信身边，一番话使郦食其丧生，又一番话使韩信骄狂，算得上什么智士！"陈宝应虽口上没说什么，心里却很不高兴。

虞寄知道陈宝应反意已定，自己怎么劝也不管用，为避免为陈宝应而祸于己，便辞别陈宝应在东山寺中隐居下来。陈宝应多次派人前来请他，他都推说脚有病，不能走。陈宝应认为虞寄装蒜，便派人在他的屋外放了一把火，告诉府下人，只要虞寄一躲避逃跑，便说明他能走，立即将他带来。屋外之火越烧越大，眼看着燃着了虞寄的卧室。亲近之人都劝虞寄避一避，虞寄说："生死有命，我能逃到何处？"仍坚卧不动。纵火者见虞寄没有动静，只得将火扑灭，返回去复命。陈宝应这才认为虞寄真的有脚病，不再强求他了。

后来，陈宝应果然举兵造反，被朝廷军队打败。那些与陈宝应有关系的人全都受到诛连，只有虞寄免于祸难。

以愚应愚以困智

这句话的意思是：以不聪明的人对付不聪明的人，以愚人困惑智人。这种做法可谓为人处事的绝妙手段。

孔子周游列国时，马跑脱吃了庄稼，庄稼的主人很生气，拘留了马。孔子弟子子贡能言善辨，自愿前去说情，可是他费尽了口舌，马也未能放回来。听了子贡的汇报，孔子说："你拿人家听不懂的大道理去说服人家，就好象是马牛羊三牲去祭奠野兽，用悦耳的音乐去娱乐飞鸟，怎么能够行得通呢？"

于是派马夫前往，对庄稼人说："你不在东海种地，我不往西海旅行，我的马哪能一点也不碰你的庄稼呢？"庄稼人见马夫这么说话，便接上了茬，两人谈开了，并高高兴兴地把马还给了他。

人际交往中，有若干种层次、类型，因此交际时的言行举止、方式方法都不尽相同，应因地、因时、因人而异。

子贡不贤，"对牛谈琴"，结果大跌眼镜。孔子圣明，通晓人情，能够人尽其用，使马夫也可以做到别人难以做到的事。

"以愚应愚"不失为好策略。但"以愚困智"有时运用得当，也会产生很好的效果。历史上就曾发生过宋太祖巧选陪伴使的有趣的故事。

南唐三徐在江东颇有名气，皆以知识渊博见知于宋朝，其中尤以散骑常侍徐铉知名度更高，时值南唐派徐铉到宋朝来谈判朝贡之事，宋朝派差官做陪同。当朝大臣都担心差官词令不及徐铉，很是为难，宰相也找不到合适人选。太祖见群臣不知计将安出，并屏退大臣们而独自思考。不一会儿，传出太祖旨意："命将殿侍当中不识字者录名十人，进呈。"下面照办，持名簿于太祖，太祖大笔一挥道："此人便可。"文武大臣都愕然，但见太祖意思已定，不敢再谏。

殿侍接旨，不知所以，只好硬着头皮前往南唐迎使。及来宋渡江，开始徐铉口若悬河，使旁观者惊讶不已，殿侍无法应对，只是哼哈地答应着。徐铉不知宋朝"葫芦里卖的是什么药",还是絮絮叨叨地说个没完,试图从差官口中得到点什么。可是,几天过去了,差官只是"守口如瓶",徐铉无奈,也只好哑口无言了。

事实上,太祖在位期间,朝廷上有陶毂、窦仪等能辨之鸿儒为官,若派他们去,想必是可以与徐铉一搏的,但是太祖考虑得更加深远:南唐新降,须安抚稳定,若与之舌战,易导致不安定因素出现,勿若不争。这才显出大国之雅量。"不战而屈人之兵",是《孙子兵法》中上上着战略,太祖深谙兵法,并用之于政治,可谓大智大勇矣。

不要过河拆桥

生活中有许多人抱着"有事有人,无事无人"的态度,把朋友当作受伤后的拐杖,复原后就扔掉。此类人大多会被抛弃,没人愿意再给他帮忙;他去施恩,大概也没人愿意领受他的情。

某君便有一个这样的朋友,是很好的例子:"我有一个高中三年同学,而且是十分要好的朋友。我们进入了同一所大学刚开学,她就主动地当了班级干部。有人说:地位高了,人就会变。自从她上任后,见到我,有时干脆装做没看见,日子久了,我们就疏远了。但她有时也突然向我寻求帮助。出于朋友一场,我总是尽心尽力地做我所能。可事后,她老毛病又犯了,我有种被利用的感觉,却无奈于心太软。就这样她大事小事都找我,其他朋友劝我放弃这份友情,这种人不值得交。当我下决心与她

石涛《蕉菊图》

分开时，她伤心地流下泪，她除了我竟没有一个朋友。"

一个没有人情味的人，是永远玩不了"施恩"这看似简单实则微妙的人情关系术的。比如说，给人帮助不能过于"挑明"，以免伤人自尊；施恩于人不可一次过多，否则会成为对方的负担，双方再难维持关系。这种人只会用"互相利用，互相抛弃，彼此心照不宣"来推挡，而不去深思人情世故的奥秘之处，所以无法达到人情操纵自如的境界。

要让人觉得有人情味，应注意以下几点：

①与朋友多待在一起，最好是"泡苦水"。

人们在一起共事时，大家同舟共济，共同的命运把彼此联在了一起，只要采取合作态度，互相支持、互相帮助、互相关照，是最容易产生感情认同的。特别是在困难环境中，彼此相依为命、共度难关、情谊深厚，可能终生难忘，交情将更为牢固。比如，当年不少知识青年从城里到乡下插队，几年中大家一个锅里吃、一个炕上睡，哪一个人受了欺负，大家一起为他鸣不平，如此心心相印的共同言行，必然转化为深厚的感情，铭刻在各自的记忆中，不管日后分散山南海北，做了什么工作，但谁也不会忘记这段交情。

共事时间长固然可以形成深厚的交情，有时相处时间并不长，但只要同心协力，相互支持、彼此关照，能引起对方的好感，同样可以建立难忘的交情。有这样两个军人，一个在司令部当参谋，另一个在政治部当干事，平时并没有什么交往。有一次部队拉练，他们两人作为工作组成员被分到了一个连队。部队每天走百里路，行军路上，他们互通情况，收集材料，一起帮助连队组织好行军，为解除战士行军的疲劳，还轮流作宣传鼓动；脚上打了泡，每到一地，互相帮助对方挑泡，买了吃的一起分享。就这样，行程千里，圆满完成任务，两个人也结下了深深的交情。20年后，当了部长的参谋到外地开会，还专门绕道到某陆军学院去看战友。两人见面，忆起当年一起行军，分吃一只苹果，一起追野兔子的情形，不消说多么高兴。你看，十天的交情，记了一辈子。

②培养与朋友的共同兴趣，以达"趣味相投"的高度。

有时候因为共同的爱好、兴趣，也可能成为彼此交情的纽带。比如，都爱下棋，在路边棋场相识，相互成了棋友；都爱垂钓，在湖边相遇成了钓友……这样共同的东西把彼此召唤到一起，在共同切磋中，便结下了友情。某军校外面有一条清幽的小路，早晨常有人到这里跑步锻炼。一位姓王的教员和一位姓高的教员，每天跑步之后在这里相遇，然后一起散步，边走边聊天，由一般的寒暄到互相了解。两个人都爱好写作，少不了交流体会看法，彼此虽没有物质的交往，只是一种信息和思想观点的交流，但依然有很强的吸引力，都觉得受益匪浅。时间长了，共同语言越来越多，形成了习惯，不管春夏秋冬，不约而同准时到这里会合。后来，老王调到北京还经常打电话来问候，保持着密切的联系。

③杜绝"一次性交际"的心态及行为。

毋庸置疑，在某些"实用型"人物的眼中，所谓的"人情"便是你送我一包烟，我给你几块钱，就像借债还钱，概不赊欠。这种一次性的交际行为看似洒脱，实则包含了太多的困惑与无奈。诚然，受助者也许在短时间内不愿再次开口求助，而实施援助行为的一方其实也没有必要固守"事不过三"的古训，当人家确实有困难而无能为力的时候，尽管你已经帮助过他，尽管他不好向你开口，但作为知情者，你不应无动于衷，而不妨再次主动伸出援助之手。

做雪中送炭的人

雪中送炭，口渴喂水是施恩的一大特征，别人有难处才需要帮忙，这是最起码的常识。

我们内心都有一些需求，有紧迫的，有不重要的，而我们在急需的时候遇到别人的帮助，则内心感激不尽，甚至终生不忘。濒临饿死时送一只萝卜和富贵时送一座金山，就内心感受来说，完全不一样。有某种爱好的人遇到兴趣相同的人则兴奋不已，以为人生一大快乐。两个人脾气相投，就能交上朋友。所以要落人情，便应洞察此中二味。

三国争霸之前，周瑜并不得意。他曾在军阀袁术部下为官，被袁术任命当过一回小小的居巢长，一个小县的县令罢了。

这时候地方上发生了饥荒，年成既坏，兵乱间又损失不少，粮食问题日渐严峻起来。居巢的百姓没有粮食吃，就吃树皮、草根，活活饿死了不少人，军队也饿得失去了战斗力。周瑜作为父母官，看到这悲惨情形急得心慌意乱，不知如何是好。

有人献计，说附近有个乐善好施的财主鲁肃，他家素来富裕，想必囤积了不少粮食，不如去问他借。

周瑜带上人马登门拜访鲁肃，刚刚寒暄完，周瑜就直接说："不瞒老兄，小弟此次造访，是想借点粮食。"

鲁肃一看周瑜丰神俊朗，显而易见是个才子，日后必成大器，他根本不在乎周瑜现在只是个小小的居巢长，哈哈大笑说："此乃区区小事，我答应就是。"

鲁肃亲自带周瑜占查看粮仓，这时鲁家存有两仓粮食，各二千斛，鲁肃痛快地说："也别提什么借不借的，我把其中一仓送与你好了。"周瑜及具手下一听他如此慷慨大方，都愣住了，要知道，在饥馑之年，粮食就是生命，珂！周瑜被鲁肃的言行深深感动了，两人当下就交上了朋友。

后来周瑜发达了，当上了将军，他牢记鲁肃的恩德，将他推荐给孙权，鲁肃终于得到了干事业的机会。

人对雪中送炭之人总是怀有特殊的好感。某位小姐如此说："我有一位朋友，我每次需要帮助的时候，他一定出现。例如：我有急事需要用车或上班快迟到时需要用车，只要我打个电话，他一定到，可以说每求必应。事情一过去，我们又各忙各的。到过年过节的时候，我总是忘不了给他寄一张贺卡，打传呼给他拜个年。"

对身处困境中的人仅仅有同情之心是不够的，应给以具体的帮助，使其渡过难关，这种雪中送炭，分忧解难的行为最易引起对方的感激之情，进而形成友情。比如，一个农民做生意赔了本，他向几位朋友借钱，都遭回绝。后来他向一位平时交往不多的乡民伸出求援之手，在他说明情况之后，对方毫不犹豫地借钱给他，使他渡过难关，他从内心里感激。后来，他发达了，依然不忘这一借钱的交情，常常给对方以特别的关照。

处世要瞻前顾后

有的人办事，只图一时痛快，而对产生的后果考虑得不仔细，因而悔之莫及。聪明人恰好相反，当需要对一件事做出决策时，他们总是左思右想，瞻前顾后，直到对行为的利弊得失形成清楚认识，再做决策。也正因此，他们后悔的事情比较少，生活比较顺利。下面三则故事，就说明了这一道理。

宋太宗的时候，李继迁来骚扰西部边疆。保安军向皇上报告说，捉到了李继迁的母亲。宋太宗要杀掉李继迁的母亲，因此，单独召见担任枢密官的寇准，商量处置办法。商量完寇准退出，走到宰相府门口时，吕端问寇准道："能向我透点消息吗？"寇准道："可以。"吕端说："准备怎么处理呢？"寇准说："打算在保安军北门外斩首，以此警告那些反叛之辈。"吕端说："这可不是一个好办法。"

说完，他马上启奏宋太宗说："过去项羽打算油烹刘邦的父亲，刘邦告诉项羽：'如果油炸了我的父亲，希望把他的肉汤分一杯给我喝。'一般说来，成就大事业的人是不会顾恋亲人的。更何况李继迁这个不讲仁义的反叛之徒呢！陛下您今天把他母亲杀了，明天就能捉到李继迁吗？如果捉不到，白白结下怨仇，只能越来越坚定他反叛的决心。"太宗问："既然这样，那怎么办好呢？"吕端说："以我的愚见，应该把他的母亲流放到西边疆的延州，好好地对待她，这样可以诱降李继迁。即使他不能马上投降，也可以拴住他的心啊！而他母亲的生死大权却时时握在我们的手里！"太宗听后，拍着腿叫好，说道："若不是你，几乎误了我的大事！"

后来，李继迁的母亲在延州逝世，不久李继迁也死了，他的儿子投降了朝廷。

有个叫王云凤的人，出任陕西提学。台长汪公对他说："你初到任上，整顿风纪，一定要干份内的事，千万不要毁坏寺庙，禁绝僧道。"王云凤说："这正是我份内的事，您怎么这样说？"汪公说："凡事应该看得真确再去做。还没有看清楚，一时为了赢得一个虚名就去做，等日后老婆孩子得了病，不得不到寺庙烧香拜神，那时，就要被四面八方的人耻笑了！"王云凤拜服。

冯益是皇帝的医生，也是一名有权势的官吏，大臣们都很恨他。一天，山东泗州的知州启奏皇上说："外面传闻冯益派人收买飞鸽，还有许多非法的事。"大臣张浚奏请皇上，杀了冯益。赵鼎却表示反对，他说："冯益的事暧昧不清，但似乎有关国家威望，不是一件小事。如果朝廷不惩罚他，那么，人们会以为他干的那些坏事都是皇上派遣的，这有损皇上的威望，但事情不太清楚，处以死刑，又太重了。不如暂时解除他的职务，流放外地，解除他人的迷惑。"

皇上表示同意，把冯益流放到了浙东。张浚很生气，以为赵鼎和自己过不去。赵鼎解释道："自古以来，要排除小人，急了，小人们抱团聚堆，一致对外，祸害反而更大；慢了，他们就自相排挤，彼此火拼。冯益的罪过，就是把他杀了也不足以告慰天下。但这样做，那些宦官们必须害怕皇上杀顺了手，挨到自己头上。肯定争相为之辩驳，减轻罪过。不如使之遭贬，流放外地。这样，他们见罪过不重，就不会全力营救，这就是说，冯益再也休想返还！反过来，如果我们处死冯益，这些人视吾辈为寇仇，其勾结越加密切，很难打破啊！"听了这些，张浚叹服不已。

利他者才有人缘

不顾他人的利益，而只是关心自身的利益，这种事事以自我为中心的人，将受到他人的轻视和疏远。

1586年西班牙战争爆发后，有一名原来在伊丽莎白一世宫廷中服务的军官，因为腿部受了重伤，从前线被送往后方，当时年仅32岁，正是年轻有为的黄金年龄。临死前，他要求喝水，当他手执水壶时却发现邻近床位有一名从前线送回的士兵，因伤势很重而无法开口说话，但他的眼睛注视着水壶。显然，医护人员忽视了他的需要。这个军官虽然很渴，但他忍耐着，却将水壶给了那个士兵，并说："你比我更需要它。"

这名军官不仅受到大家的尊敬，而且也被那名士兵终生铭记在心。

人格或人际关系的好与坏，是以自我牺牲为前提而决定的。

人与人的交往中，如果一方总是处于攻势，就会引起另一方的反感。

常言道："退一步海阔天空，进一步逼虎伤人"，这是十分有道理的。

如果有人认为，只有升高位才受到尊敬，并与别人建立起好的关系的话，那么，此人的思想一定已落伍了。

如果有人认为，只有具备卓越能力，再加上环境、时机等因素，才能和别人建立起好的人际关系，那么，他还算有药可救。

认为自己能力强，比别人表现优越，所以才受到别人尊敬，而其他因素只是可有可无的人，就无药可救了。然而，在当今社会，这种自负、自大的人还相当不少。

一个职员若想获得老板的赏识，争取到升职加薪的机会，就必须与别人建立起良好的人际关系，而良好人际关系的基础，绝不会是自大、自负，而只能是克服这些错误的心态。

克服的秘诀在于"己所不欲，勿施于人"。这是基督、释迦、孔子等圣贤所持的处世原则，也是后人奉为金科玉律的实际原则。

明哲保身善敷衍

人们一旦被人敷衍，便会忿忿不已，甚至横眉竖目，咬牙切齿。其实大可不必。

在哪一日我们不被人敷衍，又有哪一日不敷衍别人？如同牢骚，在我们劝别人不要发的时候，自己何尝没有发呢？

敷衍是社交主旋律中不可少的一个音符，敷衍是人际关系大棋盘上的马和炮，是时刻都用得着的常规武器。

何谓"敷衍"？《现代汉语词典》说："做事不负责或待人不恳切，只做表面上的应付"。有时，这种"应付"往往不仅是应该的，而且是必须的，是无可抱怨和指责的。

如你为了招待几位久别重逢的好友，精心设置了丰盛的家宴，然而，第一个敲门的却是位关系平常的不速之客，你当然不能热情地拉他的胳膊了，但又不能失礼。惟一的办法就是适度地显露出"不恳切"来，把他"应付"走。如果你不善于敷衍，使贸然登门者坐下了，你就会感到很别扭，同时，

阎次平《四季牧牛图》（局部）

还可能因此而伤害了好友，出现不愉快场面，而"半路杀出的程咬金"却可能"吃你，喝你，不谢你"！你岂不气炸了肺？相反，你的"不恳切"为来者悟到了，使得他知趣地走了，他就不太可能抱怨和指责你。

又如，你在上班的路上遇着一位关系尚可的"神聊大王"，碍于面子，不能不搭理，但是，又怕被"粘"上，前三皇，后五帝扯起来没完没了。你就得一边走，一边敷衍他，千万不可停步，不可"恳切"，否则，岂不要迟到？

敷衍，几乎无禁区，对上级、对同事、对下级、对朋友、对亲人均可施之，因此，我们也理所当然受到这种人或那种人的敷衍。只要是省时间，省口舌，无损于感情，当对其敷衍时就敷衍之。敷衍是消极之举，其结果却可能积极。

当然了，不该敷衍则万万敷衍不得：你是检查官，决不可以对举报人敷衍；你是医生，决不可以对患者敷衍，等等。

在我们因各种原因不想帮人时，应巧妙地敷衍他人，避免求劝不成造成的情感危险，使求助者空手出门而能心和气顺。

对面子大，根子硬的借者，以攻为守来敷衍。

有的求人者，来头大，直来直去地拒绝，会使他感到"丢面子"。日后可能会找你的麻烦。以攻为守就是拒绝这些人的一个良策。

个体户陈某听说工商局长的儿子要向他借一大笔钱。他知道这钱如果出手，就有可能是肉包子打狗——有去无回，但又不想得罪这位公子。

于是他灵机一动，在工商局长的儿子刚一进家门时，就立刻说："你来的正好，我正想找你去"。这两天可把我急坏了，有一批货非常便宜，可人家非得要求一口吞，我怎么也凑不齐这笔资金，正想找你拆借几万呢。对方一听这话懊悔自己到和尚庙借梳子——走错门了，赶紧搪塞几句，一走了事。

对一些没有实交的借者，用拖延时间来敷衍。

贾某和甄某生意上有来往，但没有实交。当甄某提出要向贾某借一笔钱时，贾某犯了难：借吧，怕担风险；不借吧，又怕得罪这个用户。

思忖再三，最后他说："你有难处时，找到我，这是瞧得起我。不过，这几天我手头很紧，刚刚装修完房子，花了五六万，又进了一大批货，把所有的钱都用上了，又贷了两万，你看，贷款条子还在我口袋装着呢。这样吧，你先等几天，等我的货出手后，我一定借给你。"好言好语送走客人。这样以后就可以一拖再拖，不了了之。

用暗示来求人的，就用暗示来敷衍。

有些求人的人，由于种种原因，不好意思直接开口，喜欢用暗示来投石问路。这时你最好也用暗示来拒绝。

两个打工的老乡，找到在城里工作的李某，诉说打工之艰难，一再说住客店住不起，租房又没有合适的。言外之意是要借宿。

李某听后马上暗示说："是啊，城里比不了咱们乡下，住房可紧了。就拿我来说吧，这么两间耳朵眼大的房子，住着三代人。我那上高中的儿子，没办法晚上只得睡沙发。你们大老远地来看我，不该留你们在我家好好地住上几天吗？可是做不到啊。"两位老乡听后，就非常知趣地走开了。

日常生活经常被人求借的就是工具。当工具坏了时，最好让借者试试或看看。

一次，有人到邻居家来借气筒。"坏了。"邻居直言相告。妻子却一边给对方点烟，一边说："皮垫老了，也许能对付着用，您打打试试。"这位朋友折腾了好一会，也没打进多少气去，但还是连声说着感谢话走了。过后，邻居很佩服妻子的高明：工具今天坏了，明天就有可能修好。你修好再用时，让对方看见了，不就有不可能背上不肯借的黑祸吗？借自行车、摩托车、电话等，遇到坏了时，最好也用试一试来拒绝。

对以借行骗者，就用谎言来拒绝。有个家伙是个骗子，几乎把所有的亲戚都骗过了。一天，他到单位找表哥，说是刚下车，要借他刚买的摩托车回家。表哥知道这个人不可靠，于是满脸堆笑撒了个谎说："真不巧，你表嫂骑着回她妈家去了。这里的公共汽车很方便，你还是坐车走吧"

表哥把他送到车站，给他买了票，让他微笑着走了。对以求借来行骗者，这种做法也可以算作是我们的"明哲保身"之计吧。

惹得起也躲得起

在人际交往中，你经常会遇到这样一种人，他们表面上原则性强，实际上却是生活在私欲里的伪君子。这种人工作起来非常"认真"，简直令人难以消受。他们自命不凡，对一般民众的生活方式不屑一顾。每当不高兴时，便当场指责部属"你这家伙真笨"、"你简直像个乡巴佬，真是没见识"。这种人大多带有神经质的倾向，平时横行霸道，粗言粗语使人难以下台。如果你碰上这样的主儿，恐怕只有躲的份儿了。俗话说得好，惹不起躲得起嘛！

宋先生现年49岁，是某大石油化学公司业务部的经理，因为宋先生反应灵敏，所以比同期进入公司的人升迁得更快。

宋先生是一位神经质的人，每当痛骂部属时，眼神会发射出两道凶狠的光芒，而且眉宇之间也会竖起两条纵型的皱纹，看上去十分恐怖。

宋先生在私生活方法非常专制，他总是不顾自己女儿的意愿，一心一意地想把女儿嫁给有权有势有地位的人。其实与其说宋先生是为女儿的幸福着想，不如说是为了赢得别人的高评价，以满足自己的私欲。

宋先生很在意别人对自己的看法，无论是太太、女儿、亲戚、朋友、邻居等，都会不断地询问他们对自己的看法，所以，使得周围的人感到压力很大，甚至于一见到宋先生就会开始紧张。

宋先生是一位完美主义者，经常认真得近乎神经质，即使是以认真闻名的宋太太，也无法与之相比。

"我先生每天早晨固定七点整起床，洗过脸刮完胡子是七点十五分，七点十七分准时吃早餐，七点三十五分以前一定把早餐吃完。"

据说宋先生家里的花瓶，即使稍微移动一公分，宋先生也一定要求摆正，至于宋先生的洗澡时间，冬天二十五分钟，夏天十二分钟，绝对不会多一分钟或少一分钟。这种过分认真的态度，使得他的家人感到非常厌倦。此外，宋先生对于工作，也是保持认真态度，但他那种认真的态度，却几乎近于不正常。所以部属们都在背后称呼他"时钟人"。

宋先生不但对自己的生活态度非常认真，而且也要求部属要学习他这种认真的态度。他非常注意别人的缺点，当部属稍微粗心大意时，宋先生就显得很不高兴。

"宋经理，你是不是也感觉今天天气特别炎热，刚才听气象预报说，今天最高气温高达36°呢！"

宋先生生气地对部属怒吼：

"你为什么如此随便呢？什么36°，应该是36.3°，听到了没有……"

经年累月地压抑自己情绪的宋先生，与传说中的狼人一样，大约每个月都会失去理智地乱发脾气，就如同对满月而吠的野狼一般，但是，他发脾气的对象绝对不会是上司，而是职位比他低的同事或部属。

曾经与宋先生一同涉足酒吧的部属说道：

“和宋经理一起喝酒，千万不可超过十点，那个人哪！没有酒品，时常酒后乱性，你如果看到他酒后的那副德性，一定觉得不可思议……”

唐棣《霜浦渔归图》

宋先生酒后所说的话，往往粗俗不堪入耳，一些平时所听不到的话：“你这个混蛋”、“你这王八”、“你竟敢瞧不起老子我……”之类的粗鄙话语，会源源而出。

此外，宋先生非常瞧不起人，而且喜欢批评别人，但却不容许他人批评自己的过失，自以为是完美无瑕的圣人。

容人之量不可少

一般来说，上司笼络下属的手段，不外乎官职、钱财两种，但有时上级对下属不必付出实质性的东西，而只要通过某种表示、某种态度，便能给下属最大的满足，甚至会使他们产生受宠若惊的感觉，因而感恩戴德，更加忠心耿耿地为其效劳。有些人只是一味地向欲拉拢的一方施以恩惠，特别是对那些自己以为将要用到的人，更是如此。其实，收拢人心，最重要的是要针对对方的心理。给地位卑贱者以尊重，给贫穷者以财物，给落难者以援力，给求职者以机会等等，这才是收拢人心最有效的方式。

为官者不仅要对部下示以宠信，同时还要向他们显示自己的大度，尽可能原谅下属的过失，这也是一种重要的笼络手段。俗话说："大人不计小人过"、"宰相肚里能撑船"。对那些无关大局之事，不可同部下锱铢必较，当忍则忍，当让则让。要知道，对部下宽容大度，是制造向心效应的一种手段。

汉文帝时，袁盎曾经做过吴王刘濞的丞相，他有一个从史与他的侍妾私通。袁盎知道后，并没有将此事泄露出去。有人却以此吓唬从史，那个从史就畏罪逃跑了。袁盎知道消息后亲自带人将他追回来，将侍妾赐给了他，对他仍象过去那样倚重。

汉景帝时，袁盎入朝担任太常，重又奉命出使吴国。吴王当时正在谋划反叛朝廷，想将袁盎杀掉。他派五百人包围了袁盎的住所，袁盎对此事却毫无察觉。恰好那个从史在围守袁盎的军队中担任校尉司马，就买来二百石好酒，请五百个兵卒开怀畅饮。围兵们一个个喝得酩酊大醉，瘫倒在地。当晚，从史悄悄溜进了袁盎的卧室，将他唤醒，对他说："你赶快逃走吧，天一亮吴王就会将你斩首。"袁盎问起："你为什么要救我呢？"校尉司马对他说："我就是以前那个偷了你的侍妾的从史呀！"袁盎大惊，赶快逃离吴国，脱了险。

战国时，楚庄王赏赐群臣饮酒，日暮时正当酒喝得酣畅之际，灯烛灭了。这时有一个人因垂涎于庄王美姬的美貌，加之饮酒过多，难于自控，便乘黑暗混乱之机，抓住了美姬的衣袖。

美姬一惊，左手奋力挣脱，右手趁势抓住了那人帽子上的系缨，并告诉庄王说，"刚才烛灭，有人牵拉我的衣襟，我抓断了他头上的系缨，现在还拿着，赶快拿火来看看这个断缨的人。"

庄王说："赏赐大家喝酒，让他们喝酒而失礼，这是我的过错，怎么能为要显示女人的贞节而辱没人呢？"于是命令左右的人说："今天大家和我一起喝酒，如果不扯断系缨，说明他没有尽欢。"群臣一百多人都扯断了帽子上的系缨而热情高昂地饮酒，一直饮到尽欢而散。

过了三年，楚国与晋国打仗，有一个臣子常常冲在前边，打了五个回合每次都尽力冲到最前边。最后打退了敌人，取得了胜利。庄王感到惊奇，忍不住问他："我平时对你并没有特别的恩惠，你打仗时为何这样卖力呢？"他回答说："我就是那天夜里被扯断了帽子上系缨的人。"

从这里，我们不仅看到了袁盎和楚庄王的宽宏大度，远见卓识，也可以洞悉他们驾驭部下的高超艺术。

无独有偶。公元 199 年，曹操与实力最为强大的北方军阀袁绍相拒于官渡，袁绍拥众十万，兵精粮足，而曹操兵力只及袁绍的十分之一，又缺粮，明显处于劣势，当时很多人都以为曹操这一次必败无疑了。曹操的部将以及留守在后方根据地许都的好多大臣，都纷纷暗中给袁绍写信，准备一旦曹操失败便归顺袁绍。

相距半年多以后，曹操采纳了谋士许攸的奇计，袭击袁绍的粮仓，一举扭转了战局，打败了袁绍。曹操在清理从袁绍军营中收缴来的文书材料时，发现了自己部下的那些信件。他连看也不看，命令立即全部烧掉，并说："战事初起之时，袁绍兵精粮足，我自己都担心能不能自保，何况其他的人！"

这么一来，那些怀有过二心的人便全都放了心，对稳定大局起了很好的作用。

君子戒交浅言深

在同事中发展交情宜慎重，因为大家长期相处，交友不慎将影响个人处境。

起初，同事之间大多不会显露出对公司的意见，但是俗话说得好："路遥知马力，日久见人心"，只要一起吃过几次饭，一些见识浅薄的人就会很容易把自己的不满情绪倾诉给你听。对于这种人，你不应和他有更深的交往，只需作普通同事就可以了。

假如和对方相识不久，交往一般，而对方就忙不迭地把心事一古脑地倾诉给你听，并且完全是一副苦口婆心的模样，这在表面上看来是很容易令人感动的。然而，转过头来他又向其他的人做出了同样的表现，说出了同样的话，这表示他完全没有诚意，绝不是一个可以进行深交的人。

"交浅言深，君子所戒"，千万不要附和这种人所说的话，最好是不表示任何意见。

有些人唯恐天下不乱，经常喜欢散布和传播一些所谓的内幕消息，让别人听了以后感到忐忑不安。例如"公司将会裁员"、"公司将会改组"、"上司对某某人不满"等话语，都是这种人的"口头禅"，与这种人要保持距离，以免被其扰乱视听，或者让他卷入某些是是非非。

有的人喜欢盗用公司资源。所谓盗用公司的资源，不一定是指私用公司的文具或其他物质，也包括在工作时间做私人事务这样的事。

许多人以为在公司里工资太低，因而总是想方设法抽出部分工作时间去办理私人的事情，作为自己的心理上的补偿。不要与这种人成为好朋友，否则一旦被上司发现，对你的印象就会大打折扣，认为你们是同流合污，非常不值。

在公司中，在许多人为了保持现状，对一切事情都抱着"事不关己、高高挂挂起"的态度。他们凡事低调处理，不参与任何是非争执。这种人不容易相信别人，但还可以作朋友。假如能够打开他的心扉，进入他的心灵的话，也可能会成为知己。

和上面所说的那种人相反，还有一些人对公司很有感情，他们从来不分上下班时间，都愿意呆在公司里工作，甚至会在公司里做一些私人的事情，好像把公司当成了家。

这种人的最大特点就是把私人时间和工作时间完全混淆了，他们对此没有概念上的划分，工作起来非常刻苦。因此，一旦遇到加薪幅度不够理想或遭受老板批评这样的事情，他们就会感到委屈，并很激动地认为公司欠他太多。

说话做事有诚意

很多时候，别人对你的感觉并不在于你说了什么，而在于你说话时表现出来的态度。

以道歉为例，假如只在行为上表现诚意嘴里不提道歉字眼，仍能被当成诚意道歉；那么，反过来说，即使口里说抱歉，可能听在对方耳里也觉没诚意，说了等于白说。"对不起"三个字若说得怪腔怪调，则暗示着对方的抱怨是无的放矢，或者太夸张了。

另外，"对不起噢，害你难过了"这类的话有时只是遗憾对方难过这回事，却丝毫无自责或承认错误之意。董事会里一位董事说话得罪了玛丽，玛丽一通电话打给董事会主席伊丽莎白，希望她有个解释，或是道歉。不料，通完电话之后，她却更不舒服。电话里，伊丽莎白只轻描淡写地说："好吧，我道歉。"听起来毫无诚意。玛丽继续解释为什么她很生气，伊丽莎白语气冰冷地说："我可以再道歉一次。"然后坚持那位董事没做错任何事，玛丽的告状只不过给她添麻烦。对话就这样下去，只听伊丽莎白又冒出一句："我第三次道歉。"没多久："我第四次道歉。"讽刺的是，每次伊丽莎白口气冰冷，重复道歉字眼时，似乎暗示着玛丽在无理取闹、没完没了。玛丽这么做，只不过是因为对方的道歉根本不像道歉，毫无诚意。因此，随着道歉次数的增加，玛丽益发怒不可遏。

在此，伊丽莎白居高临下的姿态令玛丽火上加油，心理更加失衡。

相反，分摊责任和承担过失是一种巧妙的平衡术，或许用得上道歉的字眼，或许用不上。

凯莉在总公司负责审核保险经纪人送来的保单。有一回，凯莉发现丽莎的保单上，还缺

孙克弘《菊石文筐图》

一些关键的资料。她不说："丽莎，有些资料你没给我。"而是说："我有个地方不懂。"在她点出问题之后，丽莎担起责任："是我的错，我不应该那么写的。"进而澄清了问题。虽然凯莉表明她的困惑，但是，并未因此而丢了面子，因为丽莎主动承认错误。

凯莉和她的许多女性属下，多年来始终是朋友，当年几乎同时进公司，同步升迁，经常一起吃中饭、喝咖啡，交情很好。可是凯莉升迁之后，手握大权，可以评估这些手帕之交的工作表现。长久以来的友谊，以及平等的关系，使得凯莉以低姿态同丽莎说话。似乎她摆低姿态（"我有个地方不懂"）是想避免对方难堪；或是是与丽莎的友谊使她相信，在她摆低姿态之后，丽莎不会不识相地让她僵在那里。

化解仇恨无烦恼

当耶稣说"爱你的仇人"的时候，他也是在告诉我们：怎么样改进我们的外表。有这样一些女人，她们的脸因为怨恨而有皱纹，因为悔恨而变了形，表情僵硬。不管怎样美容，对她们容貌的改进，也不及让她心里充满了宽容、温柔和爱所能改进的一半。

要是我们的仇家知道我们对他的怨恨使我们筋疲力竭，使我们疲倦而紧张不安，使我们的外表受到伤害，使我们得心脏病，甚至可能使我们短命的时候，他们不是会额手称庆吗？

因此，即使我们不能爱我们的仇人，至少我们要爱我们自己；我们要使仇人不能控制我们的快乐、我们的健康和我们的外表。

乔治·罗纳在维也纳当了很多年律师，但是在第二次世界大战期间，他逃到瑞典，一文不名，很需要找份工作。因为他能说并能写好几国语言，所以希望能够在一家进出口公司里，找到一份秘书的工作。绝大多数的公司都回信告诉他，因为正在打仗，他们不需要用这一类的人，不过他们会把他的的名字存在档案里……。不过有一个在给乔治·罗纳的信上说："你对我生意的了解完全错误。你既错又笨，我根本不需要任何替我写信的秘书。即使我需要，也不会请你，因为你甚至于连瑞典文也写不好，信里全是错字。"

当乔治，罗纳看到这封信的时候，简直气得发疯。于是乔治·罗纳也写了一封信，目的要想使那个人大发脾气。但接着他就停下来对自己说："等一等。我怎么样知道这个人说的是不是对的？我修过瑞典文，可是并不是我家乡的语言，也许我确实犯了很多我并不知道的错误。如果是这样的话，那么我想得到一份工作，就必须再努力学习。这个人可能帮了我一个大忙，虽然他本意并非如此。他用这种难听的话来表达他的意见。并不表示我就不亏欠他，所以应该写封信给他，在信上感谢他一番。"

于是乔治·罗纳撕掉了他刚刚已经写好的那封骂人的信。另外写了一封信说："你这样不嫌麻烦地写信给我实在是太好了，尤其是你并不需要一个替你写信的秘书。对于我把贵公司的业务弄错的事我觉得非常抱歉，我之所以写信给你，是因为我向别人打听，而别人把你介绍给我，说你是这一行的领导人物。我并不知道我的信上有很多文法上的错误，我觉得很惭愧，也很难过。我现在打算更努力地去学习瑞典文，以改正我的错误，谢谢你帮助我走上改进之路。"

不到几天，乔治·罗纳就收到那个人的信，请罗纳去看他。罗纳去了，而且得到一份工作。乔治·罗纳由此发现"温和的回答能消除怒气。"

我们也许不能像圣人般去爱我们的仇人，可是为了我们自己的健康和快乐，我们至少要原谅他们，忘记他们，这样做实在是很聪明的事。

在美国历史上，恐怕再没有谁受到的责难、怨恨和陷害比林肯多了。但是根据传记中记载，林肯却"从来不以他自己的好恶来批判别人。如果有什么任务待做，他也会想到他的敌人可以做得像别人一样好。如果一个以前曾经羞辱过他的人，或者是对他个人有不敬的人，却是某个位置的最佳人选，林肯还是会让他去担任那个职务，就像他会派他的朋友去做这件事一样……而且，他也从来没有因为某人是他的敌人，或者因为他不喜欢某个人，而解除那个人的职务。"很多被林肯委任而居于高位的人，以前都曾批评或者羞辱过他——比方像麦克里兰，爱德华·史丹顿和蔡斯。但林肯相信"没有人会因为他做了什么而被歌颂，或者因为他做了什么或没有做什么而被废黜。"因为所有的人都受条件、情况、环境、教育、生活习惯和遗传的影响，使他们成为现在这个样子，将来也永远是这个样子。"

从小，卡耐基的家人每一天晚上都会从圣经里面摘出章句或诗句来复习，然后跪下来一齐念"家庭祈祷文"。他现在仿佛还听见，在密苏里州一栋孤寂的农庄里，他的父亲复习着耶稣基督的那些话："爱他们的仇敌，善待恨你们的人；诅骂你的，要为他祝福；凌辱你的，要为他祷告。"

卡耐基的父亲做到了这些，也使他的内心得到一般将官和君主所无法追求的平静。

不争者自胜天下

中国的大智者老子说："夫唯不争，故天下莫能与之争。"这句话的意思是，正因为不与人相争，所以遍天下没人能与他相争。

这可是一个充满大智慧的心术。

可惜的是，两千多年来，能参悟和运用这一心术的人如凤毛麟角。在名利权位面前，人们忘乎所以，一个个像乌眼鸡似的，恨不得你吃了我，我吃了你。可到头来，这些争得你死我活的人，大都落得个遍体鳞伤、两手空空，有的甚至身败名裂、命赴黄泉。

当然，也有深谙此术并获得成功者。

三国时的曹操，很注重接班人的选择。长子曹丕虽为太子，但次子曹植更有才华，文名满天下，很受曹操器重。于是曹操产生了换太子的念头。

曹丕得知消息后十分恐慌，忙向他的贴身大臣贾诩讨教。贾诩说："愿您有德性和度量，像个寒士一样做事，兢兢业业不要违背做儿子的理数，这样就可以了。"曹丕深以为然。

一次曹操亲征，曹植又在高声朗诵自己作的歌功颂德的文章来讨父亲欢心，并显示自己的才能。而曹丕却伏地而泣，跪拜不起，一句话也说不出。曹操问他什么原因，曹丕便哽咽着说："父王年事已高，还要挂帅亲征，作为儿子心里又担忧又难过，所以说不出话来。"

一言既出，满朝肃然，都为太子如此仁孝而感动。相反，大家倒觉得曹植只晓得为自己扬名，未免华而不实，有悖人子孝道，作为一国之君恐怕难以胜任。毕竟写文章不能代替道德和治国才能吧，结果还是"按既定方针办"，太子还是原来的太子。曹操死后，曹丕顺理成章地登上魏国皇帝的宝位。

其实刚开始时，曹丕是极不甘心自己的太子之位被弟弟夺走的，他想拼死一争，却又明知自己的才华远在曹植之下，胜数极微。一时竟束手无策。但他毕竟是个聪明人，经贾诩的点化，脑瓜顿时开窍：争是不争，不争是争。与其争不赢，不如不争，我只需恪守太子的本分，让对方一个人尽情去表演吧，公道自在人心！最后，这场兄弟夺镝之争，以不争者胜而告终。

曹丕以不争而保住太子之位，而东汉的冯异则以不争而被封侯。

西汉末年，冯异全力辅佐刘秀打天下。一次，刘秀被河北五郎围困时，不少人背离他去，冯异却更加恭事刘秀，宁肯自己饿肚子，也要把找来的豆粥、麦饭进献给饥困之中的刘秀。河北之乱平定后，刘秀对部下论功行赏，众将纷纷邀功请赏，冯异却独自坐在大树底下，只字不提饥中进贡食物之事，也不报请杀敌军功。人们见他谦逊礼让，就给他起了个"大树将军"的绰号。尔后，冯异又屡立赫赫战功，但凡议功论赏，他都退居廷外，不让刘秀为难。

公元二十六年，冯异大败赤眉军，歼敌八万，使对方主力丧失殆尽，刘秀驰传玺书，要论功行赏，"以答大勋"，冯异没有因此居功自傲，反而马不停蹄地进军关中，讨平陈仓、箕谷等地乱事。嫉妒他的人诬告他，刘秀不为所惑，反而将他提升为征西大将军，领北地太守，封阳夏侯，并在冯异班师回朝时，当着公卿大臣的面，赐他以珠宝钱财，又讲述当年豆粥、麦饭之恩。令那些为与冯异争功而进谗言者，羞愧得无地自容。

再讲个有关老百姓自己的故事。江南有一个大家族，老爷子年轻时是个风流种，养了一大群妻

边景昭《双鹤图》

妾，生下一大堆儿子。眼看自己一天比一天老了，他心想：这么大一个家当总得交给一个儿子来管吧。可是，管家的钥匙只有一把，儿子却有一大群。于是，儿子们斗得你死我活，不亦乐乎。这时，只有一个儿子默默地站在一边，只帮老爷子干事，从不参与争斗。争来斗去，老爷子终于想明白了，这把钥匙交给这群争吵的儿子中的任何一个，他都会管不好。最后，老爷子将钥匙交给了不争的那个儿子。

成大事者须忍耐

对众多企求建功立业的人来说，命运之神近乎于虐待狂，他狠心地将人们投入一条粗粝恐怖的生命畏途之中，去接受种种凡人难以忍受的折磨……在这漫长而艰难的跋涉中，许多人支持不住中途倒下了，只有极个别人受住这种炼狱般的考验，成功地到达目的地。他们成功的关键，是因为手中有一

根百折不挠的手仗——忍。

"忍"是心术的至高境界，也是通向成功的必由之路。

战国时的苏秦，是著名的纵横家。为了获取功名，起初用连横的主张去游说秦惠王，结果上了十次奏章也未被采纳。他的衣服破了，钱也用完了，只好灰溜溜地回到家。家里人都瞧不起他，甚至妻子都嘲笑他。但他没有灰心，连夜摆出几十个书箱，找到姜太公所写的谋略专著《阴符》，伏案攻读，困了就用锥子刺自己的大腿，经过一年的苦读，终于构思出一个改连横为合纵六国的谋略。

于是苏秦去赵国游说赵王，得到赵王的赏识，拜他为相。让他到六国相约合纵，拆散连横。这样，苏秦成了纵约长，佩六国相印，纵横捭阖，名震天下。

有关忍的例子，最广为人知，最被人称道的就是韩信的事迹了。

韩信年轻时很贫困，表面看来，他一无所长，家乡的人都看不起他。有一天，一群市井无赖拦住韩信，其中一个说："如果你有胆量不怕死，就把我杀了；如果你怕死，就从我裤裆下钻过去，否则绝不和你甘休！"威猛高大的韩信强忍心中怒火，毅然当着众人的面从那人胯下钻了过去。为此，家乡的人更看不起他了，认为他不但无能，而且是个懦夫。

其实韩信并不是懦夫。他忍受那样大的屈辱，是因为他有远大的抱负，没有必要为了和那几个无赖斗气，而毁了自己的前程。后来韩信率领千军万马，逐鹿中原，所向披靡，战功赫赫，成为一代名将。他与部下谈起这件事时说："难道那时我没胆量杀他吗？只是杀了他，我的一生就完了，因为那时能够忍耐，所以我才有今天的地位和成就。"

像这种"忍"，说起来容易，真要做到就太难了！古往今来，能忍胯下之辱的，也只有韩信一人，而另一个可与之相比的就是越王勾践。

在吴越战争中，越国首先战败，勾践作为人质被扣留在吴国，为了取得吴王夫差的信任，勾践忍受了常人无法忍受的痛苦和屈辱。

有一次，吴王夫差病了，作为一国之群的勾践竟然去尝夫差的大便，还煞有介事地对吴王说："人的粪便如果是香的，性命便有危险，如果是臭的，表示生理正常。吴王的粪便很臭，您的病很快就会好的。"果然不几天，夫差的病就好了。夫差认为勾践比自己的儿子还孝顺，深受感动，不久就把他放回国去了。

回国后，勾践卧薪尝胆，励精图治，使越国日益强盛，最后终于灭掉吴国，称霸诸侯。

中国历史上惟一的女皇帝武则天，她能够成就一番惊天动地的伟业，并不是仅凭自己过人的才貌所能做到的，而关键她有一颗超出常人的坚忍之心。

正当她充满幻想，在少女编织梦想的年龄时，唐太宗驾崩，无辜的小姑娘被送入感业寺削发为尼，从五光十色的梦境堕入青灯古佛、清茶淡饭的冰窖，神佛佛力无力，无所不能，但那只是传说而已，它毕竟只是一尊泥塑，怎能倾听妙龄少女的心声？"寻寻觅觅、冷冷清清、凄凄惨惨"、"怎一个愁字了得"？

五年，多少个寂寞、孤独、无助的日夜，武则天忍过来了。

一个偶然的机会，武则天重逢高宗李治，旧情复燃，再度得宠。但是她只是先皇的一个宠妃，只是感业寺中的一个小尼姑，名不正、言不顺。传统势力根深蒂固，即使贵为皇帝也只能让心爱的人委屈求全，武则天过着"招之即来，挥之即去"躲躲闪闪的"情妇"生活。

纸终究包不住火，武则天与皇帝的这段"宫外恋"终于被皇后知道，女人的妒忌心并不亚于洪水猛兽，皇后以正宫之威要铲除小尼姑，小尼姑五年寺庙生活，没有学会佛经，却懂得了"圣经"，当皇后给了她左脸一巴掌后，她将右脸也送上了，仇人迷惑了，竟将情敌带入了宫门，武则天终于重返帝王之侧，再度为妃，名正言顺。

武则天心比天高，她怎能甘居人下，而且是如此狭隘、如此无能的皇后之下。入宫几个月后武则天生下一女，小公主顽皮可爱，甚得皇帝喜欢，武则天也视为掌上明珠，但为了在残酷的后宫斗争中取胜，武则天亲手掐死自己的女儿，然后嫁祸于皇后，铲除了心腹大患，终成"一人之下，万人之上"的皇后而"母仪天下"。

"虎毒不食子"，亲手杀女儿泯灭天性，但是武则天又何尝愿意，母女连心，怎忍下手？但是"谁让你生在帝王家呢？"再苦，再痛也得忍。

皇后，并不是武则天的最终目标；皇帝，做个万民之主才是她的真正心愿。作为妻子，她常帮李治料理国事，熟悉朝政，朝野上下有自己的一股势力。此时的李治昏庸无能，全赖皇后，武则天完全可以自己登基称帝，但她更知"小不忍则乱大谋"，中国千年来男尊女卑，女子称帝统治男人在世人看来是逆天行事，轻举妄动只会招来杀身之祸，她必须忍，必须等待。

一忍便是二十八年，二十八年后六十七岁的武则天才登上天子宝座。

像这样的忍耐功夫，是多么到家；而忍耐后的蓄势一击，又有如雷霆万钧。

忍人之所不能忍，其实是一种试炼过程。孟子说："故天将降大任于斯人也，必先苦其心志，劳其筋骨，饿其体肤，空乏其身，行拂乱其所为，增益其所不能。"在重责大任或对等报偿尚未来临前，无论心志、筋骨、体肤、身、为，都得接受艰苦的试炼。

如果心志不坚、筋骨不壮、体肤不强、身无千锤、为无百炼，何能接掌大任？如果没有作出大的贡献，何来大的报偿。

当然，忍耐不是消极等待。在忍耐中作准备，才是积极的、能成大事立大业的忍耐。像苏秦、韩信受辱不忘读谋略之书；勾践受辱不忘东山再起；武则天受辱不忘谋取帝位，这才是大忍。

不要让别人小瞧

做人的技术很大部分不过是创造一个好形象，只要有办法做到，让人不敢小瞧是再正常不过的事情。

某先生有一件很普通的事，很值得我们深思：

夏天的一天傍晚，我去看望一位香港来客，因这家饭店距我家很近，没有更换整洁点的衣裳，穿着旧布衬衫就去赴约。守门的警卫见我穿着如此寒酸，立刻绷紧了头脑里的那根弦，盯着我上电梯又走过来盘问，弄得我一时非常尴尬。我不得不面带嗔怒地给了他几句，他才不好意思地悄悄走开，不过我的心里却感到很别扭。跟朋友说了这件事，他笑笑说："你这身打扮是差点儿。"从此只要是去这些地方，不管多么匆忙，我都要换件像样的衣服。

诚然，"狗眼看人低"，以衣貌取人，让人觉得没有教养，其实反过来一想对穿着打扮不花一点心思，任由自己的性子来，是否对人也不够尊重呢？就拿佩带首饰来说吧。许多女性佩戴首饰，完全不是出于美容或炫耀目的，而是为了社交需要，为了能在正式的场合中体面。身为人妻且丈夫聚会很多者、从事公关或礼仪接待工作者等等多半属于此类。一位妇女的心态是这种

菜根谭

心理的鲜明写照："其实我不喜欢戴首饰，平时在家或外出我就不戴。但逢到我丈夫有宴会或要参加一次重大聚会活动时，我就不得不带了。这样庄重的场合，不戴有些不合体统。而我先生这样的活动却很频繁，因而我不得不买了很多首饰。"

如何让自己体面起来，下面有几个方法不妨一试：

①购买"豪华配件"。

只要你外表不像吝啬，不知者不会知道你吝啬。一件豪华配件，例如一块"劳力士"，其实很能保值。不少古董表更能升值。花几万买一只名表，充完阔佬之后，将来万一卖掉，说不定还有钱可赚。

曾有一个洋朋友开法拉利跑车，好不威风，开这样的车，人人都说他是豪客。其实此人托人买到便宜的二手车，每次买车都赚钱。于是他每年换车，像有钱人。

在佩带首饰的女子大军中，不乏一类人，主要目的是要在人群中体现其高雅，家庭殷实富有，以示鹤立鸡群。有着这样心理的女性，往往追求高级名牌的首饰品，并常以此为资本在同事或同伴中炫耀。

②流行时尚也会给人很"酷"的感觉。

时下的偶像明星，穿着打扮上无不出奇致胜，就是希望留给观众鲜明而深刻的印象，吸引更多影歌迷。

跟随这阵偶像旋风，不少人都染黄了、染金了、染白了头发；男子蓄长发穿长裙，女人理平头穿西装打领带——男不男，女不女，老不老，小不小，乱七八糟，奇形怪状，似乎是这股潮流的重点。跟潮流花费金钱不至于很多，正适合年轻人。

俗话说"人微言轻"，如果你的穿戴不够体面，就无异于是唆使别人看不起你。要想人前人后脸上有光，不动番脑筋是不行的。

让自己有品味

社会上并非只有穿金戴银才能获得好评，再说大多数人都是囊中羞涩，打肿了脸也充不了胖子，加上也有人不买暴发户式的张扬的账，所以根据自身特点，有自己的一套模式，也未必被人看轻了。有道是"真人不露相"，

"大隐隐于市"。

让自己有品味，有如下几法供选择：

①保持自有的特色。

有一家邻居。倒退10几年，因为是从农村进城的，丈夫又是个清洁工，就很为一些祖居城里的街坊不屑。这些年，老两口做大煎饼生意有了些富裕，孩子们都成家另过了，他们也翻盖了自家的两间平房，宽厅大屋。他们没去买几千元一套的组合柜，而是请来家乡的木工打制了全套城里极少见到的圆背靠椅，木几长案。老太太闲来无事，重温年轻时的旧梦，能用布块绒线缝制很有味道的工艺品，虎形枕、拼接的"五蝠捧寿"门帘、花枝蟠桃墙围……再加上老爷子山东人腔高声大的爽朗，老太太山东腔细声细语的唠叨。不用说他们自己沉浸在一种乡土情深的满足中，连与他们为邻，也是一种文化氛围的享受。

唐寅《落霞孤鹜图》

②生活上个档次。

古人评议文学创作，讲"金玉满堂不是富贵气象"，讲的就是家庭中的行为决定着一个家庭究竟是什么档次。曾和一位朋友去一家办事，进屋，豪华的装修耀人耳目，却听到父亲粗俗地大骂着，逼儿子练他刚买回的进口钢琴。女主人满脸堆笑迎出，护住身后地上铺的羊毛地毯，首先是礼让着要我们换拖鞋。说实话，这样的家庭再富裕，也没有上流人家的情调，迎面而来是毫无风格的市俗之气。

家庭要上档次，生活要上档次，必须给人有种享受不尽的家庭生活的氛围。富者，我见识过家居北国，在地下室用极高级的现代声光设备装修出逼真江南故乡环境的大亨；穷者，我见识过陋室中用自己手剪的纸花装扮出晋北土窑洞特色的农民工。无论穷富，也无论他们拥有什么学历文凭，他们的家庭都显示出一种他们独有的修养，他们独有的情调，也都给人一种高档次的享受。

③做个热心肠。

人难免会遭遇失败，失败时，如果能向胜利者伸出友好之手，表示热情而诚挚的祝贺，别人就会被失败者宽阔的胸怀所感动。

因为自己的失误给别人造成损失时，你应该向别人道歉。如果超过应有的限度，把"3分错"说成"5分错"，则不但会起到化干戈为玉帛的效果，而且也会让别人强烈地感受到你的诚意，以为你是个了不起的人。

如果你对周围的老弱病残者表示关心，对弱者进行帮助，对不幸者表示同情，别人就会觉得你是个善良的人。

④气度宜人，举止得体。

如果想给别人气度不凡、从容若定的印象，那么，就请你做到：节奏匀称，举止缓慢，动作庄重，稳若泰山。

向对方叙述重要事宜，或回答对方提问时，如果目不斜视地盯着对方的眼睛，不但会增强语言的说服力，而且给人留下精力充沛过人、做事光明磊落的印象。

如果一个人风度可人，举手投足间富有魅力，令人倾倒和愉悦，便会比穿金戴银来很长远，产生一美遮百丑的交际效果。有的人完全是门面货，好像一座因修建资金不够只修完门面的房子，入口处像宫殿一般辉煌，里间的屋子却像草棚一样简陋。

师生相处要互尊

无论任何人，他都会有自尊，有虚荣心，都渴望得到别人的尊重与注视，毕竟，世上看破这点的人为数不多。

因此，为人处世上以尊他人为手段的人是很讨人喜欢的，在师生关系上则特别明显。老师特别是中国的老师，自古以来都具备了一种性格，一种被人骂之为"酸"的气质，那就是需要学生绝对尊敬自己，从儒学的角度出发，这似乎是天经地义的事情，因此，作为学生如"投其所好"，则何求不为师之得意门生乎？反过来说，老师在一定程度上也应尊重学生，特别是在今天的社会，人在一定程度上都是平等的，那些"桃李满天下"的老师之所以能品尝到桃李的滋味，除了自己的辛勤培育外，尊重自己的学生则是必不可少的。显然，在师生关系上，尊字是其相处的首要前提。

古之圣人孔子的弟子颜回在尊师上就给我们做了一个很好的榜样。

孔子在广收门徒后，弟子增至三千，当时的颜回还只是一个默默无闻的弟子之一。颜回天资聪慧，不但能过目成诵，而且能言善辩，但是他知道，单靠自己的能力是无法成为一个与孔子一样的圣贤，所以他很想得到孔子的亲自传授。

于是，颜回在平时细心观察，设法把这种渴望变成一种行动，除了自己私下努力勤奋外，更是把"尊"这一字时时放在心头。

有一次，下了大雪，颜回一大早就赶赴孔子的住处，想向孔子请教一个自己一夜都未想清的问题。恰巧，孔子正在屋里会客，几个人围着火炉正谈得热火朝天。孔子仆人见颜回来了，便想入门禀告，颜回急忙劝阻他，自己则站在雪中等待。等到孔子送客出来后，才见到颜回在院中站着，衣服上沾满了雪，手与脸早已冻得不成样子了，连忙叫颜回进屋来，并带着怜意责备颜回为什么不进来，颜回急忙站起身，作了一揖道：

"恩师会客，学生不请自来已实属不尊，况且，学生站在外面等待实乃学生本分。"

经过这件事后，孔子越发地器重颜回了，将自己的才学倾囊相授，终于，颜回经过自己不懈的努力，也成为了一个儒家圣贤。

可见，我们在平时处理师生关系上，一定要像颜回那样将自己心中对老师的尊重付诸于行动，让老师明白，这种尊重是来自肺腑的，是真心诚意的。

另外，还有一个很关键的问题，在尊师上付之于行动并不是处处逢迎老师，而应该注重些细节。

其实，抓住小节，小题大作，这在处理师生关系上确实有种意想不到的效果。一封问候信、一个礼仪电话或一件小礼品，都足以令老师们感到欣慰。在今天物欲充斥的社会里，爱情、友情甚至亲情都有变质的可能，可尊师之情却永不变质，毕竟，父母给了你一副身体，而老师则给了你生活的本领，于情、于理在尊师问题上，你都应该永远注重。

所以，尊师不但应该，更应该提倡，那些平时不爱搭理老师或者处处对老师溜须拍马之人，是不明智的，殊不知这中间有一个关键，那就是要掌握火候。

也许，在中国，尊师人人都明白，而且人人都会，但老师要尊学生，你知道吗？

在师生关系上，不能单方面的只强调尊敬老师，同时，老师在处理师生关系时，也应该注重一个尊字，不是尊敬，而是尊重。

在中国源远流长的文明史中，师生关系一贯只强调尊师，而尊生则毫无地位，也许儒学传统中的尊长是尊师的诠释，而长尊幼则毫无道理。实际上，在今天这个社会里，儒家的那套道理已远远落后于时代了，时代赋予了新的内容，作为一个人，无论贵贱，人人都有自尊，都是平等的，因此，在处理今天社会的师生关系时，应理顺两者关系，在强调尊师的前提下也提倡尊生。

尊生首先应表现在尊重学生的自尊上。中国传统的教育自古以来就有一种缺陷，那就是缺少对学生起码的了解，或者说老师很少想到处理好师生关系要抛下尊严，而总是以一副长者的架子去随意干涉学生的自由，或者损坏其自尊。这样做也许一时会起到短暂的管理作用，但一旦时间长了，则弊将远远大于利。

1995 年 4 月，在江西省发生了一件老师私自体罚学生的事件，最后学生不堪其辱，自杀身亡。

同年的 8 月，在江苏省也发生了老师私自拆阅学生信件、偷看日记的事件，致使学生罢课长达三天之久。

这些事件犹如一颗颗重磅炸弹投在了人们的心中。

要知道，尊重学生的自尊，不是丢了面子，更不是抛弃尊严，学生很需要老师的理解与关心。老师不能总是高高在上，发号施令，在知识的天平上，两者应是平等的，所以，那些撕下威严的面具，与学生为友的老师可以说是处理师生关系的"师"。

另外，尊重学生还表现在一个对学生负责的问题上。

学生的眼光是很挑剔的，他们要佩服、要尊敬一个老师，这个老师应有渊博的知识，高深的涵养，宽宏的肚量，最关键的还是能传道授业解惑。

其实作为一个老师，你的职责就是教育学生，教他们知识，教他们做人的道理，一句话，老师要对学生负责，这其实是老师尊重学生的一个很典型的方面，不但是尊重了学生，也尊重了自己，还有自己的职业，才无愧于"师"这一字所赋予的内容。

这样处理师生关系，才真正符合这个时代这个社会以及我国所现有的国情。

吃小亏赚大便宜

从最功利的目的而言，吃亏的目的在于占大便宜，不计较眼前的得失而着眼于大目标。正如鱼饵是为了诱鱼上钩，要得到的是鱼，而不是无偿地拿鱼饵去填鱼肚。鱼要吃到食物，就得付出生命的代价。

唐代有叫窦公的商人，很善于经营家业，但财力上很困难。他在京城里有一块宝地，与大宦官的地段相邻，宦官看中这块地想得到它。这块地仅值五六百缗（古代一千文为一缗），窦公很高兴地把这块地献给了那位大宦官，却根本没有提价钱。在讨得宦官十分欢喜之后，他就借故说自己打算去江淮，希望得到两三封信给神策军中的护军，那宦官便替他写了信。窦公借这些信息共获利三千缗，从此，他的事业便发达起来。

长安城东郊有一片空地，地势低洼有积水，窦公就用低廉的价钱买到手，然后让女佣人带着蒸饼盘在那块空地上诱儿童：哪个孩子如果扔砖瓦击中空地上的一个目标，就奖给他一个蒸饼。小孩们都跑来争相扔砖瓦石块，这样那片洼地填平了十分之六七。接着又用好土垫在上面，在这块地上盖起了一个客店专门留波斯的客商居住，每月能获利数百缗。

南朝的宋孝武帝刘骏，酷爱赌博，每次赌博时都下大赌注。人们惧怕他的权势，赌博时都要让他几分。赢钱的时候多了，刘骏便以赌为聚财手段。

朝廷中有个叫颜师伯的大臣，在做官期间贪污受贿，聚敛了大量金钱。刘骏知道后十分眼红，想狠狠地搜刮他一下，于是派人请颜师伯来赌博。

谁知颜师伯狡猾无比，心中明白刘骏的打算，想借此机会在官位上得到升迁。为了讨得刘骏欢心，他有意连输两局，果然使刘骏十分高兴，兴趣越发浓厚。

有一次，刘骏和颜师伯又赌了起来。刘骏先掷骰子，一下掷了个"雉"点，立刻高兴不已，以为达一局稳操胜券。因为"雉"点为上乘，很不容易掷到。然而顷刻之间，局势急转直下。颜师伯轻轻一掷，得到一个最佳点"卢"点，级别在"雉"点之上。

刘骏见状大惊失色，暗忖输钱已成定局。然而，早有预谋的颜师伯却镇定自若，装作不知道，迅速抓过骰子，平静地说："我差点得个'卢'点。"这一来，颜师伯当场输给刘骏一百万钱。

自幼机敏的刘骏，对颜师伯的"作弊"心领神会，乐不可支下收下赢钱。不久之后，他提拔颜师伯当了宰相。

官位一到手，颜师伯就更加肆无忌惮地搜刮民脂民膏，财物滚滚而来，把输给刘骏的钱成十倍百倍地赚了回来。

刘骏只顾与颜师伯赌得高兴，对他更加放任，颜师伯的权势因此显赫一时。人们背地里议论说，颜师伯以钱钓官，赚了大头。

从某种意义上说，这场赌博的游戏还算得上是一次"公平"交易。一方急不可耐地想赢钱，另一方为了更大的目的有意输钱；一个愿打，一个愿挨，各取所需，各得其乐，互不相怨。

抽头退步有智慧

从某种意义上来说，社会人际关系越复杂，做人也就愈难；而做人愈难，人之压抑感就越大越强。人们为了获得一点基本的生存权和安全感，不得不如履薄冰，疑心重重，顾虑多端，把毕生大多数精力投放于人际关系之中。

大观园就是这样一个做人难的地方。别看它一时富丽堂皇、景色优美，但生活在其中的人却个个心有委屈，惶惶度日，不得不有一些特别的心计。就拿平儿来说，虽然自己是一个极聪明极清俊的上等女孩儿，但是却落到了贾琏、王熙凤手里，一个俗得要命，一个心狠手辣，而且夹在两人中间，左右难得做人，经常无故受到伤害。这一点就连宝玉都时常感念，叹她并无父母弟兄姊妹，独自一个应付贾琏之俗，凤姐之威，竟能周全妥贴，真是薄命比黛玉更甚。

活着让人感念，这在大观园里本身就是一种成功，况且平儿活在权力争斗的中心，命中注定要与心毒手辣的凤姐为伍，不为虎作伥也得装腔作势儿声；若稍有无自知之明者，狐假虎威，仗势欺人，也能在大观园里做个盛气凌人的"二奶"，一时半下拿拿架式，抖抖威风。但是，如果这样，平儿也就不是让人们时常感念的那个平儿了，而她的最后下场也必定比王熙凤更糟，一旦失势遭人指骂还算运气，说不定会弄得当不成人也死不成鬼的结局。

说明白点，平儿有点像"暴君"手下"二把手"的角色，在王熙凤掌管大观园生死大权的日子里，平儿的地位既优越又尴尬。说优越，她是贾琏的爱妾，凤姐儿的心腹，里里外外，谁敢不对她敬怕三分？要说尴尬，自然是够尴尬的了，除了二位主子的不得人心之外，她自个儿并无威势，身不由己，不能不做很多违心的事，说违心的话，在这种情况下，关键就看平儿如何在委曲求全中把握自己，在忍辱负重中照顾周围了，虽然不能在人生的一时一地争强好胜，但愿能在审时度势时保全自己。

文从简《郑州风物图》

说平儿是个"极聪明极清俊的上等女孩儿"，除了做事不流于俗蠢之外，就在于她能有自知之明和知人之明。就后者来说，她明白贾琏夫妇的为人，更明白众人对他们，尤其对王熙凤的憎恶之情。对于王熙凤，她也许比任何人都了解得透彻。除了看到了她的口蜜腹剑，心黑手辣一面之外，还深知其内心痛苦不已，对前途惶惶不可终日的一面。因为凤姐儿虽然外表逞强，但内心毕竟虚弱，知道自己已经"骑上老虎了"，"一家里大约也没个不背地里恨我的"，所以忍不住也会向平儿这个心腹有所交代；"若按私心藏奸上论，我也太行毒了，也该抽头退步。回头看了看，再要穷追苦克，人恨极了，暗地里笑里藏刀，咱们两个才四个眼睛，两个心，一时不防，倒弄坏了。"

这是在第 55 回"辱亲女愚妾争闲气，欺幼主奴蓄脸心"中凤姐对平儿所说一段话，此时凤姐因病将息，只能将大观园管理权交给探春掌管。可惜，凤姐儿虽然对自己处境险恶心知肚明，并碰巧有机会能抽头退步，但是毕竟已骑上虎背，想下来已为时过晚，这里所说的"抽头退步"也只能是纸上谈兵，根本不可能，好在平儿对此早有明白，自己也早早觉醒，不愿步凤姐儿后尘，而骑虎难下，所以此时不等凤姐儿的嘱咐说完便能笑道："你太把人看糊涂了。我才已经行在先，这会子又反嘱咐我。"

确实，平儿虽是凤姐儿的心腹和左右手，但在处事为人方面一直在抽头退步，为自己留余地留后路，决没有犯凤姐儿所说的"心里眼里只有了我，一概没有别人"的错误。更不像凤姐那样把事做绝，处在如此险恶尴尬的地步，如果说平儿的让人感念有什么诀窍的话，那么此处便是。她对凤姐儿得顺着脾气摸，让凤姐信任她，但是对于众人决不依权仗势，趁火打劫，而是时常私下进行安抚，加以保护，一方面缓和化解众人与凤姐儿的矛盾，另一方面做了好人，为自己留了余地和退路。例如在第 39 回中，正值众姐坐着吃酒，平儿喝了一口就要走，原本是怕凤姐儿不开心，但是在李纨出口就是："偏不许去，显见得只有凤丫头，就不听我的话了"情况下，又正碰上婆子来传凤姐儿的话，劝平儿早回少喝酒，平儿就显得毫不含糊，即口应付："多喝了又把我怎么样？"坐下来只管喝只管好，顺应了众姐妹的意思，并浊眼里心里只有"楚霸王"式的凤丫头（李纨语）再例如在很多情况下，平儿在处理一些事情时，就比凤姐儿宽容得多，能放一马就放一马，结果在下下上上赢得了人心。作品中的李氏曾对平儿说道："有个凤丫头，就有个你。你就是你奶奶的一把总钥匙"，素不知平儿待人接物倒有一把自己特殊的钥匙。

话说回来，这"抽头退步"原本是王熙凤的话语，道理谁都懂，但是王熙凤一生拼死拼活，至死也没有真正做到"抽头退步"，关键是在她始终放不下利欲和权势之心，所以这"抽头退步"对她来说，始终是一种人生策略和权宜之计；而平儿与她不同，她虽然无法彻底摆脱利害之地，但是内心的善良，使她对大观园中的人生悲剧有更深的体验，知道人如果利欲迷心，图财害命也必不会有人生的好滋味和好结果。

平儿终得回报。凤姐死后，大观园一片败落，平儿却多次获得众人帮助渡过难关。

守住制高点

　　制高点，在军事中具有举足轻重的作用，它居高临下，可以俯视、控制交战对方的行动，哪一方占领了它，就占有了主动权，把握住取胜的先机。因此，交战双方都会不惜一切代价抢占制高点。一旦拥有，绝不轻易放弃。

　　人也有自己的制高点，这就是自己的长处和优势。有人长于交际，有人长于思考，有人善于猛打猛冲，快速出击，立竿见影，有人善于稳扎稳打，步步为营，循序渐进……。如何发挥自己的长处，避免自己的短处和不足，这是安身立命的重要课题。

　　要想发挥自己的长处，首先需要发现并保住自己的长处。虽然每个人都有自己的优势和劣势，有长有短，但并不是每个人都对自己的长短优劣有清楚的认识和了解。生活中我们总能发现舍长就短，终生遗憾的悲剧。而那些自知程度较高、对自身长短利弊了如指掌的人，往往能够自觉地保住自己的优势，发挥自己的长处，取得生活的主动权。

　　汉武帝有一位贵妃李夫人，得了重病，卧床不起。武帝亲自到她床前探病，李夫人用被子把头蒙住说："妾久病在床，样子难看，不能见皇上，看我现在的病情，恐怕不久于人世了。我想把我的儿子和

吴庆云《秋山夕照图》

兄弟托付给您，请您关照。"武帝说："夫人病重，卧病在床，你的嘱托朕一定照办，请放心吧！但你病到这个地步，还是让朕看一看吧！"李夫人说："女人不把容貌修饰好，不能见君王、父亲，妾不敢破这个先例。"武帝说："只要见一面，朕会赐给你千金，而且封你的兄弟做高官。"李夫人说："封不封官在皇上，不在见不见臣妾。"武帝坚持要见。李夫人索性转过身去，抽泣着不再说话。武帝这才知道，不能强求了，只得快快离去。

武帝走后，姐妹们都责怪李夫人，她们说："既然你托付兄弟给皇上，为什么不见皇上一面呢？难道你怨恨皇上么？"李夫人说："我们是用容貌去侍奉人的，我们的长处是长得漂亮。一旦容貌减退，就不招人喜欢了。皇上不喜欢你，自然恩断义绝。皇上之所以还恋念着我，是因为我过去容貌好看。如今，我久病貌衰，一旦被皇上看见，必然遭到皇上的厌恶和唾弃，他怎么还能思念我而厚待我的兄弟呢？考虑到这些，我以为还是不见皇上的好，并且郑重其事地把兄弟托付给他。"

就这样，直到李夫人去世，汉武帝也未能见上她一面。然而，因为他心里保存着李夫人昔日的美好印象，对李夫人一往情深，并写下了《李夫人歌》、《悼李夫人赋》、《落叶哀蝉曲》等歌赋，来寄托哀思。不久，他还提升李夫人的哥哥李延年为协律都尉。

李夫人对自己的优势和长处，认识得特别到家，这就是自己的美貌。尽管久病之后，它已不复存在，但在汉武帝心中的印象却还是一样，为保住这优势，她便采取了蒙被子说话，不让皇上看见容貌的方法，最终达到了预期的目的。

战国时期，有一位齐国人对此阐发过深刻见解。

齐国宰相田婴，想在自己的封地薛地筑城，发展私家势力，以备不测。人们纷纷劝阻。田婴下令任何人也不得进谏。这时，有一个人请求只说三个字，多一个字，宁肯杀头。田婴觉得很有意思，请他进来。这个人快步向前施礼说："海大鱼。"然后，回头就跑。田婴说："你这话外有话。"那人说："我不敢以死为儿戏，不敢再说话了。"田婴说："没关系，说吧！"那人说："您不知道海里的大鱼吗？鱼网捞不住它，鱼钩也钩不住它，可一旦被冲荡出水面，则居了蚂蚁的口中之食。齐国对于您来说，就像水对鱼一样。您在齐国，如同鱼在水中。有整个齐国庇护着您，为什么还要到薛地去筑城呢？如果失去了齐国，就是把薛城筑到天上去，也没有用。"田婴听罢，深以为是，说："说得太好了。"于是，停止了在薛地筑城的做法。

田婴本来是齐威王的相，宣王断位后，不太喜欢田婴。田婴筑薛城，是想建设一个退身之地。表面上看，这也不失为一个较好的计谋。但是，齐国谋士认为，田婴此行的最大弊病，是丢弃了自己的优势。田婴的长处是经营整个齐国，将齐国掌握在自己手中。以齐国为依托，就是齐宣王也不能将他怎么样。反之，到了薛地，地小人少，无法施展拳脚，那便处在任人宰割的地步，不但不能保护自己，反而适得其反。俗语说："龙逢浅水遭虾戏，掉尾凤凰不如鸡。"就是这个道理。

十分明显，齐国谋士的分析是十分精辟的。

那些致力于提高心术的朋友，能从这两则历史故事中获得什么启示呢？那就是——

问问自己：长处何在？

提醒自己：如何守住制高点？

送礼要讲究方法

送礼是在人情往来中不能少的手段。送得好，方法得当，会皆大欢喜，境界全出。送得不好，让人挡回，触了霉头，定会堵心数日。送礼要讲究方法。

送礼者最头疼的事，莫过于对方不愿接受或严辞拒绝，或婉言推却，或事后送回，都令送礼者十分尴尬，弄得钱已花，情未结，赔了夫人又折兵，真够惨兮兮的，那么，怎样才能防患于未然，一送一个准儿呢？关键便是借口找的好不好，送礼的说道圆不圆，你的聪明才智应该多用在这个方面。有以下办法：

①借花献佛。如果你送土特产品，你可说是老家来人捎来的，分一些给对方尝尝鲜，东西不多，又没花钱，不是单买的，请他收下，一般来说受礼者那种因盛情无法回报的拒礼心态可望缓和，会收下你的礼物。

②暗度陈仓。如果你送的是酒一类的东西，不妨假借说是别人送你两瓶酒，来和对方对饮共酌，请他准备点菜。这样喝一瓶送一瓶，礼送了，关系也近了，还不露痕迹，岂不妙。

③借马引路。有时你想送礼给人，而对方却又与你八竿子拉不上关系，你不妨选受礼者的生诞婚日，邀上几位熟人一同去送礼祝贺，那样一般受礼者便不好拒绝了，当事后知道这个主意是你出的时，必然改变对你的看法，借助大家的力量达到送礼联情的目的，实为上策。

④移花接木。老张有事要托小刘去办，想送点礼物疏通一下，又怕小刘拒绝驳了自己的面子。老张的爱人与小刘对象很熟，老张便用起了夫人外交，让爱人带着礼物去拜访，一举成功，礼也收了，事也办了，两全其美。看来，有时直接出击不如迂回运动能收奇效。

⑤先说是借。假如你是给家庭困难者送些钱物，有时，他们自尊心很强，轻易不肯接受帮助。你若送的是物，不妨说，这东西我家摆着也是闲着，让他拿去先用，日后买了再还；如果送的是钱，可以说拿些先花，以后有了再还。受礼者会觉得你不是在施舍，日后又还，会乐于接受的。这样你送礼的目的就会达到了。

⑥借机生蛋。一位学生受老师恩惠颇多，一直想回报但苦无机会。一天，他偶然发现老师红木镜框中镶着字画竟是一幅拓片，跟屋里雅致的陈设不太协调。正好，他的叔父是全国小有名气的书法家，手头正有他赠的字画。他马上把字画拿来，主动放到镜框里。老师不但没反对，而且非常喜爱。学生送礼回报的目的终于达到了。如不能"雪中送炭"，"锦上添花"也是良策。

⑦借路搭桥。有时送礼不一定自己掏钱去买，然后大包小包地送去，在某种情况下人情也是一种礼物。比如，你能通过一些关系买到出厂价、批发价、优惠价的东西，当你为朋友同事买了这些东西后，他们在拿到东西的同时，已将你的那份"人情"当作礼物收下了。你未花分文，只不过搭上点人情和工夫，而收到的效果与送礼一般无二。受礼者因交了钱，收东西时心安理得，毫无顾虑；送情者无本万利，自得其乐。

吹好喇叭抬好轿

作下级的，最忌讳自伐其功，自矜其能，凡是这种人，十有九个要遭到猜忌而没有好下场。当年刘邦曾经问韩信："你看我能带多少兵？"韩信说：

"陛下带兵最多也不能超过十万。"刘邦又问："那么你呢?"韩信说:"我是多多益善。"这样的回答,刘邦怎么能不耿耿于怀!韩信的命运自然可想而知。

那么怎样做到既可得到建功立业所带来的好处,受到上司长期的宠爱,又避免因此而产生的危险呢?我们的拍马大师们想出了一个妙招,那就是"有功归上"。

擅长阿谀的下级尽管卖力气卖命,然后将一切功劳、成绩、好名声都归之于领导,而将过错、骂名留给自己,用一句后来流行的话说,就是"干得好是由于上级领导的英明、伟大,干得不好是由于我们执行上级领导的决策不够得力,水平不高"。试问对于这样的属下,哪一个领导能不喜欢、宠信呢?

田叔是西汉初年人,曾经在刘邦的女婿张敖手下为官,后来张敖被牵扯到一桩谋杀皇帝的案子中去,刘邦大为震怒,将张敖逮捕进京,并颁下诏书说:"有敢随张敖同行的,就要诛灭他的三族!"

可田叔不计个人安危,剃光了头发,打扮成一个奴仆模样,随张敖到长安服侍。后来案情查清,与张敖无关,田叔由此以忠爱主上闻名。

汉武帝非常赏识田叔,便派他到藩国鲁国去出任相国。鲁王是景帝的儿子,自恃皇子的特殊身份,骄纵不法,掠取百姓财物不可胜数。田叔一到任,来告鲁王的多达百余人,田叔不问青红皂白,将带头告状的二十多人各打50大板,其余的各打20大板,并怒斥告状的百姓道:"鲁王难道不是你们的主子吗?你们怎么敢告自己的主子?"

鲁王听了很是惭愧,便将王府的钱财拿出来一些交付田叔,让他去偿还给被抢掠的老百姓。田叔却不受,说道:"大王夺取的东西而让老臣去还,这岂不是使大王受恶名而我受美名吗?还是大王自己去偿还吧!"

鲁王听了喜得美滋滋的,连连夸赞田叔聪明能干,办事周到。

唐朝李泌更谙"有功归上"之道。

李泌在唐代中后期政坛上,是一位颇有点名气的人物。他历仕玄宗、肃宗、代宗、德宗四代皇帝,在朝野中外很有影响。

唐德宗时,他担任宰相,西北的少数民族回纥族出于对他的信任,要求与唐朝讲和,结为婚姻,这可给李泌出了个难题,从安定国家的大局考虑,李泌是主张同回纥恢复友好关系的;可德宗皇帝因早年在回纥人那里受过羞辱，对回纥怀有深仇大恨，坚决拒绝。事情僵在那里。正巧在这时，驻守西北边防的将领向朝廷发来告急文书，要求给边防军补充军马，此时的大唐王朝已经空虚得没有这个力量了，唐德宗一筹莫展。

李泌觉得这是一个可以利用的时机，便对德宗说："陛下如果采用我的主张，几年之后，马的价钱会比现在低十倍！"

德宗忙问什么主张，他不直接回答，先卖了个关子，说："只有陛下出以至公无私之心，为了江山社稷，屈己从人，我才敢说。"

踪说："你怎么对我还不放心！有什么主张就快快说吧！"

李泌这才说："臣请陛下与回纥讲和。"

这果然遭到了德宗的拒绝："你别的什么主张我都能接受，只有回纥这事，你再也别提，只要我活着，我决不会同他们讲和，我死了之后，子孙后代怎么处理，那就是他们的事了！"

李泌知道，好记仇的德宗皇帝是不会轻易被说服的，如果操之过急，言之过激，不

程正揆《山水图》

只办不成事情，还会招致皇帝的反感，给自己带来祸殃。他便采取了逐渐渗透的办法，在前后一年多的时间里，经过多达 15 次的陈述利害的谈话，才算将德宗皇帝说通。

李泌又出面向回纥族的首领作工作，使他们答应了唐朝的五条要求，并对唐朝皇帝称儿称臣。这样一来，唐德宗既摆脱了困境，又挽回了面子，十分高兴，唐朝与回纥的关系终于得到和解，这完全是由李泌历经艰苦，一手促成的。唐德宗不解地问李泌，"回纥人为什么这样听你的话？"

如果是一个浮薄之人，必然大夸自己如何声威卓著，令异族都畏服，显示出自己比皇帝都高明，这样一来必然会遭到皇帝的猜疑和不满，李泌却是一个极富政治经验的人，他对自己一字不提，只是恭敬地说："这全都仰仗

陛下的威名，我哪有这么大的力量！"

听了这样的话，德宗能不高兴，能不对李泌更加宠信吗？

善于用旁敲侧击

企业界有许多实际的例子显示，妨碍或影响公司进步的，往往是当年创业时的伙伴、功臣。这些人以功臣自居，以老大自任，位高而不实心办事，自满而不求进步，但知营私结党，倾轧图利，他们的能力不但早已赶不上公司的发展，而且成为公司进步的绊脚石。经营者痛心疾首但不能卸下感情的包袱，既无壮士断腕的勇气，亦无其他治本的良策，此时该如何呢？

除了天生冷酷无情、寡恩刻薄的人之外，一般人多半无法心硬到将当年打江山、共患难的伙伴，说宰就宰，说杀就杀。尽管其祸害已至极点，可是为了情字，难免姑息养奸，得过且过，可是这样下去也不是办法呀！

如果经营者学会旁敲侧击，不但可兼顾到感情的问题，也能使公司脱离困境，再创生机，两全其美而不着痕迹的把困难解决，何乐不为呢？

旁敲侧击的方法很多，我们略举数例，希望经营者碰到如上的困难时能有参考价值，或者由这些方法中自我启发出更有建设性的方法。

①另给他分个办公室。

办公室的分配位置，最能显示出权力象征的意义，尤其是一间属于个人专有的办公室，不论位置、大小、装饰等，都足以代表一个人在公司中的地位与权力。

旧有的办公室可能已经使用了好几年，乃至十数年，权力的型态与意识早已根深蒂固，哪一个房间是属于副总经理的？那一个房间是属于业务经理的？大家都十分熟悉，而哪一个房间拥有多少权力？权力的中心何在？更是人人清楚。

假定现在你想剥夺占有某个办公室的人的权力，又不想以调整职务为手段，那么比较不落痕迹的方式，就是给他一个新的办公室，而这新的办公室应该远离权力中心。

如此，在一种很自然而无形的情况下，这个人逐渐的失去他原有的影响力。等到他的影响力消失，你要处置他就不会过于棘手，也不会产生不必要的副作用或后遗症。

事实上，以换办公室作为削夺权力的第一步骤，从任何角度来看，都是最温和而不伤尊严的做法。稍为激烈一点的，就是将他迁出私人办公室，而与一般职员共处于大办公室，美其名为"增进其与部属之间的沟通"。失去了私人办公室，他的一切护卫与武装也就随之解除。

有些公司则趁改组扩大的机会，干脆把公司搬到一栋新建的大厦去，经营者所有的意志企图都可借重新分配办公室，来达到目的。

②掐断电话，不叫开会，断绝情报。

有人说，一个公司中最有权力的人，可能是负责接电话的总机小姐，因为任何情报的传达都要透过她，所以她拥有公司最多的情报。总机小姐如果对某人不顺眼，而要使这个人失去权势的话，可说轻而易举，她只要断绝若干情报来源，就可能使他陷入极大的困境。

在资讯发达的时代里，情报可说是一切权力的来源，谁有办法掌握更多的情报，谁就是更有权力的人。因此，杀人不见血的方法之一，就是断绝情报来源。

如何断绝对方的情报来源呢？例如，重要的会议在他不在或出差的时候召开，使他失去参与决策的机会，或者开会通知根本不发给他，财务报告、业务报告不再给他过目。

③明升暗降，叫他毫无实权。

表面上晋升其职位，实际上是解除他的权力。行政机关将部长、院长改聘为资政、国策顾问，使其高待而无为，就是明升暗降的手法。

这样做的好处很多，第一、不伤对方的面子，第二、权力的移转会温和而顺利。例如将总经理或副总经理纳入董事会，提任高级顾问，怎谁也无话可说。

④让他出个长长的差。

派他出国考察，一两个月后，他回来时发现整个情势已然改观，他的工作已经分别由他人取代，他的权力已所剩无几。此时，你再加以说明，因时机紧急或迫于无奈权宜处置等搪塞的理由，纵使他心里明白，也徒呼奈何了！

为自己找个借口人为类是理性的动物，事无巨细，都要起个名字，有个叫法，给个说法。即使是个无赖，也不愿让人说自己无理取闹，他们总有自己的"歪理"。皇帝弑臣下、除异己，也要给文武文武有个解释，尽管是"欲加之罪，何患无辞"；日常生活中，我们总有很多时候为自己找个遁词。借口随处都需要，只是编造技术有好有赖。

有一个很有趣的故事：一个印度人因偷窃被当场捉到。不料，小偷一点儿也没有畏缩，反而理直气壮地说："如果我拿了东西又逃走，那才算是偷，但我现在只是拿到东西而已，了不起把东西还给你罢了。"说完就大摇大摆地溜走了。

无独有偶，有一位朋友初次到印度旅行时，与人发生了纠纷。他在餐厅进餐时，曾几次离开座位，有一次他回来时正好看到一名男子从他挂在椅背上的上衣口袋中掏出钱包，想取走里面的钱。我的朋友出言指责时，那个人居然说是在替他"清扫皮包"，一直到最后都不承认自己偷窃。

看来印度的小偷是找寻借口的高手，在我们看来，这个小偷当然应该是理屈词穷，不会想到他还有什么可以诡辩的了。但他却能理直气壮，并能说出一定的逻辑，倒确实不简单。从这里，起码可以看出对方在险恶环境下所拥有的镇定和机智。另外，人一旦承认错误，很可能一直翻不了身，而被对方牵着鼻子走。

当然，这里并不是鼓励大家采取拒绝承认错误的态度或学习颠倒黑白的行为。这里想强调的是，有些人面对初次见面的人，就以理亏的口吻说话，这种无谓的谦卑，反而会使自己站不住脚，并无益处。

如果不长眼色，不明世事，胡乱找借口，就会惹大麻烦，甚至丢了性命。

刘备与关羽、张飞等人肝胆相照，与诸葛亮鱼水相得，同曹操比较的确可称忠厚，但也并非心无芥蒂。当年攻取四川时，刘备曾与刘璋在涪县会见，刘璋部下从事张裕在座。张裕脸上多须，刘备拿他开玩笑："我从前在老家涿县，那地方姓毛的人特别多，县城东西南北都是毛姓人

戴进《春山积翠图》

家，县令说："诸毛怎么都绕涿（借指"啄"，即嘴）而居呢？…张裕回敬说："从前有人作上党郡潞县县长，迁为涿县县令，调动之际回了一趟家。正好这时有人给他写信，封面不知道如何题署好，如果题'潞长'，就漏了'涿令'，题'涿令'，就漏了'潞长'，最后只好署'潞涿君'。借"潞"为"露"之谐音，讽刺刘备脸光露嘴无须。

后来张裕归刘备。他对天文、占卜皆通，曾劝刘备不要取汉中，说取汉中于军不利。刘备不听，出兵攻取汉中，证明张裕预言不准。张裕又私下向人泄露"天机"，说魏文帝黄初元年刘备将得益州，九年后将失去益州。刘备不忘当年受辱，借机要杀张裕。诸葛亮问张裕犯了什么罪，刘备说："芳兰当门而生，不得不锄去。"他找的这个说法，其实并不高明，论借口编造术实不如张裕，可是刘备是主子，权力大，最终占了上风，可见一个人不能恃才胡闹，诡辩成性。

做事要名正言顺

人做事情总是要名正言顺，要有个说法有个交代。这样做事才会理直气壮。

有一位中学教师，脑筋很灵光，工作中很讲究策略，"找借口"能力令人佩服，把找寻借口用在学生身上效果奇佳。他的班上有一个姓胡的同学，人很聪明，升初中的考试成绩是全班第一名。可仅过半年，期末考试却落到班级第 26 名。这位老师左思右想，也找不出他退步的原因。后来，他了解到，这孩子有尿床的毛病。被褥尿湿了，家长很恼火，这"丢脸"的事使他自惭形秽。原来是精神上的负担，影响了学习成绩。面对这样一个棘手的问题，怎么办呢？这位老师在一篇文章中回忆道：

"我思考了两天，看了一些有关的书籍，终于在一天放学后，办公室人都走光了，我找他谈心。扯了一些班里的事以后，我问他：'听说你会尿床，是不是？'他一听，脸嗖地一下红了，头也挂得低低的。我把他朝身边拉了拉，握住他的手说：'其实，尿床没什么大不了，老师研究过，十几岁的少年儿童中，有相当一部分人都尿床，只不过是许多家长不声张罢了。'他一声不吭。我继续说：'老师我也尿过床。''真的？'他惊奇地问我。'怎么不是，而且一连延续到初中，快毕业。有时一夜尿两三次，睡梦中，我急死了，到处找厕所，找到一个墙角，拉开裤子就尿，结果就尿了一床。'哎呀，我也是这样。'他仿佛找到了知音，羞怯之情一扫而光。接着，我们你一句我一句地扯开了'尿经'，讲到好笑的地方，一起放声大笑。这时，我们已没师生之别，好像两个'尿友'在交流经验。

"'后来你是怎么不尿床的？'他突然问我。'我啊，到了十五岁就自然地不尿床了。'我装着回忆的神情说，'那时我初中还没毕业，不知不觉地就好了。'他掰着手指算着：'我今年十三岁，再过两年，我也会好了？''那当然！'我肯定地说，'尿床不是病，到了发育的年龄，就会自然地好了，你用不着烦恼。'当我们走出办公室的时候，他精神轻松多了。

"后来，由于家庭、老师的默契配合，那位学生终于摆脱了困境，学习大有长进。"

广告人可以说个个都是找借口的高手，当即溶咖啡在美国首度推出时，曾有这样一段故事。公司方面本来预测这种咖啡的"简单"、"方便"会大受主妇朋友的欢迎，没想到事与愿违，其销售并无惊人之处。姑且不论味道问题，大概是因为"偷工减料"的印象太强的关系，因为在美国，到此时为止，咖啡一直都是必须在家里从磨豆子开始做起的饮料。只要注入热水就能冲出一大杯来，怎么看都似乎太过便宜了。

所以，厂商便从"简单"、"方便"的正面直接宣传，改为强调"可以有效利用节省下来的时间"的广告战略。所谓"请把节省下来的时间，用在丈夫、孩子的身上。"

这种改变形象的作战，去除了身为使用者的主妇们所谓"对省事的东西趋之若鹜"的内疚。因为"我使用速成食品，一点也不是为了自己的享乐，而是因为可以把节省下来的时间用到家人身上之故。"此后，销售量年年急速上升，自是不在话下。

任何事物都有一体两面。说到传统，其背后的意思就是古板。单只强调即溶咖啡的省事与便利，要完全去除其负面印象可说是相当困难的，但是，如果将"偷工"改变一种看法，就成了节省时间。总之，借口强调偷工的反面意义，即溶咖啡便紧紧抓住了消费者的心。

人都是这样，做事情讲究名正言顺，你给他一个名，他是很乐于做些自我欺骗、掩耳盗铃的事的，尤其是事情对自己有利的时候。实际上，嗜酒者从不主动要求喝酒，却以"只有你一人，我陪你喝"，或者"我奉陪到底"，"舍命陪君子"这类借口来达到心愿，表面上既不积极，也不干脆。

以子之予攻其盾

在言辩中，若用以子之矛，攻子之盾的方法，常常使自己居于主动而使对手陷于被动。

周景王十三年（公元前532年），晏婴奉命出使楚国。

楚灵王对大臣们说："晏婴虽然身材矮小，但在诸侯中却很有声誉。我想借此机会羞辱他一番，来显显我们楚国的威风。"

太宰薳启疆奏道："晏婴能言善辩，单是一件事不足以羞辱他，必须如此这般！"

楚灵王听了很高兴，吩咐他前去准备。

第二天，晏婴乘车来了，只见城门紧闭，没有人来迎接，就让随从叫门。

守城的军士指着城门边才挖的一个高不过五尺的小洞说："大夫从此洞出入，宽绰有余，何必再开大门？"

晏婴走到小洞前边，看了看说："这是狗洞，不是城门。出使狗国的人，才从狗洞进去。现在我出使楚国，难道也从狗洞进去吗？"

守门军士听了，赶紧报于楚灵王。楚灵王说："我本想戏弄他，反倒被他戏弄了。"于是命令打开大门，请晏婴入城，并在宫殿台接见他。

楚灵王一见晏婴，故作惊讶地说："难道齐国没有人了吗？"

晏子知道楚灵王是在讽刺他，不动声色说："我们齐国的人多得很，摩肩接踵，呵气成云，挥汗可成雨，怎能说没有人呢？"

楚灵王笑道："那么为什么派一个小小的人来出使我国？"

晏婴面无惧色，说："这你就不知道了。我们齐国有一个规矩，漂亮、能干的人出使强大、有正义的国家，丑陋、无能的人出使不肖之国。我是最丑、最没出息的人，所以只配出使楚国。"

楚灵王听了，弄了个大红脸，心中不由暗自惊异，想："这晏婴果然利害，我倒被他讽刺了一顿。"

楚灵王只好顺手拿起一只合欢桔递给晏婴，以掩饰自己的窘态。

晏婴接过合欢桔，连皮一齐吃下。

楚灵王不由得又抚掌大笑道："齐国人难道没有吃过桔子吗？为什么不剥皮？"

晏婴回答："我曾听说过这样的话，接受君主所赐给的，瓜、桃不剥皮；桔柑不剥皮。今承蒙大王所赐，就如我的主公所赐一样，大王没有让剥皮，我怎敢不连皮吃下。"

楚灵王听了，心中不由肃然起敬。命侍者摆酒款待晏婴。但楚灵王仍不死心。

过了一会儿，有几个武士绑着一个犯人从殿前经过。

楚灵王故意问："这个犯人是哪国人？犯了什么罪？"

武士回答："是齐国人，犯了偷盗罪。"

楚灵王看了看晏婴，笑嘻嘻地说："齐国人都善于偷盗吗？"

晏婴知道这又是楚灵王设下的圈套，便站起来很严肃地说："我听人家常说：'桔子生在南方，长的又大又甜，生在北方则转变为枳，生的又小又酸。'为什么吗？因为南北的水土不一样。我们齐国的百姓，在齐国的时候又勤劳又正派，没有一个当小偷的；可是来到楚国却变成了盗贼，是不是楚国的风气与水土让老百姓学会了偷盗？"

楚灵王听了，脸上一阵红，一阵白，再也没话可答。

水下石与竹上肉

对付狡黠无赖之徒，需采取非常之手段，下例是之。

海瑞是一代名官，他才思过人，是非感十分强，面对人的刁难时，更奇出妙语，叹为观止。

海瑞在淳安任知县期间，淳安县出了这样一件怪事：县衙门前贴着一张大红纸，上写着一个斗大的字，上为"水"，下为"石"，左下角的落款是：方正求教。这可是一个从未见过的怪字。一时间，街头巷尾议论纷纷。

事情传到海瑞那里，他差人把方正找来，询问此怪字的来历。方正原原本本地作了禀告，原来，此字出于财主冯仁之手。方正经人介绍，到冯仁家教书。冯仁生性刁滑贪婪，经常巧设圈套，诱人上当，以诈取钱财。

方正应聘到他家后，他对方正说："先生来我家坐馆，我决不会亏待你，一年付你脩金纹银二十两。但我家历来有一个规矩，到年终时，我得出字考你，认出来脩金照付，认不出来说明你滥竽充数，误人子弟，脩金分文不给，你还得倒贴我纹银二十两。"

方正是个饱学之士，以为区区一两个字，哪能难得住自己。当即一口答应下来，并按照冯仁的要求立下字据。

到了年底，方正高高兴兴地到冯仁处领取脩金。冯仁连声说"行！行！"同时取出字据放在桌上，取出纸在一旁写下了这个怪字让方正辨认。

方正一看傻了眼：这是个什么字呀？方正搜肠刮肚不得其解，只得找出《说文解字》，谁知一本《说文解字》翻烂了，也未找到这个字。可怜巴巴的方正辛苦了一年，不但得不到那二十两纹银，还得倒贴二十两。

但方正又不心甘。心想：就算自己才疏学浅，偌大一个淳安县总会有人认识这个字吧！

海瑞听罢，让人把冯仁找来，向他请教这个怪字的音与义。冯仁瞅了瞅海瑞，心里有些发毛，但还是壮着胆子说："这个字嘛，就是檐头水落到石头上发出'滴、滴、滴、'声音的'滴'字"。

海瑞看看眼前这个刁徒，问道："你是从什么书上看到的？"

冯仁不无得意地说道："书上有，谁人不识？这个字奇就奇在书上没有！"

"那好，"海瑞接着说："我也写个字来让你认一认。"说罢，提笔在纸上写了个字。此字下为"肉"字，上为"竹"字。

冯仁左瞅右看，不得其解。于是问道："下民不识，请老爷指教。"

海瑞把笔往桌上一扔，说道："我是要好好地指教你。"说罢吩咐升堂。

随着惊堂木一响，海瑞喊道："来人，把冯仁拉下去重打四十大板。"话音未落，几名衙役马上拥了上来，把冯仁揪倒在地，举起竹板重重打在冯仁的屁股上。

这时，海瑞站了起来，指着冯仁说："现在我来指教你，我那个字嘛，就是竹板打在你屁股肉上，发出'啪、啪、啪、'的'啪'字，这个字奇就奇在书上也没有。"

接着，海瑞厉声斥责道："大胆劣绅，竟敢乱造文字，借以赖掉修金。

诈取钱财，今天责乏你立即付给方正脩金，诈取的纹银如数退还，以后再胆敢敲诈勒索，胡作非为，本县令追究到底，从严惩办。"

宋玉随机巧诉奸

才高被人嫉，这是避免不了的。应对有方，不但可以谩骂小人又可显露才华，何乐而不为呢？

宋玉劝顷襄王召回屈原，引起了子兰、勒尚等人的嫉恨，把他视为眼中钉，肉中刺，必欲除之而后快。再加上顷襄王很常识宋玉的文才，常让他侍奉左右，也召来一些文学侍从的忌妒。因而常有人在顷襄王面前诽谤宋玉，但宋玉机敏善辩，常常把奸邪小人驳得哑口无言，巧妙地为自己解脱。

有一次，大夫登徒子在楚王跟前谗毁宋玉说："宋玉为人体貌美丽，能言善辩，又本性好色，愿大王不要让他出入后宫。"楚王责问宋玉，宋玉说："体貌美丽是天生的，能言善辩是老师教的。至于好色，我却没有。"楚王问："你不好色，何以见得？"宋玉说："天下的美人，没有比得上楚国的；楚国的美人，没有比得上我居住的那条巷子里的；那条巷子里的美人，又没有比得上我东边邻居家的女子。东边邻居家的这位女子，增一分则太长，减一分则太短；擦粉则太白，施朱则太红；眉如翠羽，肌如白雪，腰如束素，齿如含贝，嫣然一笑，倾城倾国。可是这个女子爬在墙头上偷看我已有三年，而我至今从未和她罗嗦过。登徒子则不然；他的老婆蓬头垢面，龃牙咧嘴，又瘸又驼，上疤下痔。而登徒子却很喜欢她，一连跟她生了五个孩子。大王仔细想想，是谁好色呢？"楚王听后，一笑了之，不再责备宋玉了。

还有一次，宋玉休假在家，唐勒便在顷襄王面前诋毁宋玉说："宋玉体貌娴丽，又巧言善辩，在外调戏主人家的女儿，回来则侍奉大王。希望大王不要与他亲近"。宋玉休假结束回到郢都，顷襄王就责备宋玉说："你体貌娴丽，能言善辩，在外调戏主人家的女儿，回来就侍奉我，这不是太轻视我了吗？"宋玉辩解说："我体貌娴丽是受之于父母，能言善辩则是从圣人那里学来的。我曾外出旅行，人饥马疲。正好主人离家外出，主人的妻子又到市集上去了，只有主人的女儿在家。主人的女儿想安排个地方让我休息，堂上嫌太高，堂下又嫌太低，于是便把我带到自己的闺房。房中有张琴，我便取琴轻抚，弹奏的是《幽兰》、《白雪》二曲。主人的女儿盛妆艳服到我门前敲门，问道："贵客大概肚子饿了吧？"于是做好饭菜请我吃，又用翡翠钗钩挂我的冠缨。我不忍仰视；她便对我唱道：'岁将暮兮日已寒，中心乱兮勿多言。'我再次抚琴，弹奏的是《秋竹》、《积雪》二曲。她又对我唱道：'内怵惕兮徂玉床，横自陈兮君之傍。君不御兮妾谁怨？日将至兮下黄泉。'"宋玉又对顷襄王说："我宁肯杀了别人的父亲，使他的儿子成为

沈士充《秋林读书图》（局部）

孤儿，也不忍心调戏主人的女儿。"顷襄王连连说："行了，行了。如果我处在这个时候，又怎么能不动心呢？"

又有一次，顷襄王问宋玉："先生的行为是否有不检点的地方？为什么一般的士民都不说你的好话呢？"宋玉回答说："是有这么回事，请大王宽恕我的罪过，但也请大王听听我的解释。有人在郢都唱歌，开始唱的是《下里巴人》，城里跟着唱的有数千人。后来他唱《阳阿薤露》，跟着唱的只有数百人。等到他唱《阳春白雪》时，跟着唱的只有数十人。最后他唱起音调多变，悠扬流畅的高雅歌曲，跟着唱的就只剩下几个人了。所以，曲调越是高雅，跟着唱的人就越少。就像鸟中有凤，鱼中有鲸。凤鸟绝浮云，负苍天，翱翔于九千里之上，那粪田里的小鷃雀，怎能与它一起判断天地的高低？鲸鱼朝发昆仑，暮宿孟诸，那小沟里的泥鳅，怎么能与它一起丈量江海的大小？不独鸟有凤，鱼有鲸，士人当中也是这样。与众不同的圣人，总有自己独特的行为，超然独处，那些世俗的小民，又怎能理解我的行为呢？"楚襄王听了之后，羞愧难当，一声也不吭。过了半天，才自我解嘲地说："先生

真是风流雅士，一般的俗人又怎能企及呢？"

应势而变辩自如

白宫历来是善出随机应变之人的，里根、林肯是此道中之高手。

美国总统里根访问加拿大，在一座城市发表演说。

里根是作为客人来到加拿大访问，任加拿大总理的皮埃尔特鲁多对这种无理的举动感到非常尴尬。

面对这种困境，里根反而面带笑容地对他说："这种情况在美国是经常发生的，我想这些人一定是特意从美国来到贵国，可能他们想使我有一种宾至如归的感觉。"

听了这番话，尴尬的特鲁多顿时眉开眼笑了。

里根对这种情况完全可以怒容满面，激愤陈词，但这不是大学问家的所为：既缓解了这种紧张气氛，又不失自己的身份。

虽然是加拿大的部分人民旗帜鲜明地反对里根总统，里根却说他们给他一种宾至如归的感觉。找些其它措词，但又不离原本话题，是处理好工作学习中的紧张气氛的最好方法。

1986 年 10 月 5 日，在华盛顿，钢琴家霍洛维茨在白宫东厅举行演奏会。结束的时候，美国总统里根上台简短致辞。

突然，第一夫人南希在理直她的裙子时，不小心跌到台下的花篮中去了。听众一阵惊慌噪动之后，南希站起来说："我没事！"里根即趁机说："我不是跟你说好了的，要在我受到冷落时，才要你使这一招吗？"

里根灵机一动，在他的致词中夹了这么一句话，诙谐而不落俗套，既对他的出场和致词没受到冷落表示了感谢之情，又在玩笑中改变了作为第一夫人的南希的尴尬局面。

一天，林肯身体不适，不想接见前来白宫唠唠叨叨要求一官半职的人。但是，一个讨厌的家伙赖在林肯身边，准备坐下长谈。正好这时，总统的医生走进房里。

林肯向他伸出双手，问道："医生，我手上的斑点到底是什么东西？"

医生说："我全身都有。"

林肯说："我看它们是会传染的，对吗？"

不错，非常容易传染。"医生说。

那位来客听了这番话，马上就起来，说："好吧。我现在不便多留了，林肯先生，我没有事，只是来探望你的。"

有一次，林肯在某个报纸编辑大会上发言指出自己不是一个编辑，所以他出席这次会议，是很不相称的。

为了说明他最好不出席这次会议的理由，他给大家讲了一个小故事。

"有一次，我在森林中遇到了一个骑马的妇女，我停下来让路，可是她也停了下来，目不转睛地盯着我的面孔看。

她说：'我现在才相信你是我见到过的最丑的人。'

我说：'你大概讲对了，但是我又有什么办法呢？'

她说：'当然你生就这副丑相是没有办法改变的，但你还是可以呆在家里不要出来嘛！'"

巧借迅雷饰惊慌

人在惊慌之际，往往会有种种失态：或脸变颜色，或神色不安，或口讷语迟，或手足无措。总之，种种失态均属下意识，无法控制。

无独有偶，刘备也有过类似的失态，但却被他巧妙地掩饰过去。

建安三年（公元 198 年），刘备驻扎在小沛（今江苏沛县）的上万人马，遇到吕布的袭击，失败后投奔到曹操那里。曹操器重刘备的才干，任命刘备做了豫州牧。同年十月，刘备随曹操东征，活捉吕布并杀了他。返回许都以后，曹操任命刘备为左将军。

刘备虽然是依附曹操，但也企图消灭他。汉献帝刘协的舅父车骑将军董承，看出刘备的意图。有一天来到刘备所住的公馆，取出锦袍玉带中藏着的天子手书血字密诏，商议共同除掉曹操的办法。刘备欣然同意，并签字画押，嘱咐董承说："千万要小心谨慎，慢慢寻找机会，切不可泄露了机密。"

刘备为了提防曹操，消除对自己的怀疑，就在住所后面种了一块菜园，每天亲手浇水施肥，以为韬晦之计，避免曹操的注意。别人看来刘备似乎真的胸无大志，不关心天下大事了。连关羽、张飞二人也对此不满。

有一天，刘备正在菜园浇水，曹操派人请刘备到府中饮酒消遣。刘备带着不安的心情来到曹府，曹操一见刘备就笑着说："你在家做了大好事了！"吓得刘备面色如土。曹操拉着刘备的手一起走向后园，指着菜园说："玄德学习种菜，真不容易啊！"刘备听了才放下心来，说："没有事做，消遣罢了！"曹操指着园中树枝上的青梅说："刚才看见梅子青青，就想起了去年征伐张绣的时候，将士缺水口渴；我当时灵机一动，以马鞭虚指前方说：'前面有梅林。'将士们听了，顿时口中生津，不觉得口渴了。今天这青梅不能不赏，因而邀请你一同赏梅饮酒。"说着俩人已走到亭前，那里已摆上一盘青梅，一樽煮熟的酒。俩人面对面坐下，叙谈畅饮。

　　酒喝到一半正在兴头上，天空忽然阴云密布，即将大雨来临。曹操和刘备靠着亭栏遥望像乌龙一样的黑云：曹操忽向刘备提问："你知道龙的变化吗？"刘备答道："不太知道。"曹操说："龙能大能小，能升能隐，现在是春末季节，龙随气候的变化，就像一个人得志后四海纵横一样。龙可以比作当今世上的英雄。玄德久经沧桑，必定知道当今谁是世上英雄，请你指出一二个。"刘备说："我这肉眼怎能识别英雄啊？"曹操说："不用谦虚。"刘备说："淮南袁术，兵粮充足，可以算得上英雄？"曹操笑着说："坟中的枯骨，我早晚必能捉住他！"刘备说："河北袁绍，今日虎踞冀州之地，可以算得上英雄？"曹操又笑着说："袁绍表面厉害，实际胆小，有智谋却欠果断；想干大事又惜命，见小利而又忘命，算什么英雄？"刘备又说了刘表、刘璋、张绣、张鲁等人，曹操拍掌大笑说："这种碌碌小人，何足挂齿？"刘备说："那我实在不知道了！"曹操说："所谓英雄，应该是胸怀大志，有勇有谋的人。"刘备问："那是谁呢？"曹操用手指刘备，然后又指自己说："当今天下英雄，只有你与我啊！"刘备一听，大吃一惊，手里的筷子，不自觉地落在地上。这时正好电光一闪，巨雷轰鸣。刘备装作镇静拾起筷子说："刚才这一声惊雷，把我手中的筷子都震落了。"曹操大笑道："大丈夫也惧怕打雷吗？"刘备说："孔圣人说：'遇到急风惊雷一定会改变面容。'真是这样啊，我怎么不怕呢？"刘备就这样轻轻掩饰了自己的惊慌神态，使曹操错以为他也不过是个普通人物，而不是自己争夺天下的对手。以后便放松了对他的警惕，还派他去阻截袁术。终使刘备有机会逃脱曹操的控制，扩大自己的队伍。

安东尼机智应变

外国的许多智者都善于分析、运用逻辑，安东尼就是其中一位，他在凯撒遇刺以后，应对有方终使民众对刺杀凯撒的凶手认清真相。

公元前 44 年 3 月 15 日，罗马大政治家凯撒遇刺。巨星陨落，元老院瘫痪，罗马陷于分裂……惊疑而激动的人民聚集起来，他们要在这非常时期审判谋刺凯撒者勃鲁托斯的功与罪，一场大辩论由此爆发。

"各位罗马人，各位亲爱的同胞们……为了我的名誉，请你们相信我，"行刺者勃鲁托斯向哄闹的人群呼吁，"并不是我不爱凯撒，可是我更爱罗马。"

勃鲁托斯指称凯撒倚功自傲，已有推翻共和当国王的野心，"你们宁愿让凯撒活在世上，大家作奴隶而死呢，还是让凯撒死去，大家作自由人而生？因为凯撒爱我，所以我为他流泪；因为他是幸运的，所以我为他欣慰；因为他是勇敢的，所以我尊敬他；因为他有野心，所以我杀死他。我用眼泪报答他的友谊，用喜悦庆祝他的幸运，用尊敬崇扬他的勇敢，用死亡惩戒他的野心。……这儿有谁愿意自处下流，不爱他的国家？要是有这样的人请说出来。因为我已经得罪他了。"

"没有，勃鲁托斯，没有。"众人同声回答。

"那么我也没有得罪什么人"，勃鲁托斯看了看他的对手安东尼。"为了罗马的好处，我杀死了我的最好的朋友，要是我的祖国需要我的死，那么无论什么时候，我都可以用那同一把刀子杀死我自己。"

"不要死，勃鲁托斯！不要死！"人们向勃鲁托斯欢呼，护送他离开，"要让凯撒的一切光荣归于勃鲁托斯。"

马尔库斯·安东尼登上讲坛。

人群一阵骚动，他们担心这位昔日凯撒的部将会说出他们不愿听的话，他们决不允许。

"各位朋友，各位罗马人，各位同胞，请你们听我说，我是来埋葬凯撒，不是来赞美他。"他一开口就出乎意料，"人们做了恶事，死后免不了遭人唾骂，可是他们所做的善事，往往随着他们的尸骨一齐入土；让凯撒也这样吧。（话中带刺）高贵的勃鲁托斯已经对你们说过，凯撒是有野心的；要是真有这样的事，那诚然是一个重大的过失，凯撒也为了它付出惨酷的代价了。"

接着，安东尼称勃鲁托斯"是一个正人君子"，但是自己不明白，为什么对朋友忠诚公正的凯撒会被"正人君子"说成有野心？而且，凯撒"曾经带许多俘虏回到罗马来，他们的赎金都充实了公家的财库；这可以说是野心者的行径吗？穷苦人哀哭的时候凯撒曾经为他们流泪；野心者是不应当这样仁慈的。然而勃鲁托斯却说他是有野心的，而勃鲁托斯是一个正人君子。你们大家看见在卢柏节的那天，我三次献给他一顶王冠，他三次都拒绝了；这难道是野心吗？然而勃鲁托斯却说他是有野心的，而勃鲁托斯的的确确是一个正人君子。

安境的人群开始纷纷议论，觉得安东尼每一桩事都很有道理。安东尼接着说：

"就在昨天，凯撒的一句话可以抵御整个的世界；现在他躺在那儿，没有一个卑贱的人向他致敬。……可是这儿有一张羊皮纸……那是我在他的卧室里找到的一张遗嘱。"安东尼激动起来："只要让民众听到这张遗嘱上的话……他们就会去吻凯撒尸体上的伤口，用手巾去蘸蘸他神圣的血，还要乞讨他的一根头发回去作纪念，……"

"遗嘱"在人群中引起惊奇，安东尼并不急于读它，"我不能读给你们听。你们不应该知道凯撒多么爱你们。你们不是木头，你们不是石块，你们是人；既然是人，听见凯撒的遗嘱，一定会激起你们心中的火焰，一定会使你们发疯。这些话更激起了人们的渴望与不满，安东尼这才告诉大家，他之所以不能读，是因为"我怕我对不起那些用刀子杀死凯撒的正人君子；我怕我对不起他们。"

"他们是叛徒，什么正人君子？"人们高声嚷道，"他们是恶人、凶手。遗嘱！读那遗嘱！"

安东尼还是未展开羊皮纸。他要大家先环绕在凯撒尸体的周围。看着那写下这遗嘱的人，安东尼说："你们都认识这件：外套；我记得凯撒第一次穿上它，是在一个夏天的晚上……就在他征服纳维人的那一天。瞧！……他所深爱的勃鲁托斯就从这儿刺了一刀进去，当他拔出他那万恶的武器的时候，瞧凯撒的血是怎样汩汩不断地跟着它出来，好像急于涌到外面来，想要知道究竟是不是勃鲁托斯下这样无情的毒手；……"人群中传来哭泣声，有人在咒骂叛徒。安东尼似乎要让大家冷静下来，说："朋友们，我不是来偷取你们的心；我不是一个像勃鲁托斯那样能言善辩的人；"他的声音突然悲伤起来，"可是假如我是勃鲁托斯，而勃鲁托斯是安东尼，那么那个安东尼一定会激起你们的愤怒，让凯撒的每一处伤口里都长出一条舌头来，即使罗马的石块也将要大受感动，奋身而起，向叛徒们抗争了。"安东尼向大家宣读遗嘱。凯撒把自己的全部财产都献给人民。它充满了对每个罗马人的深情厚爱。

"这样一个凯撒！几时才会有第二个同样的人?!"

随着安东尼的喝问，愤怒的群众高呼要为凯撒复仇，向杀害凯撒的凶手冲去，勃鲁托斯等人像疯了一样逃出了罗马的城门……

诸昇《墨竹图》

以毒攻毒反唇讥

你不仁，休怪我无义；你损我的面子，我也让你下不来台。对于尖酸刻薄、嘴上无德的人，就应该给他点颜色看看。

北宋大才子刘原父，与欧阳修是好友。刘原父晚年丧妻后，又续娶了一位美艳少妇，招致人们一些闲话。欧阳修作为原父的好友，在这件事上理应不该说什么。然而，欧阳修恃才自傲，写了一首嘲讽原父的诗，曰："仙家千载一何长，浮世空惊日月忙。洞里桃花莫相笑，刘郎今是老刘郎。"原父得到诗后心里老不大高兴，想报复，又一直找不到机会。

有一天，御史中丞王拱辰请客，欧阳修、刘原父均在座。席间，原父突然心生一计，说："我有一个笑话，讲给诸位听，以助酒兴。从前，有一个学究训导学子，读书读到《毛诗》'委蛇委蛇'处时，学子将'蛇'字念成原音'she'，学究责备说：'蛇当读作姨字，不要再读错了。'学子牢记在心。第二天学子在去学堂的路上看乞丐玩蛇，迟误了上学的时间。学究问其迟到的原由，学子如实告诉先生，是观看乞儿玩蛇而耽误的。但是，这次学子把'蛇'字读成了'姨'音，因此，他对学究的回答就成了这样一句话：'路遇有弄姨者，从众观之，先弄大姨，后弄小姨，是以来迟。'原父讲毕，含意深刻地看了看欧阳修，然后开怀大笑。

欧阳修起初不解原父讲的故事的用意，经原父一笑，马上明白原父是在嘲弄自己先娶了薛简肃公大女儿，后来又续娶了薛简肃公的小女儿这件事，立刻后悔先前不该嘲弄原父晚年娶少妇的事，不禁汗颜。

伍廷芳是近代著名的外交家，历任驻美国、秘鲁、墨西哥、古巴等国的公使。

此人口才极佳，他出使英国时，一次，有个美国贵妇人听了他的滑稽妙论，心花怒放，跑上前来与他握手，并说："我真是十分佩服。我决定把我的爱犬改名为"伍廷芳"以志纪念。"

这简直就是对伍廷芳的人身侮辱，可是伍廷芳不气不恼，首先连声称好，然后反唇相讥："很好很好。那么，您以后可以天天抱着伍廷芳接吻了。"

这位贵妇人当众出丑，尴尬万分。

1959年，美国副总统尼克松赴苏联主持美国展览会，这时，美国国会通过一个关于被奴役国家的决议，对苏联和东欧社会主义国家进行了攻击。和尼克松会晤时，赫鲁晓夫疾言厉色地质问：

"我不理解你们在这么重要的一次国事访问前夕，为什么要通过这种决议？这使我想起了俄国农民的一句谚语：不要在茅坑里吃饭。"说到此，赫鲁晓夫用拳头在桌子上乱敲乱嚷，"这个决议臭极了，臭得像刚拉出来的马粪，没有比马粪更臭的东西了。

这几句话粗俗无比，有失外交风度，使尼克松感到难堪，但尼克松也不甘示弱，他注视着赫鲁晓夫的眼睛，轻松地说："我想主席先生大概搞错了，比马粪还臭的东西是有的，那就是猪粪。"

乍看起来，这句话是让步，可有可无的应酬，温和的调侃，实际上却是棉里藏针，锋利无比。原来赫鲁晓夫年轻时当过猪馆。翻译译出之后，赫鲁晓夫先是一阵脸红，怒气不便发出，只好用一阵突发的大笑把话题岔开："这点，也许你是对的，现在我们该谈别的问题了。"

尼克松以毒攻毒，信手拈来，一招制敌！

在美国有一位资本家请画家为他画一幅肖像，但事后却拒绝支付议定的 5000 美元报酬。他的理由是："画的根本不是我。"

不久，画家把这幅肖像公开展览，并题名《贼》，资本家知道后，万分恼怒，打电话向画家提出抗议。"这事与您无关。"画家平静地答道："您不是说，那幅画画的根本不是您吗？"

资本家不得不花比原先高出一倍的价格买下这幅画。

画家在为人画肖像时，一般说来，画家都会尽心尽力的，主观上总是想通过他所掌握的绘画技巧，去创作一幅成功的肖像；客观上有时是因为画家的艺术水平有限而导致肖像画不那么完美或不成功，有时也并非画家的原故，而是被画者的挑剔，当然也不排除准确地指出肖像画的不足之处。但上述事例中，显然是那位资本家的故意挑剔，居然否认画的根本不是他，而画家的自尊受到侮辱后，机智地将画公开展出，其巧妙处在于题名《贼》，这在那位资本家看来却是大大地损害了他的名声和自尊，因此暴跳如雷，提出抗议。画家又巧妙地用那位资本家说过的话反击他，即"画的根本不是您"。以其人之道反制其人之身，那位资本家只好忍气吞声，花费更高的代价把画买下。

萨克斯智对冷遇

正面陈述自己意见不被采纳，可用旁敲侧击之计达到自己的目的。美国著名亚历山大·萨克斯在说服罗斯福调拨经费研制原子武器时凭此计获得成功。

1939 年 10 月，美国著名经济学家亚历山大·萨克斯来到白宫，向罗斯福总统面呈爱因斯坦的信件和科学家的备忘录。萨克斯是罗斯福的密友，他们之间无话不谈，但是这一次却格外扫兴，因为萨克斯此次是专门来敦促总统拨一笔经费研制原子武器，引起了罗斯福的反感。萨克斯不厌其烦地向总统转达爱因斯坦的意见，反复说明原子武器在当代世界的重大意义，希特勒德国核武器研究的新动向。罗斯福总统毫不为之所动，他说："这些都很有趣，不过政府若在现阶段就把这件事列入国家工程，还为时过早。"

罗斯福的话，使萨克斯大失所望。萨克斯将告别白宫，总统为了表示对朋友的歉意，邀请萨克斯第二天来共进早餐。萨克斯的情绪又活跃起来了，他知道，这是说服总统的最好的、也是最后的机会。

第二天早晨7点，萨克斯胸有成竹地坐在总统对面，准备重提昨天的话题。想不到他还没有开口，罗斯福总统就先声夺人，说："今天只谈友谊，不谈爱因斯坦的信，不谈科学家的备忘录，好吗？"

"是的，一句也不谈。"萨克斯趁势改变策略，对老朋友说，"不过，我想讲一点历史，讲一讲拿破仑，可以吧？"

罗斯福愿意听历史故事，更喜欢听拿破仑逸事。于是萨克斯娓娓而谈："英法战争期间，在欧洲大陆上不可一世的拿破仑，在海上却屡战屡败。就在这时，一位年轻的美国发明家富尔顿来到了这位法国皇帝面前，建议法国的战舰砍掉桅杆，撤去风帆，装上蒸气机，把木板换成钢板，可以大大提高海军的战斗力。可是拿破仑把富尔顿的建议当作笑话，大声叫道：'船没有帆能行吗？木板换成钢板能不下沉吗？'言毕，即把富尔顿轰了出去。总统先生，如果当时拿破仑稍稍动一动脑筋，郑重考虑一下富尔顿的建议，那结果将是什么样子呢？19世纪的历史就得重写！"说完，萨克斯用深沉和期待的目光注视着总统。

罗斯福沉默了几分钟，然后拿出一瓶拿破仑时代的法国白兰地，斟满一杯，递给萨克斯，说："你胜利了！"

于是，美国就有了1945年7月16日第一颗原子弹的爆炸成功。

行自己能行之势

观远势，看近情，行自己能行之势，不好大喜功，这常是成功之道。

春秋时期，宋国是中原的一个小国。宋元公子佐（公元前532年——公元前517年在位）于国家处于内外交困时即位。其人相貌丑陋，性格羸弱，为人处事私心很重，不守信用。他看到华氏势力日益强大，恐其将来危及自己的政权，就想除掉华氏。不料，计划尚未实施之前，便被人告密。

华氏采取先发制人，于周景王二十一年（公元前 522 年）八月，联合向氏密谋叛乱。

华亥与向宁合谋，让华亥假装有病，诱使朝中诸臣前去探病。借此，将他们一网打尽。

计划议定之后，华亥就在家装病。华氏同党便大造舆论，说华亥病得如何如何厉害，似乎随时都有命归西天的可能。不知底细的朝中大臣听到消息后，一来怀着同情之心，善良的愿望，二来也是慑于华氏势力的强大，纷纷前去探望。不料，刚一进门，就遭到捕杀。一天之内，用这种手段，偷偷地杀了公子寅、公子御戎、公子朱、公子固、公子援及公孙丁等六位大臣。同时将向胜、向行二个也抓了起来，关进粮仓中。

宋元公得到消息，亲自到华亥家里进行交涉，要求释放关押的大臣。华亥乘机将宋元公软禁了起来。并且提出要宋元公将太子栾和他的同母弟弟辰，及公子地作为人质。

宋元公迫于无奈，提出要华亥的儿子、华定的儿子、向宁的儿子作为人质。一直等到双方达成协议，华氏才将向胜、向行及宋元公释放。

华氏公然杀臣逼宫，在宋国上下引起了极大的愤怒，朝野内外纷纷要求严惩华氏。宋元公对自己被扣押华府也深感耻辱，在朝野的一片支持声中，他一改自己以前那种羸弱的性格，果断下令处死华氏派的王宫的人质，并命令军队紧急动员，讨伐华亥。

国君的命令自然是至高无上的，宋国军队很快集中起来，紧紧包围了华亥的老巢。

华亥闻知国王指挥军队前来讨伐自己，也毫不示弱，立即纠集家丁和家人，全力抗击。可一家主力虽然强大，但又怎能抵得住一国之军。华氏的抵抗很快便被打败，华亥也只得落荒而逃，保命要紧了。

宋元公又怎肯罢休，率领军队穷追猛打，在南里将华氏的军队团团包围。

华亥见势不妙，急忙向楚国求援。楚平王早就想将宋国并入自己的势力范围，立即答应出兵救援。

宋元公知道自己的力量远不足以抵抗强大的楚国军队，立即派人到晋国求援。晋顷公也想蹚这潭混水，以求获得点好处。

这样，本来只是一场宋国国内的君臣权力争夺战，迅速上升为一场国与国之间的大规模战争。

由于晋国在这场战争中可能获取的利益不大，而且对手又是正处在盛时的楚国，所以，晋国将士们都不大情愿卷入这场战争。他们一方面拥兵备战，一方面，劝宋元公解除南里之围，放华亥一条生路。

宋元公看清了晋军的意图，恐怕事情有变。况且自己铲除华氏势力的目的已经达到，没有必要再为一场大战负出牺牲。更何况这场战争的胜负还不知如何呢？权衡利弊，宋元公决定罢兵撤围，放华亥一条生路。

华亥、向宁等人自知在宋国已不可能再呆下去，便抓住机会，纷纷逃到楚国避难去了。

将计就计巧应急

将计就计，是指利用对方向自己施展的计策反过来向对方施计。《兵经百字，借字》所云："不可智谋，则借敌之智谋。

制定和运用"将计就计"，首先必须识破对方之计，否则也就无法"就"计。《孙子兵法·用间》："明君贤将，所以动而胜人，成功出于众者，先知也。"这是说明君贤将之所以能战胜敌人，成功超出众人之上，就在于事先了解敌情，料敌先知，先知彼计，是成功运用将计就计的前提。

第二次世界大战之前，德国研制成一种等强信号区导航法，称之为"弯腿"，用于辅助轰炸机在夜间或能见度差的条件下寻找猎物。它是以两个发射台分别发射"点"、"划"的重叠波束，在目标上空相交，飞机在途中如能收到两个等强的"点"、"划"信号（嘟—嘟—），就说明航向已对准目标区。可是，英国皇家空军"无线电研究飞机"收到德军的"弯腿"信号，弄清了它的用意。1940 年 8 月 28 日深夜，德军出动的 160 架纳粹轰炸机，利用这种导航方法，直扑伦敦。机群起飞后，领航机一直听见清晰的"点"、"划"信号。可是进入英国领空不久，在没有改变航向的情况下收到的"划"信号却越来越强，这意味着机群已"偏"离航向。其实，这是英军用自己的无线电收发装置，先把德军的"划"信号接收下来并进行功率放大，与原"划"

信号同步，由弱到强向空中发射，这就是德机收到的"划"信号越来越强的原因。但"弯腿"飞行员万万想不到按照英国人的指引的航向飞去，结果投下的炸弹没有落在伦敦，而在英吉利海峡激起了冲天水柱。这就是初期的电子欺骗战。

孔子巧谋获失地

临事不苟，英明果敢，孔子借此树立了鲁国的声威，收复了所失之地。

公元前 500 年，为了恢复旧式周朝礼制而奔波不已的孔子终于由鲁中都军升任为司寇，并暂时代理鲁国的宰相，孔子觉得施展自己的才能，实现自己的理想时机到了。

孔子代理鲁国宰相之事传到春秋诸国之后，引起了一声不大不小的震动。大家都知道孔子是一位严格遵循周朝旧礼制的学者，他出任鲁国宰相之后，必定在鲁国大力推行周朝的治国方法。虽然大家还不能断定这种旧的礼制是否还能行的通，但大家却明白地知道周公确实用这些礼制将西周治理的井然有序，又明白地知道孔子确实是一位极有学问之人。这样有学问的人，使用这样有过辉煌过去的制度，谁能不有几分担心呢？对于紧临鲁国的齐国尤其是这样。

齐景公听说孔子出任鲁国宰相之后，不禁感到有些害怕。别看齐景公是位荒淫无度、昏庸无能的国君，他也知道，如果鲁国强大起来，对齐国来讲，绝不是一件好事，为了避免齐国处于鲁国的控制之下，齐景公召集群臣

王诜《渔村小雪图》

商议对策。

谋臣黎弭想出一个自以为好的主意，对齐景公说："孔子是一定严格遵循周礼行事的人，对于超越周制规范之外的事，一定会立刻退出，绝不会参与。我们可以趁与鲁定公在夹谷会谈的机会，让被我们征服的莱夷的乐师在会上演奏表现情欲的音乐，在孔子退避的时候，抓住鲁国国君。这样就可以达到我们的目的了。"

宋景公决定采纳黎弭的建议。

齐鲁两国国君在夹谷的会谈刚刚开始，齐景公便下令来自莱夷族的乐师演奏他们表现情欲的音乐。整个谈判场上立刻响起了那种令人心醉，欲念顿起的靡靡之音，外交谈判场所的严肃气氛一下子荡然无存。

孔子听到这种严重超出周礼规范的音乐，不禁怒火冲天，快步走上前去，下令执法者将演奏音乐的莱人乐师推出去斩首。

孔子下完令后，立即转过身来，严格按周朝礼制款待齐景公。

齐景公本来想利用莱人的音乐吓退孔子，绝没有料到孔子会下令杀了乐师。生性昏庸无能的他，一时不知怎么办才好，眼睁睁地看着刀斧手将自己的乐师推出去杀了，还不知道该说什么。而对孔子严格执行的周朝礼仪，齐景公感觉到了信仰的力量。为了不破坏周朝的礼制，也为了自己不遭到像莱人乐师那样的命运，齐景公决定将以前占领的鲁国土地如数还给鲁国，并向鲁国请求原谅自己曾经违省周礼的行为。

鲁肃巧变败张昭

周瑜临终语于孙权："子敬忠烈，临事不苟，"从赤壁交兵促成孙刘联合而言，鲁肃堪称应变之才。

三国时，北方曹操兵发江南，扬言一举扫平江东六郡，一统天下，水陆西军，号称八十余万。江东旧臣张昭等惧怕曹操势大，劝孙权归降。孙权心有不甘，却也犹豫不定。

一日，鲁肃请求会见孙权，他劝孙权："我们毗邻荆州，那里江山险固，沃野千里，百姓殷富。倘能把它拿到手里，将来不难成就帝王之业。现在刘表刚死，其子刘琼和刘琦素不和睦。寄居在刘表檐下的刘备，今天虽然被曹军打得大败，但他是当今的天下英雄，不可小看。我想借吊丧之名，劝说刘备，叫他收抚刘表部下，和我们联合起来，一同对付曹军！"

鲁肃联刘抗曹的主张，立即得到了孙权的同意，就让他带了礼物，前往荆州吊丧。

就在鲁肃赶赴荆州的途中，刘琮已迎降曹操，刘备仓皇出走，荆州一片混乱，风尘仆仆的鲁肃，在当阳长阪城与刘备相见，共同分析了眼前形势，鲁肃见刘备走投无路，就问："刘皇叔今后想奔往何处？"

实际此时的刘备、诸葛亮都迫切希望和孙权建立抗曹联盟。然而，为了抬高自己的未来联合中的地位，刘备口是心非地说："苍梧（今梧州市）太守吴臣是我的好友，我想到他那里去！"

听了刘备的回答，鲁肃暗自好笑，心想，别人都说刘备是个枭雄，今天看来，果然不谬！但是，目前形势危急，不是计较这些的时候，鲁肃只好开门见山地说："吴臣乃庸碌之辈，无所作为，又远在边疆，迟早总要被别人吞并，去投奔他会有什么结果呢？我们孙将军聪明仁慈，敬贤礼士，江东的英雄豪杰都归附他，现在已据有六个郡，兵精粮足，足以成就大事。为您的前途着想，还不如派您所信任的人去和江东联合，共图大业。"

刘备见鲁肃主动提出孙刘联合，十分高兴。当即诸葛亮和鲁肃一同去江东，商议抗曹大计。

以张昭、秦松为首的主降派，被曹操的气势吓破了胆，主张投降。张昭谈虎色变，向孙权说："曹操似豺狼猛虎，挟天子以征四方，动辄以朝廷为辟，今日拒之，事更不顺。将军从前可依长江之险抗拒，现在曹操占据荆州，有了水军，水陆俱进，我们已失长江天险的屏障，何况双方力量悬殊，不可相提并论，依老臣之见，只有迎降，才是上策。"

在东吴，张昭资格最老，威信甚高，他一开口，大家多随即拥护，独鲁肃一言不发，他机灵地向孙权暗示一下，孙权立即以更衣之名离开，鲁肃急忙跟了出来，孙权紧握鲁肃的双手，诚恳地说："您有何主张，快对我讲！"

鲁肃迫不及待地向孙权说："我认为刚才子布（张昭的字）等人主张讲和，一定会断送您的事业，绝对不能依从，要说投降曹操，我鲁肃还可以这样做，我要是投降曹操，他会把我送回家乡，评定名位，至少还能当个下曹从事（县级小官），坐着牛车，带着随从，和那些儒士往来，有了功绩，还可能做到州、郡一级的官。而您投降了曹操，难道可能保持今天的地位吗？

望将军三思而行，及早作出决定，不要听信投降的建议。"

鲁肃的一番陈辞，使孙权极为感动，他把鲁肃的手握得紧紧的，感叹道："您的想法和我一样，感谢老天爷把您赐给我。刚才子布他们的议论使我大失所望。他们光为个人打算，哪里是从全局着想呢？"

孙权虽然同意鲁肃的主张，但考虑到战和问题关系到东吴的命运，故一时不敢作出决断。

鲁肃猜透了他的心思，便又说："曹操大兵就要来到，我们却迟迟没有决断，是很不妥当的，周公瑾一贯支持您'整齐天下的雄伟理想，为什么不把他请回来商讨呢！"孙权想起与自己志同道和而谋略又胜过自己的周瑜，脸上便充满了希望的神情，立即将正在鄱阳湖训练水军的周瑜召回。

真是英雄所见略同。周瑜的主张和孙、鲁不谋而合。在军事会议上，周瑜力排众议，把当时的政治、军事形势剖析得十分透辟，这更加坚定了孙权抗曹的决心。他拔出身上的佩刀，猛力朝桌案砍去，严肃地说："从今天起，有再言投降者，就会有这桌案一样的下场！"

鲁肃、周瑜坚决主战，孙权毅然断案。孙权立即任命周瑜为统帅，鲁肃为赞军校尉（参谋长），联刘抗曹的决策就这样定了下来。

建安十三年（公元208年）周瑜率军和刘备的军队会合后，在赤壁和曹军相遇，重创曹军，大获全胜。

赤壁之战两年后，周瑜不幸病死，享年三十六岁。临终时，他向孙权推荐说："子敬忠烈，临事不苟，可以接替我！"

周瑜死后，鲁肃被拜为奋武校尉，接替周瑜，他善于治军，禁令必行，成为继周瑜之后江东杰出的大将之一。史书上说："周瑜之后，肃为之冠。"

知人知己方能胜

知人知己，应变有度，方能立于不败之地。

齐国北门有个看门人叫北郭骚，他织鱼网，捆草靶，织麻鞋，以此换钱养活老母亲，可是仍然吃不饱。他光着脚来见晏子，说要点东西以养活老母亲。晏子的仆人对晏子说："这人可是齐国的贤者，他绝不愿意做天子的大臣，诸侯君主的朋友，从来不苟且取利，从来不害怕危难。今天到这里来乞讨是为了养活母亲，同时也是在教您做义事，必须给他东西。"晏子让仆人将自己的粮食和金钱送给他，北郭骚接受了粮食而还回了金钱。

过了一段时间，齐国君主不信任晏子了，晏子只好离开齐都城，路过北门与北郭骚告别。北郭骚特地洗了澡再会见晏子，说："先生做什么去呀？"晏子说："齐君怀疑我不忠，我只好离开这里了。"北郭骚说："先生请您好自为之吧！"晏子上车叹息到："我的出走不是活该吗？我怎么就这么不识人呢？"

禹之鼎《西斋图》

晏子走了以后，北郭骚召集朋友并告诉他们：我曾经要晏子行义，因而向他乞讨过养亲的费用。我听说："人家帮你养活亲人，你应该帮人家排除危难。现在晏子受到了齐君怀疑，我将以自己的生命来向齐君证明晏子的忠诚。"然后，北郭骚穿好衣服，戴上帽子，让他的朋友带着剑和竹篮子跟着他，来到齐君宫门前，要求门卫向齐君转达他的意见："晏子是天下的贤人，他离开齐国，齐国必然会消亡。与其看着齐国消亡，不如先死了好，我以我的人头作证，晏子是忠于齐国的。"回过头来对他的朋友说："把我的头放在竹篮子里，送给门卫让他交给齐君。"然后拔剑自杀了。北郭骚的朋友割下他的头，放在竹篮中交给门卫，然后对围观的齐国人民说："北郭先生为了齐国安全死了，我为北郭先生的忠义也应陪他去死。"也拔出剑来自杀了。齐国君主听说此事以后大惊失色，急忙跳上驿站的车亲自去追赶晏子，一直追到国境线上，才追上晏子，请他原谅回齐都。晏子没办法，只好回来。回齐都后，晏子听说北郭骚以自己的生命为代价来证实晏子的忠诚，说："我这次出走完全是应该的，因为我根本就不懂得识别人呀。"

唐高祖李渊的儿子李元婴被封为滕王，他非常荒淫，身边许多官员的妻子都被他玷污了。他最常用的伎俩是假称王妃召唤某位夫人，然后人一到王府，他就强行无礼。有一天，崔简的妻子郑氏被王府召唤，想不去，又怕滕王的淫威；要是去肯定会受污辱。郑氏最后对丈夫说："没关系，我有办法。"郑氏去了滕王府中门外的小阁楼，滕王正在阁楼内，见郑氏进来就想逼迫她。郑氏大声呼喊道："大王岂能做出这等事，一定是奴才！"说着拿鞋底把滕王的头打破，还用手指把他的脸抓出了血。王妃听见动静出来，郑氏才得以回家。滕王感到羞惭极了，他十天不理政事。后来滕王出堂就座，崔简上前去谢罪。滕王面有愧色，只得将崔简夫妇调出王府。而那些曾被滕王污辱过的官员之妻对比之下，都个个自愧不如。

临危应变转危局

变能求生，变能生存，变能转危为安。若临危不能应变，等于把机会拱手相让于敌人。因此"变"中自有锦囊在，无穷奥妙在变中。

后梁乾化三年（139 年），末帝朱友贞命宁国节度使王茂章担任淮南西北行营招讨应接使，率军 1 万余人，进攻南吴卢（今安徽省合肥市）、寿（今安徽省寿县）二州。

南吴镇海节度使徐温，平卢节度使朱瑾率军迎击后梁军队。双方在赵步（今安徽省寿县东北）遭遇。这时，南吴兵马还没有完成集结，徐温只有4000 余人迎战王茂章。双方并战之后，后梁军战斗力颇强，徐温寡不敌众，不能抵挡，只好向后撤退。王茂章乘胜追击，眼看追到峡谷人口了，南吴官兵见没有退路，都大惊失色。在这危急关头，南吴左骁卫大将军陈绍，急中生智，挥舞长枪，大声呼喊道："诱敌深入，现在已经够了，可以开始反攻了！"他一面喊着，一面掉转马头冲向后梁军队。后梁军听他大喊，以为中了埋伏，不觉惊慌起来，阵脚遂乱。陈绍奋勇冲入敌阵，他的部下起初还未明白，见他跃马还斗，也都纷纷追随，呐喊厮杀。后梁军抵挡不住，只得收军撤退。徐温见状，不由得大喜。他拍着陈绍的背说："你真是好样的。要不是你的机智英勇，我今天真不知会遇到什么情况。"徐温赏赐给他金银绸缎，陈绍全部都分给了他的部下。

不久，南吴各路兵马全部到齐了。双方在霍丘再次会战，后梁军大败。

王茂章率数名骑兵，亲自在后面警戒，南吴追兵不敢紧逼。当初，后梁军南下，徒步趟过淮河（冬季是枯水季节）时，在浅水徒步道上，都插上了标帜。南吴霍丘守将朱景，待梁军过后，派士兵把这些标帜接在木板上，把它们移放到深水地方。等到后梁败军奔回，依照标帜的指示，趟水过河时，又淹死了一大半。

无故加之而不怒

百忍成金，应变就是要做到不喜形于色，心里有数，这样才能冷静的去分析问题，以求应对之策。

在一个女模特儿的事业成功之际，朋友们为她举行了庆祝宴会。可在宴会上，这位春风得意的小姐突然听到一位朋友正大声宣布一个他发誓永远不告诉别人的秘密，他向那些屏息静听的人们说："她现在多苗条啊！要是你们两年前看到她是什么样子，那可令人目不忍睹。她现在的身材是花了整整一个夏天进行减肥才取得的。"几个人吃吃地笑了，女模特羞愧得无地自容。

两位外科医生碰到一个棘手的病症，一位训练有素的护士在休息时间向他们提出了一项高明的治疗方案，她说："为什么你们不试试这个方案呢？"一位外科医生马上打断了她："因为我还记得你上星期填错了一个病人的病历卡。"这位护士羞得满脸通红，无言以对。

还有一些喜欢和别人捣蛋的人，在公共场合，他们会突然把你搂住，然后提起一件你讳莫如深的往事，有恃无恐地出你的丑，或是公开你的隐私，或是大谈特谈你干过的傻事和闹出的笑话。如果这时你生了气，他就会说："这只不过是跟你开开玩笑，你也太神经过敏、太缺乏幽默感了。"

美国华盛顿大学的社会学家爱德华·格罗斯，20年来一直从事对人们处在尴尬境地时的各种表现的研究。他指出："人们在公开场合被羞辱，通常并不认为是开开玩笑，或者是微不足道的小事。当人的感情受到伤害时，我们中的大多数人会十分愤怒，表现为张口结舌或者满脸通红。但是我们可以有另一种比较聪明的解决方法，保持沉默，或者设法改变你的处境。"

别花许多的时间为你受到的伤害而烦恼，不要冥思苦想这类"为什么这人要对我如此恶作剧"的问题。也许有些人是故意使你感到窘迫的，因为他们觉得你对他已构成威胁，或者是想惩罚你曾经做过对不起他的事；而另一些人是习惯于开这类玩笑的、他们毫不考虑别人是否受到伤害。对于这类人，没有必要去计较他是否是故意的。

佛罗里达大学的心理学家巴里·舒兰克说："完全没有必要去追究一个人的所作所为是否别有用心。"相当可能的情况是他或她压根儿没有意识到你会受到伤害。当你向他指出失礼的言行后，这位呆头呆脑的冒犯者通常会向你致歉。

当然，怎样摆脱窘迫的处境，要依情形而定。如果你的上司在你同事面前三番五次地责备你时，你可以心平气和地严正指出："我们是否可以私下谈这个问题？"

同样地，伤害你的人若是你的配偶或亲密朋友，你可以说明你觉得多么为难甚至是痛苦，远比以同样的方法去回击对方要好得多。如果这人继续不分场合地使你窘迫不堪，你可明确指出："我觉得以后很难再信赖你。"

下回有人故意羞辱你时，你可以采取比较激烈的方法。有时，你必须使这种羞辱立即停止下来。你可以说："你已经使我难堪了。你不介意告诉我这都是为了什么缘故吧？"或者说："你似乎心烦意乱，是不是我有什么事使你不高兴了？"

不管怎样做，都要避免动怒，千万别发火。如果失去了泰然自若的态度，你只能使对方占上风，使别人对你产生了不满情绪。再说，和那些修养极差或别有用心的人生气不值得。

相当多的时候，最好的办法是靠急中生智和幽默感。爱德华·格罗斯曾讲了一个典型的故事。故事讲的是两位作家之间的交锋。一位作家刚完成一本书，正陶醉在人们的赞美声中，另一个作家对他有些嫉妒，不顾别人的劝说跑去和他说："我喜欢你这本书，是谁替你写的？"他马上回敬道："我很高兴你喜欢，是谁替你读的？"

一位饭店老板对一个女服务员在工作时间总打电话非常不满。她对这位女招待说："对你每天总接电话，你知道我是怎么想吗？"女招待答道："你大概想：怎么总没有顾客给我打电话。"噎得老板满脸通红。

所以，急中生智，既柔中带钢，又不失风度，这往往是最好不过的回击办法。

人门总难免碰到一些无理取闹的行为。碰到无理取闹的人，人们常常大发一通怒火，大骂一顿无赖，可到头来，对方还是振振有词，头头是道，"理由"充分得很，自己倒气得手脚发颤，只会说："岂有此理，岂有此理。"

那么，应该怎样说话，才能反击无理取闹的行为，使得对方觉得理亏、词穷、无言以对呢？

遇到无理取闹的行为，首先要做到的就是不要激动，要控制情绪。这个时候的心境平和对反击对方有重要作用：一是表现自己的涵养与气量，以"骤然临之而不惊，无故加之而不怒"的大丈夫气概在气质上镇住对方。如果一下子就犯颜动怒，变脸作色，这不是勇敢的行为。二是能够冷静地考虑对策，只有平静情绪，才能从容选出最佳对策，否则人都弄糊涂了，就可能做出莽撞之举来。

在反唇相讥的过程中，不能说了半天，还不得要领，或词软话绵。打击准要点，一下击中要害；反击力要猛，一下子就使对方哑口无言。

有一个常愚弄他人而自得的人，名叫汤姆。这天早晨，他正在门口吃着面包，忽然看见杰克逊大爷骑着毛驴哼呀哼呀地走了过来，于是他就喊到："喂，吃块面包吧！"

大爷连忙从驴背上跳下来，说："谢谢您的好意。我已经吃过早饭了。"

汤姆一本正经地说："我没问你呀，我问的是毛驴。"说完，得意地一笑。

大爷以礼相待，却反遭一顿侮辱，是可忍孰不可忍？他非常气愤，可是又难以责骂这个无赖。无赖会说："我和毛驴说话，谁叫你插嘴来着？"

经这么一想，大爷抓住了汤姆语言上的破绽，进行狠狠的反击。

他猛然地转过身子，照准毛驴脸上"啪，啪"就是两巴掌，骂道："出门时我问你城里有没有朋友，你斩钉截铁地说没有，没有朋友为什么人家会请你吃

仇英《右军书扇图》

面包呢?"

"叭，叭"，对准驴屁股，又是两鞭，说："看你以后还敢不敢胡说?"

说完，翻身上驴，扬长而去。

大爷的反击力相当强。既然你以你和毛驴说话的假设来侮辱我，我就姑且承认你的假设，借教训毛驴，来嘲弄你自己建立和毛驴的"朋友"关系。给这无赖一顿教训。

就坡骑驴巧服人

就坡骑驴，原指借助高坡，顺势跨上驴背，通常比喻借助外力，以制服对方。

蜀先主以伊藉为左将军从事中即。使吴，孙权问其才辩，欲折其辞。

藉适入拜，权曰："劳事无道之君。"

藉应声对曰："一拜一起，未足为劳。"

吴王大惭，无语以对。

孙权想对素以捷辩著称的伊藉来个下马威，说他为"无道之君"做事。而伊藉就坡骑驴，借用自己正在跪拜孙权之事答道："一拜一起，未足为劳。"把这个"无道之君"巧妙地回敬给孙权，令"吴主大惭"。

在某些特定场合，会遇到一些别有用心的或容易落入圈套的提问，这就需要诡辩者因势利导，转守为攻，后发制人。

英国诗人乔治·莫瑞是一位木匠的儿子，他很受当时英国上层社会的尊重。他从不隐讳自己的出身，这在当时英国社会是极为少见的。

一天，一个纨绔子弟与他在一处沙龙相遇，嫉妒异常，欲中伤诗人，便高声问道：

"对不起，请问阁下的父亲是不是一位木匠?"

诗人回答："是的。"

纨绔子弟又说："那你父亲为什么没有把你培养成木匠?"

诗人微笑着回答："对不起，阁下的父亲想必是绅士?"

纨绔子弟傲气十足地回答："是的!"

诗人又说："那你父亲怎么没有把你培养成一位绅士呢?"

纨绔子弟的发问显然是带有恶意的，如果诗人作正面回答只能落入十分尴尬的境地。

诗人没有作正面回答，而是就坡骑驴，根据对方的方式进行反问，使纨绔子弟丢脸献丑，偷鸡不成反蚀米。

纪昀题诗戏考生

纪昀（纪晓岚）先生是清代大学者，官至礼部尚书、协力大学士。纪晓岚先生生平无大的"恶习"，就是喜欢别人作"变脸"表演。他称之为"变脸游戏"。

凭纪晓岚先生的身份、地位、才学，哪一项都不由得你不恭敬、奉承、谄媚、景仰，连平日笨拙得与情人都不能畅快交谈的人，嘴巴也利索得像个"见习说书的"，恭维话直冒，停都停不下来。

但纪老先生觉得这样不够味。因此，他不像一般有他这种身份的人那样，以名牌服装包裹，坐着名牌汽车，揣一把印满一系列足以让人屁滚尿流的头衔的名片，远远地就让人肃然起敬。他说，这样就无"戏"可看啦。

他的做法是，首先让人觉得自己不仅不值得尊敬、奉承，而且是一个奚落的对象；然后，让你知道他的身份，大跌眼镜，连呼"失敬、失敬，久仰、久仰，多有冒犯，有眼不识泰山"，从而实实在在地自我作践一番。这场游戏就基本玩完啦。

一次，纪晓岚先生赴江南主考，到了武昌，他到街上随便□跶□跶。见一酒楼上有不少才子汇集一处，谈文论诗，准备应试。他想借机摸摸考生的底，就上楼凑一近处坐下。众才子见一个素不相识又显然很平常的老头，招呼也不打，就毫不客气地与他们平起平坐啦，很有些想不通。

一考生说："我们这是天下才子的聚会，以文会友，不是你这种人看热闹的地方。快找个地方凉快去吧。"

另一考生想，何不借机奚落他一下，让他尝一下冒充文雅的尴尬与难堪！他对各位考生说："诸位，我们是以文会友，既然他愿与我们在一起，何不让他赋诗一首？说不定还是一位世外高人哩！"

众考生觉得此法甚妙，以放肆的狂笑表示同意。他们怎么也没想到，他就是决定他们命运的主考大人！否则，你免费送给他们几个贼胆，他们也不敢呐！

纪晓岚先生低声说："做诗，倒是懂一点，不妨试试。"众人期待着笑话出现，热情取来文房四宝。纪晓岚先生提笔就写："一上上到楼上头。"众人一看，太土气，哄堂大笑。

纪晓岚先生故意作戏，恳求说："不才生性胆小，又是第一次作诗，诸位是不是回避一下？"

"当然可以。"

纪晓岚先生见众人离开，挥笔疾书，写完放下笔，扭头就走。

众考生赶忙回来看笑话，准备把刚刚准备好的潇洒话尽情倾吐。但一看诗句，个个大惊失色，呆若木鸡。只见上面写着："一上上到楼上头，十二栏杆接斗牛，纪郎不愿留诗句，恐压江南十二洲。"

纪晓岚先生这次连让他们表示"有眼无珠"的机会都没有给，十分吝啬。

还有一次，纪晓岚先生利用开会机会，顺道游览五台山。是自费还是公费，他没说，我们就不便问了。

纪晓岚先生走进庙里，没有递名片，秘书也没有介绍。住持和尚见他衣履整洁，仪态不俗，决定让他享受比一般"施主"稍高一点的待遇，招呼一声："坐"。又对礼仪和尚说："茶"。

纪晓岚先生也不多言，坐着喝茶，与住持和尚寒暄，并有意无意地透露了自己是来自京城的。

住持和尚立即决定提高待遇，把他领至内厅接待室，忙招呼一声："请坐。""泡茶。"礼仪和尚又沏上一杯质量明显好些的茶，恭敬地放在他的面前。

"请问，施主在哪个部门工作呀？"

"惭愧得很，当个礼部尚书混口饭吃。"

住持和尚一听，触电般跳起来，满脸陪笑，恭恭敬敬地将他请进禅房。"请上坐。"又大声吆喝："泡好茶。"

经过一番款待后，住持和尚拿出上等宣纸笔墨，一定要请纪晓岚先生写副对联，以"光"禅院。

纪晓岚先生笑了笑，提笔定了这么一副对联：

坐　请坐　请上坐

茶　泡茶　泡好茶

"见笑了。"纪老先生很诚恳地说。

住持和尚拿着这副出自当朝尚书、名满天下的纪大学士的亲笔"墨宝"，不知道是挂好呢，还是不挂好。

临危应变解危难

危难之时，临危不乱，从容应对而脱困，是为应变之才。有此应变之才，可以保身，可以全生。

北宋宣和年间，国都汴京一派繁华。每逢正月十五这普天同庆的元宵佳节，总是笙歌大作，鹤舞龙翔，夜间则全城张灯结彩，五光十色，成了灯和火的海洋。男女老少倾城而出；富贵人家更是香车宝马，涌向市的中心。妇女们身披五彩，头戴翠冠，欢欢喜喜，说说笑笑，去看灯会。

宋徽宗赵佶是一位有全面艺术才能的风流皇帝。有一年元宵节，他在文武百官簇拥下来到市中心端门。"万寿无疆"的欢呼声如雷贯耳，灯会达到高潮。皇帝一时兴来，宣旨要给观灯的人们赐酒。人们潮涌一般地围了过来，挤在最前面的有幸喝到了御酒。

有个女子因为喝到了皇上赐的御酒，欣喜若狂，心想这千载难逢的机遇，应该留下点什么才好，既有御赐金杯在手，为什么还要放过它呢？这金杯将来不仅价值连城，还能作为留传万代的珍贵之物……想着想着，手一闪就将这金杯揣入怀中。既揣了金杯，就不可在这里久留，她心里高度紧张，表面故作镇静，左顾右盼，想伺机挤出重围，可是人山人海，一时挤不出来。正在这关键时刻，一个精明的侍卫忽然发现少了个金杯，见这位女子正往外挤，便拨开众人，一把抓了她的衣袖。又一个高大的卫士上来，两人一起呵斥着，将这女子挟持到宋徽宗面前。

可怜这位天真的女子，此时跪倒在地，心思茫然，不知如何是好。既已落网，别无他法，能否再生一计？她在心中暗自紧张盘算。

幸亏这女子聪明伶俐，且平时跟着父兄学得作诗填词，颇有文化素养。霎时间，眉头一皱，计上心来，立即编了一则故事，抬起头来，面对皇上，从容不迫地诵了一首小令《鹧鸪天》词：

月满蓬壶灿烂灯，与郎携手至端门。

贪看鹤降笙歌举，不觉鸳鸯失却群。

天渐晓，感皇恩，传宣赐酒饮杯巡。

归家恐被翁姑责，窃取金杯作照凭。

这真可谓情急生智，故事编得非常切时，切地，切人，表达得如此有文采和韵味，一下子就征服了高高在上的皇帝。徽宗本来就喜文墨，这一来听了此女的诗，心中更加高兴，便信以为真，持须大笑，表示非常理解此女的处境。并称赞她才思敏捷，写得一手好词章不说，临变不惧，巧言相辩，当即宣旨：赐给这位才女一只御金杯，并派 4 名卫士送她回家。

司马光破缸救人

"孔融让梨"和"司马光砸缸救人"，是中国古代两则有名的儿童教育故事。小小年纪怎么就有如此的优秀品德以及如此敏捷的思维呢？

司马光是北宋著名的大臣，以反对王安石变法闻名于史，同时司马光还是位著名的史学家。司马光所著的《资治通鉴》全书共 294 卷，上至周威烈王二十三年（前 403 年）韩、赵、魏三家分晋，下至后周周世宗柴荣显德六年（959 年），共记叙了 1362 年间的史事，是我国古代编年体史书的经典之作。

司马光从小就聪颖好学，7 岁时便像大人一样表情严肃，老成持重。有一次司马光听人讲《春秋左传》，觉得书中所讲的故事非常有意思，十分喜爱书中所讲的道理，回到家中，司马光便给家人讲述，家里人觉得这么小的小孩子能讲出《春秋左传》

任熊《姚燮诗意图册》之一

里的内容和道理的大意，真是很不简单，便更加鼓励司马光多读书。从此以后，司马光读书更加刻苦，一天到晚手不释卷，最后竟到了忘记饥渴寒暑的地步。

从小便接触成人智慧的司马光，虽然年龄不大，便在临危应变之时，具有了同成人一样的机敏和智慧。

有一天，司马光在庭院中同一群小孩嬉戏玩耍，有个小孩忽然爬上了一只盛了不少水的大瓮，一不小心，失足跌到了瓮里，落入水中，那瓮是陶制的，腹大、口小，根本无法爬出来，这群小孩都被这一突如其来的情况惊呆了，他们都没经历过这样事，大家都以为闯了大祸，不知所措，于是纷纷跑开了，司马光见有人掉进瓮里又爬不出来，他拿起一块大石头，向大瓮打去，瓮被打破了，水哗地流了出来，落入瓮中的那个小孩也得救了。事后大人们都十分惊讶司马光这么小的孩子却如此机智，纷纷称赞他是神童。一传十，十传百，司马光破瓮救小孩的故事传到了京城开封（今河南开封市）和西京洛阳（今河南洛阳市），人们纷纷称颂他机智果断，还有人以此事为题画了一幅画。

宋仁宗宝元初年（公元 1038 年），司马光中进士甲科，当时司马光只有20 岁。中第后的司马光依然不喜奢华，参加庆贺的宴会时，只有他不戴花，同僚对他说："皇上赐的花，不可不戴。"马司光这才戴上一朵。

用隐语遇难呈祥

隐语是语言学的一门奇特的艺术，很多用它应对难以处理的事，下面几则事故就讲了这个道理。

一、宰人认罪得免祸

春秋时期，晋文公命宰人制炙肉。进餐时，发现有一根长长的头发缠绕在炙肉上。文公大怒，召来宰人要杀他。

宰人看了看鼎里的炙肉，说："臣之罪，罪该死，犯罪有三：厨下切肉的刀快得像锋利的宝剑，能割下肉却割不断一丝头发，这是罪之一；炙肉前用锥子在肉块四面反复穿刺，上调料，却没有发现这么长的头发，这是罪之二；炉火熊熊，旺得发红，炙肉熟了，头发竟没有烧焦，这是罪之三。有此三罪，诛戮难辩。"

听着听着，晋文公理会了过来，他下令把侍候进膳的侍从找来审问，才察明情况。原来是有人企图陷害宰人，在炙好的肉上缠了长长的头发。这样，宰人通过机智而巧妙的认罪方式，为自己辩解开脱，终于免除了杀身之祸。

二、翟璜寓贬于褒

战国时，魏国吞并了中山，魏文侯就把这块新占来的土地分封给自己的儿子。

一天，魏文侯问群臣："我是个什么样的君主？"

众臣答道："仁君。"

唯独大臣任座表示异议，说："您得了中山后，不封给您的弟弟，而封给您的儿子，这怎么能说是仁君呢？"

魏文侯听罢，便发了怒。任座见状忙离座而去。

魏文侯又问翟璜。翟璜答："我认为您是仁君。"

魏文侯问："你为什么这样认为？"

翟璜说："我听说，君主仁厚，大臣就耿直。刚才任座说话那么坦率，我就根据这点认为您是仁君。"

文侯听了，又羞又喜，赶快叫翟璜把任座请了回来，并亲自下堂迎接，把他待为上宾。

三、刘邦用模糊语言得救

楚灭秦时，楚怀王兵分东西两路，东路由项羽率领 70 万兵马，西路由刘邦率 10 万兵马，同时向关中进发。怀王有约在先：谁先进关谁为关中王。结果刘邦先进关中，本应践约。但当时项羽兵多势大，不服刘邦，欲设计害之。项羽自尊为霸王，封刘邦为汉王，打算让刘邦到南郑去。他的谋士范增极力反对，说："南郑那地方内有重山之固，外有峻岭之险，让刘邦去，岂不是放虎归山？"项羽问："那，有什么办法杀他呢？"

范增出主意说："有办法。等刘邦上朝，大王就问他：'寡人封你到南郑去，你愿意不愿意去？'如果他说愿去，你就说，'我早知道你愿意去，那里是养兵练将，聚草屯粮的好地方，养足了锐气好跟我争天下，对不对？这就证明你有反我之心。绑出去杀了！'如果他说不愿意去，你就说，'我知道你是不愿意去的。本来楚怀王有约在先，谁先人关谁为关中王，叫你上南郑，你怎么会愿意呢？既然不愿意去，就是要在这里反我。与其如此，不如现在把你杀了。绑出去，杀了！'想他刘邦难逃灭顶之灾。"

密谋之后，项羽便召刘邦上殿。

项羽迫不及待地问道："寡人封你到南郑去，你愿意不愿意去？"见项羽问的这么急，刘邦不免心中纳闷。虽然愿去，但不敢表白，于是这样答道：

"大王啊，臣食君禄，命悬于君乎，臣如陛下坐骑，鞭之则行，收辔则止，臣唯命是听。"

刘邦既没答想去，也没说不想去，这种模棱两可的话，完全出乎项羽的意料，他无可奈何，只好说："你要听我的，南郑你就不要去了。"

刘邦说："是，臣遵旨。"就这样，刘邦用"模糊语言"救了自己一条性命。

眉头一皱解尴尬

生活中时不时会遇到让人尴尬的事情，常常莫名其妙地被人抛到不知所措的境地。这时，假如你没有思想准备，没有临场应变的经验和措施，你就不能从容、洒脱地应付意外的窘境，以消除你面临的僵局。

有一回，老诗人严阵和青年女作家铁凝等访问美国。一次，去参观一所博物馆，开馆时间未到，他们便在广场上散步。恰巧有两位美国老人在旁休息，看见中国人来，他们很高兴地迎上来交谈，说中国人是他们最为敬仰的。其中一位老人为表达这种崇敬的感情，热烈地拥抱铁凝，并亲吻了一下。铁凝十分尴尬，不知所措。另一位老人也抱怨那老人说，中国人不习惯这样。那拥抱过铁凝的老人，像犯了错误似的呆立在一旁。严阵走上前去，用一句话打破了僵局。他微笑着说："呵，尊敬的老先生，您刚才吻的不是铁凝，而是中国，对吧？"那老人马上笑道："对，对！我吻的是铁凝，也是中国！两种成分都有。"尴尬气氛在笑声中烟消云散了。

生活中，不仅有善意的好人，也有不少怀有恶意的坏人。有时，在你不知不觉中陷入困境，这就非常需要急中生智来对付。

在一列火车上，一位身着便服的侦察员走进厕所。冷不防，一个艳装妙龄女郎一闪身也挤进了厕所，反手将门关上："先生，把你的手表和钱包给我。否则，我就喊你侮辱我！"

一切来得这么突然。侦察员深知，在厕所里没有其他人，辩解是毫无作用的了；稍一迟缓，这个女郎立即会使自己身败名裂的。陷入困境的侦察员临机应变，突然张着嘴巴，不停地"啊，啊"，装成一个十足的哑巴，表示不懂女郎说些什么。

女郎为难，赶快打手势。侦察员仍然窘急地"啊啊"着。女郎失望了，真倒霉，偏偏碰上了个哑巴！她正想转身离去。此刻，"哑巴"一把抓住女郎，抽出钢笔递给他，打手势请她将刚才说的话写在手上。女郎不禁转忧为喜，接过钢笔就在侦察员的手上写道："把你的手表和钱给我。不给，我就喊你侮辱我！"侦察员翻转手掌，抓住女郎说话了："我是便衣警察，你犯了抢劫罪，这就是铁的证据！"

孩童以智巧应变

博群书而晓天下，人无论尊卑长幼皆应以学识论。应变亦是如此，高与不高不是以年长论长短，而是方法方式。

超世材是建阳人，年纪才十来岁，到府里去参加茂才的考试，没有考中回来了。因为有三担行李，雇挑夫花费大，就把行李寄放在一只船上，叫仆人看守，自己一个人坐轿从陆路走，只要一天就能回到家。在路上雇轿子时，打开银包取出二钱碎银给轿夫。两个轿夫从旁瞧见还有一大锭银子，因此还没有走上三十里，就把轿子抬进僻静的山路。超生说：

"昨天，我是乘船去府里的。这条陆路，今天我虽是初次走，但官路一定是条往来的大路，不会是这条偏僻的山路。"轿夫说："正是从这里走。往前便是大官道了。"又走，山路愈来愈狭小。超生心头明白，就大声叫道："我知道这不是大路，你们不过是想要银子。我身上只有一锭重三两的银子，我家里富有万金，只有我一个儿子，就把这三两银子送给你们也不要紧，何必要起坏心呢？"两个轿夫放下轿子说："这样，那就拿出来给我们，免你一死。"超生笑嘻嘻地打开银包，把银子交给了轿夫，说："这算什么大事，而做出这种举动来？好小器！这下该送我回大路去吧。"两个轿夫不理睬他，得了银子，径直从山路逃跑了。

超生只好自己往回走，找到了大路，走到路边的一间店铺，询问这里有某县人开的店没有。别人指示他，他就走进去对店主说："我是超某家的，因为被雇的轿夫抢走了身上盘缠银子，又不能徒步走路，你若识得我家，那就请你代我雇两个轿夫，送我回到家里，我加倍还给你的钱。"店主人说："尊府是大家，人人都闻名，我哪会不知道呢？"于是就送上菜饭请超生吃午饭，并叫两个轿夫送超生回去。超生回到家，谈了在路上被谋财之事，以及某店主送归之情。家中的人大喜说："没有遭凶手害命就够幸运的。三两银子有啥要紧？"就好好招待两个轿夫，并派专人去感谢那位店主。

卫瓘假病捉钟会

危急时刻的勇敢沉着、镇静与机智可助人走出困境，最终通向胜利的彼岸。

公元263年，司马昭派征西将军邓艾、镇西将军钟会率领大军前去讨伐蜀国的时候，又派卫瓘拿着符节带领1000兵马去监督邓艾和钟会的军事行动。

这次战争打得很顺利，蜀国的最后一位君主刘禅被迫投降，蜀国也就灭亡了。刘禅投降以后，邓艾便擅自对下属封官授爵，钟会又暗地打自己的主意，想反叛朝廷，独霸一方。

钟会想除掉邓艾和卫瓘，以便实现自己的野心，就秘密地向朝廷报告，说邓艾如何如何。皇帝下令捉拿邓艾，并指示用囚车把他押回朝廷受罚。

钟会就叫卫瓘去捉拿邓艾，其目的是想借邓艾的手杀死卫瓘，然后再把罪名加到邓艾身上，好收拾邓艾。因为卫瓘带的兵很少，去捉拿邓艾，根本不是对手。

卫瓘知道钟会不怀好意，想借刀杀人，但是，他作为监察官，又不好拒绝。在这种情况下，他便连夜进入成都，进城以后，他立即告诉邓艾手下的将领们，说自己是受皇帝的指令前来捉拿邓艾的，其余任何人都与此无关，如果谁赶快归顺，他的职务待遇一切照旧，如果谁敢违抗，就杀掉他全家及所有亲族。到了凌晨，这些将领们全都投降了卫瓘，而邓艾还在营帐内睡大觉。天亮以后，卫瓘乘车直接进入大殿的前面，邓艾还没有起床，卫瓘便把邓艾及他的儿子一齐捉住。

不久，钟会到了，他把右将军胡烈等不愿反叛的将军们请来，并立即抓起来关进成都城，接着就发兵谋反了。但是，因为士兵们都采自中原，他们思念家乡，不愿长期留在蜀地，于是，一听说钟会要谋反，城内城外顿时骚乱起来。

这时，钟会也紧张起来，他留住卫瓘商量对策，并在竹版上写着"想杀掉胡烈等"字样，举起来给卫瓘看，卫瓘不同意，于是，两人的对立更加明朗化了。卫瓘上厕所时，看到胡烈过去的勤务兵，就趁机命令他，把钟会谋反的消息赶快传达给部队。

城内剑拔弩张、杀气腾腾，钟会逼卫瓘表态，两人把刀各横放在膝盖上，通晚都没有睡觉。城外，士兵们不知所从，他们想攻城，但因卫瓘、胡烈等人在里面，又不好进攻。

正在这时，钟会叫卫瓘去慰劳各路官兵。

吴镇《渔父图》

卫瓘实在想脱身出城，但故意说："您是三军的主帅，应该由你亲自去。"钟会说："您是监察长官，应该先去，随后我再来。"卫瓘便趁机走下殿来。接着，钟会又后悔了，他立即派人叫住卫瓘。卫瓘急中生智，假装是晕眩病发作，一下仆倒在地上。后来，他又喝了些盐汤不停地大呕大吐。平时，他便显得体弱多病的样子，这下子，更显得憔悴难看了。钟会派遣自己的亲信和医生去看，都说卫瓘病得起不来了，于是，钟会便认为再没有什么可怕的了。

等到夜幕降临的时候，卫瓘把门关上，立即写了一篇讨伐钟会的文告通知各路军队。这些官兵本来就想攻打钟会，现在有了卫瓘的命令，天刚发亮，他们便向城内发动猛烈的进攻。钟会率领左右的官员拼命抵抗，结果被打得大败。

杨埙妙智保二臣

"宁折不弯"固然值得称道，但能随机应变，先全身而后伺机给敌人致命一击，亦未尝不可。

天顺年间（公元1457年—公元1464年），锦衣卫都指挥门达受到明英宗的宠信，执掌朝廷理刑的重权，大臣们的生杀予夺，全攥在他的手心里。但他仍然不知足，还想进一步扩大自己的势力，把皇上身边所有受重用的大臣，统统排挤掉。

他盘算来盘算去，觉得能够在皇帝面前说上话的，无非有两个人，一个是经常爱给皇上出谋划策的大学士李贤，另一个便是英宗皇帝被也先虏走时，有护驾之功的锦衣卫指挥佥事袁彬。他想千方百计要把二人排挤掉，尤其是那位被视为眼中钉的袁彬，于是派遣巡逻的士卒去搜集袁彬的隐秘私事，企图利用它来致袁彬于死地。不久，他就把搜罗到的数十件所谓阴私，汇集到一起，奏报给了皇上。

英宗皇帝本不想治袁彬的罪，但禁不住门达的反复逼劝，又考虑到法律的施行，不能由于一个袁彬就使之半途而废，因此，便同意将袁彬逮捕法办。可是在逮捕之前，英宗又明确交代门达说："此事由你亲自逮捕审问，只要给我留下一个活着的袁彬就行。"随之，袁彬就被投入监狱问罪。当时兵营中有一位彬漆匠叫杨埙，因为擅长日本的漆器画，号称"杨倭漆"。别看他只是个小小的艺人，但很有正义感，讲究做人的操守和气节，对袁彬的被捕感到愤愤不平，毅然上疏营救袁彬。疏中写道："过去皇上留居北庭瓦剌时，只有袁彬这样一个校尉在护卫皇帝，备受艰难困苦。现在突然被投入监牢，只乞求皇帝亲自审讯，他就是死也没什么遗憾。"同时又力陈门达不法之事三十余件，想借机参倒他。杨埙亲自到殿外敲击登闻鼓，把奏疏呈递进去。

英宗皇帝看完杨埙的奏疏，心有所动，便命门达把杨埙也抓来讯问。

门达听后非常恼火：一个小小工匠，也敢参我？可是转念一想，何不借此机会连李贤一起搬倒呢？于是，他准备软硬兼施，逼迫杨埙招认是受李贤的指使。

杨埙被押解到后，一经讯问，他很快就识破了门达的阴谋，心想：这不是妄图通过我的口来陷害李大人吗？决不能让这一诡计得逞！但又想：如果我以硬碰硬，势必被拷打至死，这样，不仅救不了二位大人，连我也成了屈死鬼，还不如……

想到此，他便神色自若，故意装出与此事无关的样子，不管门达怎样逼问，都说："不知道。"后来他见问急了，才不紧不慢地说："我是个下贱的军中艺人，大字不识一个，又与君侯大人无怨，怎么能要告您的御状呢？"然后，又故作神秘地轻声说："望能退去左右，我把实情禀告大人。"等只剩门达一人时，杨埙才说："这实在是李贤李阁老教小人做的。我确实不知道奏疏里说的是怎么回事，仅是按他的意思办罢了。但我在这里说，没有人作见证，说了也白说。不如多请几位大人当廷审讯，我当众戳穿他，他就没话可说了。"门达信以为真，情不自禁地连声说好，特意让狱卒备了酒菜款待他，随后马上去奏明皇上。英宗皇帝命宦官会同一些刑部官员，第二天在午门外共审杨埙。

谁知会审时，门达刚指着李贤说："是你指使杨埙做的，他都招认了。"便听到杨埙说道："要处死就处死我，我怎么敢胡乱诬告大臣！我一小小的手艺人，如何能见到阁老大人呢？天地鬼神明察，这实在是门达指挥强逼我来指控李大人的。"接着，他把奏疏中参劾门达的三十余条内容背诵出来，以证明它完全是自己写的。门达大惊失色，呆立在那儿，半天不知说什么好。

这样，门达陷害袁彬、李贤的诡计失败了，袁彬被从轻发落，调往南京锦衣卫任职，仅一载，就被召回京城，官复原职。

巧言周旋应万变

语言的技巧是应变的基本功之一，不妨讲几则故事给读者们借鉴一下。

一、巧言周旋应万变

郑穆公元年，秦穆公任命孟明视为大将，集合 300 辆战车，于 12 月出发，带兵偷袭郑国。

这消息被郑国的一个贩牛商人弦高知道了。他惊慌极了。当时他赶着一群准备出卖的牛，正在去洛阳的途中，回国报告已经来不及，于是，他便急中生智，一边派人抄近路星夜回国报信，让国君作好迎战准备；一边把自己穿戴得衣冠楚楚，并挑选了 12 头肥牛和四张牛皮，乘着马车，带着从人，在秦军的必经之路迎候着。

这天，秦国的队伍正在行进，突然有人拦住去路，大声喊道："郑国使臣弦高，受国君派遣，将来求见将军。"

孟明视听了，不禁一怔，心想，莫非我们派兵偷袭的消息，郑国人知道了？他满腹狐疑地接见了弦高，并迫不及待地问："先生到这里来有何见教？"

弦高说："我们国君听说将军带兵要来敝国，特意派我来犒劳大军，先送上这 12 头肥牛和四张牛皮作慰劳品，表示我们一点心意。"

孟明视故作镇静，收下慰劳品，假惺惺地说："听说郑国国君新丧，我们国君怕晋国乘机来侵犯你们，叫我带兵来保护。"

弦高说："我们郑国是个小国，夹在秦、晋两个大国中间，为了安全，我国的将士们枕戈待旦，日夜小心地守卫着每一寸领土，要是有谁胆敢来侵犯，我们一定会给他以迎头痛击的。这一点请将军放心。"

孟明视又不甘心地问："这么说，郑国就用不着我们秦军的帮助了吗？"

弦高说："我们已经做好了一切准备，如果贵军真的开到敝国，我们将负责供应你们口粮和柴草，派兵保护你们的安全。"

孟明视听了弦高的口气，知道郑国已经准备，只得放弃进攻郑国的打算。

事后，郑穆公召见机智救国的弦高，并封他为军尉。

二、西门豹惩治女巫

战国时，西门豹来到邺城，看到此地人烟稀少，市井萧条，一片荒凉景象。经了解是因为当地的"三老、廷掾、女巫"给河伯娶妻造成的。他决心揭穿他们的鬼把戏，惩治这些坏蛋。

到了河伯娶妻的日子，西门豹衣冠整齐，态度严肃，来到河边。他环视一周，说："把选的美女叫过来，让我看一看，能不能给河伯当夫人？"

只见斋宫里走出一个脸挂泪痕、面容憔悴的女子，长得倒也俊俏。西门豹看了一眼，对三老、廷掾、女巫说："你们怎么能把这个相貌丑陋的女子送给河伯当夫人？我看麻烦大巫婆替我到河伯那里去一趟，就说太守西门豹想给他更换一个好看的夫人，过两天送去。"说完，下令把老巫抱起来扔进河里。三老、廷掾等人吓得心惊肉跳，西门豹若无其事立在那里，好像急切地等候老巫的回音。

过了好长时间，西门豹说："老巫婆年岁大了，办不了事，去了这么长时间还不回来，派一个女弟子催一催吧。"吏卒便抱起一个小巫扔进河里。还不见回音。西门豹转身说："他们都说女流，话说不清楚，不会办理，还是三老亲自去一趟吧。"三老推诿不去，吏卒左拉右拽，不由分说，把三老推到河里。

倪瓒《梧竹秀石图》

西门豹不动声色，恭恭敬敬站着。大约又过了一个时辰，西门豹对廷掾说："看来三老年纪大了，也办不了事，廷掾很合适，就请你再去一趟吧。"

廷掾等吓得面如土色，一齐跪在地上，不住地磕响头。

这时，西门豹认为揭露恶势力的目的已经达到，义正词严地指着廷掾、里长等的鼻子训斥道："这滔滔漳河水，昼夜不停地流着，谁也阻挡不住，哪里有什么河伯存在？你们枉杀了民间许多女子，应该抵罪偿命，巫婆已经死了，以后有谁胆敢再说给河伯娶妻，就让他给河伯当媒人前去送信。"西门豹为民除害，百姓们拍手称快。

三、夏完淳巧讽洪承畴

明末清初著名的少年英雄夏完淳在一次抗清武装斗争中不幸被捕。担负审讯的洪承畴原是明朝官员，因在与清兵交战时被俘，投降了敌人。

审讯时，洪承畴假惺惺地以长者的口吻说："你这孩子，懂得什么造反，还不是被那些叛乱之徒给拉了去，你要是肯归降，可就前途无量了。"

夏完淳料定此人就是洪承畴，真想把他大骂一顿，可他灵机一动，决定嘲弄一下这个叛徒。他说："人各有志，我虽年轻，却有自己的志向。我一向很仰慕本朝的洪承畴先生，决心做一个他那样的英雄，焉能投降你们这些满清王朝的爪牙！"

洪不知是计，心中高兴，却故意追问："噢，你仰慕洪承畴？"

夏完淳装出无限感慨的样子说："是啊，洪老先生是本朝的一位人杰，先生在关外和清兵血战松山、杏山一带，最后弹尽粮绝，不肯投降，坚贞不屈，英勇就义了。当他阵亡的噩耗传来，全朝为之震动，先帝也曾为之垂涕，悲哀不已。这样的忠臣难道不值得仰慕吗？"

洪承畴面红耳赤，不知所措。旁边的随从忙替他解围，对夏说："你不要胡言乱语，堂上坐的就是洪大人。"

夏完淳一听，立刻声色俱厉地指着洪承畴驳斥道："胡说！洪老先生早已为国捐躯，天下谁人不知。你这贼子、叛徒竟敢冒充洪先生。像你们这些朝廷的叛徒、民族的败类，认贼作父，投降清廷，人人得而诛之！"

这番巧讽对洪承畴的背叛行为进行了无情的揭露和严厉的鞭笞，任凭洪承畴老奸巨滑也无可奈何，只得把夏完淳押下去，审讯以失败而告终。

急生智化险为夷

中国的文字一词而多义，多词一义，其中变化甚多，以文字之歧义圆通顺解是中国古代许多文人的拿手好戏，不可不知。

从下面的几则故事中，我们可以从中学到应变之术。

故事一。

清朝礼部尚书纪昀，才思敏捷，能言善辩。一次，天奇热，他正光着膀子同军机处的几个人伏案工作。突然，门外传来"皇上来了"的声音，穿衣已来不及了，光膀子接驾又恐有亵渎万岁之罪。纪昀急中生智，连忙钻到桌子底下藏起来。后来听不到皇上说话的声音了，他估计皇上走远了，就在桌子下面问其他几个人：

"老头子走了没有？"

这时，坐在椅子上的皇上一听此话，立即板起面孔问："纪昀，你叫我老头子是什么意思，今天非讲清不可。"

纪昀见皇上还没走，知道闯祸了。于是，干脆从桌子底下钻出来，赶忙俯伏在地叩头，口称"死罪，死罪"。

皇上说："叩多少头也不行，快讲'老头子'是什么意思。"

纪昀又给皇上叩了一个头，然后索性慢条斯理地说："万岁不要发怒，奴才之所以称您为'老头子'，确实是对您的尊敬。'万寿无疆'称为'老'，'顶天立地'称为'头'，皇上称为'天子'，这就是我称您'老头子'的原因。"皇上得意地笑了，赦纪昀无罪。

纪昀应对之巧在于善于将"老头子"一词拆字联义，并使其义处处都落实在天子、至尊之意上，从而化凶为吉，这就需要急智。如果没有纪昀那样的才识，最好还是不要耍这种把戏。

除去语言急智，策略急智可谓是急智最常见的一种了。它要求急智者对突发的事件提出及时又科学的处理方案，此时往往显示出人们的大智大勇。例如逃生急智、应变急智、临危急智都可称作是中国人的急智之法。

故事二。

汉代名将陈平从小道走，带着剑逃亡，要渡过黄河。船夫见他那样相貌堂堂，一人独行，怀疑他是逃亡的将领，猜想他腰中会带有金玉宝器，因此屡次用眼睛打量他，想杀了他来夺取财宝，陈平害怕了，就解下上衣，光着上身帮船夫撑船，船夫知道他身上并没藏着财宝，也就不下手了。

故事三。

古时候有一位老缝纫师，收了两个徒弟，大徒弟忠厚老实，一切均按老师的脚印走，不图创新；二徒弟为人机灵，头脑灵活，能以不变而应万变。

不久，两个徒弟都艺满出师。满师前，老缝纫师取出同是三尺见方的两块布料，要徒弟各为他裁一件衣服。

师兄接布，思忖道："只须照'量体裁衣'的师训办，肯定万无一失。"

于是，他细心地替师傅量了衣长、袖长、肩阔……自去裁剪了。

师弟把布比了比，眉头皱了皱，旋即也给师傅量了一下，不过，只量了衣长和胸围，便剪裁起来。

不多时，师弟交出了一件合体的马夹，师兄却哭丧着脸，手中提着两只袖子及一些碎布……

故事四。

西班牙一名5岁的女童梅洛迪被匪徒劫走。数小时后，梅洛迪的家人接到电话，匪徒勒索1千万美元。梅洛迪的父亲纳卡恰安想起歌星妻子的最新唱片，那唱片封套上妻子照片中的眼睛，反映出摄影师的影像。于是，他再次接到匪徒电话时，立即要求他们拍摄女儿的照片，证实她仍然生存。

纳卡恰安收到女儿的照片后，交给警方，由警方的摄影专家利用精密仪器，将梅洛迪的眼睛放大，果然从中看出一名惯犯，警方根据这个线索，终于破了此案，使梅洛迪得救。

把握时机巧行事

行事在于把握时机，把握对象。失之毫厘，谬以千里，权宜机变的道理亦在于此。

鲁国施氏有两个儿子，一个有学问，一个善兵法。施老爹鼓励两个儿子自由选择职业，外出谋生。有学问的大儿子以仁爱忠信的儒家道理去游说齐王，被齐王所接纳，当了太傅。善兵法的二儿子以攻守进退的孙子兵法去游说楚王，被楚王所接纳，聘为军师。施家两兄弟的发迹，令邻里远近仰慕不已。

施家的邻居姓孟，也有两个儿子，也是一个有学问一个善兵法，却无处施展，家中依然清贫不济。孟老爹请教施老爹，施氏如实以告。孟老爹催促两个儿赶快上路，一个去秦国，一个去卫国。

孟家大儿子以仁爱忠信之道去游说秦王。秦王说："当前诸侯争霸，战争激烈，我们迫切需要的是练兵和筹粮，以备征战四方。你用仁爱治国，岂非南辕北辙，自取灭亡吗？"秦王对他十分冷漠，使他遭受冻馁之苦。"

孟家二儿子以攻守进退之理去游说卫国国君。卫王说："我们是个弱小国家，夹在几个大国之间。对于大国，我们要服从它们，不能与它们相抗衡，这是求安自保的惟一出路。你用兵戎与大国相抗，岂不自寻死路吗？"孟家二儿子还要与卫王辩论，强迫卫王接受他的主张，惹恼了卫国君臣，令武士砍掉他的双脚，然后驱逐出境。

孟老爹抱怨施老爹。施老爹说："这不能怪我，我只是向你说明了我的两个儿子去游说齐王、楚王的实际情况，那时齐、楚两国正需要他们。你的儿子虽然也有本事，但他们找错了对象，而且时机也不对头，所以吃了苦头。时机是很重要的，能把握时机便得福，错过时机便得祸。天下的道理并非永远都是对的，天下的事情并非永远都是一成不变的；同样一个人说出同样的道理，今天在甲地，可能是有用的，而明天在乙地则可能完全无用甚至有害。"

孟家父子听罢施老爹一席话，顿时怨气全消，懊悔地说："都只怪我们不懂权变，故而祈福得祸啊！"

拓跋祯智退敌兵

应变能力是胆识、智慧的体现。它可以表现在处事、外交、军事等等各个方面。

汉代东方朔在皇帝赐肉过程中，没待上司到来就自己割肉而归。此事被告到武帝那里，武帝令他在朝中作检查，他以滑稽、诙谐的语言逗得众臣捧腹大笑，结果不仅没有受到处罚，还得到武帝许多赏赐。

北魏时的拓跋祯，在行军路上遇到强敌，由于他的应变能力强，才临危脱险，安全返回军营。他是如何脱险的呢？

拓跋祯十分聪颖，通晓周围各个部族的语言，且能征惯战，尤擅长骑射。他作战不一味力拚，而能巧用智谋。世祖时，他为司卫监，随大军征讨柔然。行军途中，不意突然遭遇一支敌军。拓跋祯所率军队，人数很少，与敌军相比，显然寡不敌众，如果硬要向前与对方拚命一战，无疑会全军覆没，片甲无回；但若回撤，双方已经相距很近，为时晚矣。再说，仓皇回避，就会暴露自己的实力，敌军必知魏军力单势孤，不敢接战，会倾全军紧迫不舍，最终也难逃厄运。此刻军中士吏都很恐慌紧张，面带惧色，有的沉不住气，就要准备撤退。危急之中，拓跋祯异常镇定，不但不准撤退，反倒命令士兵们下马解鞍，放开笼头，把战马散在山下，士兵们则三三两两就地歇息。敌军本已摆开交锋的阵式，见魏军不仅不退，也不上前交战，却解甲放马休息，悠哉悠哉，好不自在。细看，也无慌乱之状，似乎成竹在胸，满不在乎。敌军顿生疑惑，反而犹豫起来，不敢冒冒失失发动进攻，恐怕前面只有一股诱军，引自己上圈套，周围一定还有大军埋伏。双方对持了很久，敌军始终未发现破绽，眼见天色近晚，人困马乏，更担心被对方乘暮色掩杀，难以摆脱，于是下令撤退，前军变后军，殿后掩护，以防不测，全军缓缓离开战场。

拓跋祯见敌军中计，悄然退兵，这才松了一口气，庆幸自己没张皇失措，乱了方寸，才终于避免了一场力量悬殊的恶战，估计敌军已经远去，即令士兵速速披甲戴盔，备好战马，集合起队伍，悄悄地撤走，向大军靠拢。

请君入瓮周兴亡

以其人之道，还治其人之身，欲随机变者，于此不得不习之。

武则天为了顺利走上女皇宝座，担心宗室大臣不服，于是在都门设立"铜匦"，下令任何人都可以告密，将告密信扔进"铜匦"之中，由专人取出，以此来诛杀行为不轨或对她不服的大臣。如果密奏确凿，即可封官。胡人索元礼，因告密而得了个游击将军之官。于是，尚书都事周兴、来俊臣等纷纷效仿，竞相罗织他人罪名，因而官运亨通，扶摇直上。

其中，周兴最为机敏狡诈。他不久便担任了秋官侍郎之职。手下特地豢养了数百名无赖，专门从事告密活动。每每想构陷一人，便使各处都来告密，因为辞状相同，当然使人信以为真。他还根据多年的经验，总结出了数千字的告密经文，作为秘本传教徒弟。

周兴还制造了一系列别出心裁的刑具，有定百脉、突地吼、死猪愁、求破家、反是实、"凤凰晒翅"、"仙人献果"、"五女登梯'等等名号。每当审讯犯了，一声梆响，刑具毕陈，犯人未等用刑便已魂飞天外，活罪更比死罪苦，不如随口诬供，反能速死，省得熬受酷刑。

没想到老天有眼，这个告密、用刑的第一号种子有一天竟也被人告了一密，说是他与人串通谋反。武则天便敕令第二号"选手"来俊臣尽速审案了结。

来俊臣深知"老大"的手段，要让他招供决不是一件容易的事情。于是设下一谋，特请周兴一同饮酒言欢。席间来俊臣向周兴说了不少赞美的话，说他堪称唐朝第一办案高手。然后十分诚恳地向他请教："现在我碰到一个十分狡猾的囚犯，种种刑具都已用过，可他就是不肯招供，老兄可有高招教我？"正飘飘然自鸣得意的周兴，乘着酒兴不假思索地对他说："这还不好办。我告诉你一个最好的办法：取一只大瓮（大坛子），把囚犯放进瓮中，然后在大瓮四周架起炭火，慢慢儿地烧烤。我看犯人在被烤熟之前，老弟必已得到了口供。"

来俊臣一听乐得拍手称妙，当即笑着命人搬来一只大瓮，并在四周架起了炭火。周兴被弄得莫名其妙："难道老弟要在这里审讯那罪犯？"来俊臣这才拿出武则天的敕文，然后对周兴说："请君入瓮！"

效果比周兴预料的还要来得快：周兴在被推进大瓮之前，便把来俊臣所需要的口供详详细细地交代清楚了。

20世纪30年代，英国商人威尔斯向香港茂隆皮箱行订购了3000只皮箱，价值为港币20万元。合同明确规定在一个月内交货，若逾期不能按质按量交货，则卖方须赔偿损失50%。

一个月内，茂隆皮箱行经理冯灿如期向英国交了货。威尔斯却大言不惭地说，皮箱内层使用了木材，因此这批货不是皮箱。显然，再去重做"真正的皮箱"，为时已晚，原来的皮箱将被积压尚不待言，这50%的损失费还得白白贴出来。冯经理怒不可遏，可面对威尔斯的无赖说法又一时找不出反驳的话语，两人便对簿公堂，走上了法院。

开庭了，不料港英法院居然也有意偏袒威尔斯，冯灿经理似乎已触犯了"诈骗"之罪。面对强词夺理，气焰嚣张的奸商，面对貌似公正其实心怀私意的法官，怎么办？

冯灿委托的律师罗锦文不慌不忙地站了起来，顺手从口袋里取出一只英国伦敦出口的大号金怀表，高声问法官：

"法官先生，请问这是什么表？"

法官神气地说："这是大英帝国的名牌金表。可是，这金表与本案毫无关系啊！"

"有关系！"罗锦文高举金表，面向法庭上所有的人继续说："这是金表，法官已有定论，没有人表示异议了吧？但是，我要问，这块金表除了黄金以外还有没有其它成分？它除了表壳镀有少量黄金以外，内部机件都是金制的吗？"

威尔斯和法官这才发觉已中"埋伏"，自己的口实成了对方的最好证据。然而为时已晚，罗锦文接着说："既然金表中的部分可以不是金子；那么，皮箱中的部件为何非要全都是皮革的呢？很显然，在这个皮箱真假之案中，原告威尔斯纯系无理取闹，存心敲诈！"

众目睽睽之下，威尔斯理屈词穷。法官不得不给威尔斯判下诬告罪，以罚款 5000 元港币了结此案。

妙哉"请君入瓮"之计！如果罗锦文舍此计而直接驳斥法官、威尔斯立论的荒唐，一则法官可以居高临下，以势压人，在不平等的辩论中难保必胜之机；再则必使辩论陷入琐碎的纠缠之中而无法快刀斩乱麻，立现真伪。罗锦文以对手的思路驳斥对手的观点，真好比用对手的手枪让对手自己瞄准自己的胸膛猛开了一枪，使对手谬论一下子陷入必死之境，而绝无逃遁之可能，给人以畅快淋漓之感。

恽冰《蒲塘秋艳图》

自掘陷阱蹈覆辙

从前，有个叫子车的人死了之后，其妻和管家商定，要用活人给他陪葬。

子车的弟弟子元得知此事，便规劝道：

"活人陪葬，不合礼仪，还是不这样吧！"

嫂子和家臣不同意，说："你哥死了，在阴间没有人服侍，所以才用活人陪葬。"

子元听了，便说："嫂子和管家虑事周到，用心良苦，既然要这样做，那也好！不过，与其让别人去陪哥哥，倒不如叫嫂嫂和管家作陪葬的好，因为你们服侍他总比别人更加尽心尽职！"

子元劝嫂嫂不要用活人陪葬已死去了的哥哥，使用的就是请君入瓮术。既然死人要活人陪葬服侍，那么请嫂嫂和管家陪葬比别人更好。其嫂和管家一听，无言以对，只好作罢。

请君入瓮术还指诱使论敌自掘陷阱，自蹈覆辙，自陷罗网的诡辩方法。

从前，有人个叫丘浚的人去逛庙。庙里的老和尚见他比较寒酸，就对他十分冷淡。

这时，恰好又有一个当官的来逛庙，老和尚马上满脸堆笑，降阶相迎，十分恭敬。

等当官的走后，丘浚问老和尚，为什么你对当官的这样恭敬？对自己却冷若冰霜。

老和尚说："你不懂，按我们佛门的规矩，恭敬就是不恭敬，不恭敬才是恭敬。"

丘浚听罢，猛然操起木棍，照老和尚头猛打，打得老和尚双手抱头，哇哇直叫。

老和尚问丘浚为什么打人，丘浚说：

"既然恭敬就是不恭敬，不恭敬就是恭敬，那么，我打你就是不打你，不打你就是打你。"

老和尚满脸羞惭，无言以对。

老和尚为什么挨打？主要是因为他势利眼，还用"恭敬就是不恭敬，不恭敬才是恭敬"来进行狡辩，对此，丘浚也就用了同样的办法来对付老和尚。因为丘浚的话是从老和尚的话里合乎逻辑引申出来，所以老和尚即便挨了打，也只能是"满面羞惭"而已。

请君入瓮术是一种制服敌人的有效方法，关键在善于抓住敌人的致命点，然后不失时机地以此去反击敌人，便可立即置敌于死地。

明代著名戏曲家汤显祖曾任浙江遂昌县令。境内有个村子紧傍高山，山高林密，常有老虎伤人。当地百姓纷纷请求县令灭虎。

汤显祖立即派人上街，鸣锣招募乡勇进山灭虎，可没有一个人应募。

一打听，原来遂昌县有个叫"皮神仙"的人，胡说什么虎伤人是天上神虎下凡收人，大家都怕打虎受到天神处罚。

正说话时，只见"皮神仙"眯着一双鼠眼来到汤县令跟前，问道：

"听说老爷要聚众灭虎，可是真的吗？"

"老虎伤人害畜，不能不除！"汤显祖回答。

"皮神仙"说："天降神虎下凡，惩罚恶人，千万不能乱杀。死在虎口的都是天命注定，不是前世造下冤孽，就是今生做了坏事。行善积德的人，即便把他放在虎口，老虎也会避开，不敢伤他！"

这时，汤显祖笑着说："那就将你'皮神仙'放在虎口试试看，到底是善人还是恶棍！""皮神仙"一听，可吓坏了，连忙大声呼叫："使不得！使不得，我还要多活几年哪！"人群顿时发出一阵哄笑。汤显祖一下子揭穿了"皮神仙"的鬼把戏。

幽默应变好轻松

幽默的语言可以使一些深刻的思想表达得更浅显、更形象，可以在妙趣横生、令人发笑的气氛中，使对方感到自己观点的荒谬，从而心悦诚服地接受你的批驳。

传说汉武帝晚年很希望自己长生不老。

一天，他对侍臣说："相书上说，一个人鼻子下面的'人中'越长，寿命就越长；'人中'长一寸，能活百岁，不知是真是假？"

东方朔听了这话，知道皇上又在做长生不老之梦了。

皇上见东方朔似有讥讽之意，面有不悦之色，喝道：你怎么敢笑话我？"

东方朔脱下帽子，恭恭敬敬地回答："我怎么敢笑话皇上呢？我是在笑彭祖的脸太难看了。"

汉武帝问："你为什么笑彭祖呢？"

东方朔答："据说彭祖活了八百岁，如果真像皇上刚才说的，'人中'就有八寸长，那么，他的脸不是有丈把长呢？"

汉武帝听了，也哈哈大笑起来。

在这个故事中，东方朔以幽默的语言，用笑彭祖的办法来讽刺汉武帝的荒唐，整个批驳机智含蓄，风趣诙谐，令正在发怒的皇上也不禁哈哈大笑起来，很愉快地接受这种批驳。

幽默，一方面既可以鲜明地表达观点，又可使别人在舒畅的心情中接受你的观点；另一个方面可以营造气氛，获得优势；更重要的是可以给对方产生心理上的压力，造成紧张，同时又鼓舞自己，使自己情绪高涨，越战越勇，越战越精。

德国诗人海涅是犹太人，常常遭到无端攻击。在一次晚会上，有个旅行家对海涅讲他在环球旅行中发现了一个岛，说：

"你猜猜看，在这个小岛上有什么现象使我感到新奇？那就是在这个岛上竟没有犹太人和驴。"

旅行家的话是恶意的，将犹太人和驴相提并论。海涅不动声色地回答道：

"如果真是这样，那只要我和你一块到小岛上去一趟，就可弥补这个缺陷了。"

在某些场合，恰当地使用幽默来应变，借助轻松愉快的氛围，能使对方在忍俊不禁之中，消除对抗情绪，从而取得胜利。

古时候一位姓邢的进士身材矮小，在鄱阳湖遇到强盗。强盗已经抢了他的财，还打算杀了他。

高凤翰《野趣图》

强盗举起刀时，邢进士以风趣的口吻对强盗说：

"人们已经叫我邢矮子了，若是砍掉我的头，那不是更矮了吗？"

强盗不觉失笑，放下了刀。

面对凶恶的盗强，在寡不敌众的形势下，如与之锋芒毕露地进行争辩，只能加速自己的灭亡，而邢进士巧用一句幽默话，却令强盗哑然失笑，放下了屠刀。

1912 年，罗斯福作为总统候选人在新泽西州的一个小城市发表演说，他在讲到妇女选举权时振振有词，极力赞成妇女参政。

这时，听众中忽然有人狂呼：

"上校！你 5 年前不是反对过妇女参政吗？"

罗斯福坦然地回答说：

"是的，我五年前因为学识不足，所以主张有错误，现在已有进步了！五年时间，地球绕太阳都转了五个圈子，难道我转变一下观点还不应该吗？"

罗斯福由于坦诚地承认错误，因而赢得了听众。

布什成功巧应变

人都有弱点，利用别人的弱点，把自己的观点推向大众面前，是布什在面对挑战时惯用的办法。

美国总统布什在竞选中一举战胜强大的对手杜卡基斯，这在相当程度上是因为他在电视辩论中的杰出口才，以及讲话中饱满的人情味。

1988 年 10 月 24 日，美国《纽约时报》在电视台采访布什和杜卡基斯，他们这次公开辩论，是两人在大选中杀得难解难分的最后时刻，是决定胜负的最后关头，是在美国选民面前的最后一次大曝光，在这最后决战的时刻，在公众面前，谁的形象塑得好，谁就能赢得更多的选票，所以布什和杜卡基都不敢掉以轻心。

记者问："在你的生活中，什么时候是最困难的时刻？你如何对付这些困难？"

布什："我孩子的死是迄今生活中最困难的时刻。有一天，医生对我们说'你们的孩子得了白血病。'我问他，这是什么意思。医生告诉我们：'这意味着她要死了，你们必须决定，如何对她进行治疗。或者让她听凭自然地走完这个过程，这样的话，大约只能活三个星期了。'假如我们决定不给她任何医治听凭死去，那么我们会感到极大的痛苦。然而医治她，却要使这幼小的孩子承受各种痛苦，我们实在又于心不忍。但是，在我的坚强妻子帮助下，在温暖和谐的家庭支持下，我增加了信念，很好地处理了这件事。我的女儿活了六个月。当然，要是在今天，她可能多活好几年。"

杜卡基斯说："1978年，我在竞选麻省民主党州长候选人时落选，我感到十分的痛苦。我知道，是我自己造成了这次选举的失败，我没有去责备别人。然而没痛苦没有长进，我从中悟出了不少道理——虽然失败了，但失败却丰富我的人生，有幸的是，我有一个非常好的家庭，我想，假如你也有同样痛苦的时候，那么你的家庭将会给你最强有力的支持。"

看到这，聪明的朋友们，如果让你们投票，你会在选票上写上谁的名字呢？

布什！

我想一定是这样的。

很显然，布什对于曾经有过的竞选失败也是很痛苦、很伤心的，但是他很聪明，因为他明白，美国人民是不会喜欢一个一心只想当总统的"政治狂"来领导他们的，于是他把这个不利的角色让给了杜卡基斯，自己很巧妙地将话题引入了既平常又不平常的生活——自己对于女儿死的态度。他说的虽是一件伤心事，但由于话中含有人人——广泛处于社会各个阶层各个角落的父母子女都能体会到的浓浓亲情，就像加过糖的咖啡一样，尽管底味有些苦，却恰到好处地托出了糖的甜美；布什的话成功地让选民觉得他是个可敬可亲的富有人情味的人，与杜卡基斯相比，他是更适合的人选。

正是由于布什这段富有人情味的话获得了不少善良的选民的心，使本来与布什不相上下的杜卡基斯的形象在选民中急转直下，最后败给了布什。

唐伯虎伪装解难

骗也有出于善意的。若是与人解难，为民请命，贪官污吏骗之又有何妨？

唐寅字伯虎，又字子畏，是江苏吴县的人。他考中弘治十年乡试的第一名，因事被废免。后来，他就不管社会的约束，任意行动，沉沦在喝酒与宿妓之中了。他善长写诗作文，并且都非常好。他和文征明、文征仲、祝枝山等是好朋友。他们都是名噪一时的人物，每日在平康妓家玩耍，说起话来幽默圆滑，引人发笑，并随口成诗。有一个衙门中的差役拿了一张纸，请示他给画一张画，唐伯虎拿起笔来就画了螺蛳十多个，并在上面题诗一首云："不是蝤蛑不是蛏，海味之中少此名。千呼万唤呼不出，只待人来打窟臀。"众人看了都大笑。他偶尔一天出外，看见县衙门前站着一个带枷的和尚。众人请求说："可以用这个和尚来作诗一首。"唐伯虎问清楚了这个和尚被枷的缘由后，就拿起笔来在木枷上题诗一首，诗曰："皂隶官差出采茶，不要纹银只要赊。县里捉来三十板，方盘托出大西瓜。"知县送客出来，看见这首诗，问是哪个写的。有人告诉他是唐伯虎，于是，他立即把和尚放了。唐伯虎口才出众，反应敏捷，大都和这差不多。

　　一天，唐伯虎与祝枝山等十几个人，带着行李去游扬州。他们每天与妓女饮酒作乐，沉醉于声色之中。还不到一个月，钱都快用完了。祝枝山说："银子都用光了，作何打算呢？"伯虎说："没关系。当今负责盐政的官，银钱成千上万，我和你二人可装扮成女贞观的道士去化缘。"他们就扮成了道士，正好遇到盐政官升堂，他们二人就俯跪在阶下说道："女贞观道士参见。"盐政使者大怒道："难道没有听说过御史台风霜凛凛吗？是哪一方来的道士，敢于如此无礼！"准备叫人打他们。他们不慌不忙地回答说："明公认为小道是游方求食的吗？小道们遍游天下，所结交的人都是国内的名流，比如吴邑的唐伯虎、文征明、祝枝山等人，无不放下架子来和我们交朋友。无论诗词歌赋，我们开口就成。明公如果不相信，我们愿意献丑，就恭候您的吩咐了。"盐使者就指着大堂下面的一尊石牛为题，叫他们二人联诗一首。伯虎开口就吟道："嵯峨怪石倚云边。"祝枝山接着吟道："抛掷于今定几年。"伯虎说："苔藓作毛因雨长。"祝枝山说："藤萝穿鼻任风牵。"紧接着，伯虎吟道："从来不食溪边草。"接下去，祝枝山吟道："自古难耕垄上田。"伯虎说："怪杀牧童鞭不起。"祝枝山收尾说："笛声斜挂夕阳烟。"盐使者读完了他们的诗，收敛起怒容，问道："诗倒是写得很好，你们想要干什么呢？"他们说："不久前，女贞观破败了。听说明公宽厚仁慈，喜好施舍，希望您能把您的俸金捐献出来修缮观宇，完成这件好事，将会永垂不朽的。"

盐使者十分高兴，立即传令吴兴二县，可以拿出库银五百两给他们。他们看见盐使者答应了，就连夜急忙赶到吴兴，假装来替道士出面疏通关节的样子，对吴兴二县说："现在，盐使者要修缮女贞观，这是一桩大好事，应该立即如数付给他们，不能拖延。"吴兴二县果然如数交付他们。他们拿到了银子，大喜，说道："不将万丈深潭计，安得骊龙项下珠？"再回到扬州，在妓女家与十多个朋友聚会，欢呼痛饮，尽情放纵享乐。只不过十几天，五百两银子又用光了。

后来，盐使者巡视吴兴，整饰衣冠前往女贞观，见到观宇破败和原来一样，就召来吴兴二县来责问。二县回答说："以前，唐伯虎、祝枝山从扬州来，极力称颂明公修葺观宇这一盛举，小知县立即如数把银子付给他们了。"盐使者深感失望，知道被他们二人所骗，但又很爱惜他们的文才，因此也就没有追究。

冯唐巧言救魏尚

游说者要说服人，也要善于因势利导，顺水推舟。当游说对象阐发自己的主张时，一定要引出一系列材料，展开各种各样的观点，如果能够借助这些材料和观点，接着他的话荐往下说，为我所用，其说服的效果是可以想见的。因为这种说服活动，极其自然，似乎不是有意说服，而是自然而然的谈话。

诸葛恪，是东吴诸葛瑾之子，生性聪明，善于应对，吴王孙权十分喜爱他。一天，孙权大宴群臣，诸葛恪也随着父亲在座。孙权见诸葛瑾脸长，便让人牵了一头驴来，在驴脸上写了几个字："诸葛子瑜。"在座的人都放声大笑。诸葛恪却从容离席，在那四个字下面写上了"之驴"两个字，合起来一念，是"诸葛子瑜之驴"，满座无不欣慕。孙权喜，当即把驴赐给了诸葛恪。当时，诸葛恪才七岁。七岁的诸葛恪，表现了超人的应变能力。他借助"诸葛子瑜"四字，因势利导，顺水推舟，仅仅加了"之驴"二字，便使结果为之一变。

汉文帝时，魏尚作云中太守。有一次，他向朝廷报告杀死入侵的匈奴人数，一时疏忽，多报了六个首级。汉文帝便认为魏尚冒功，撤销了魏的职务。并让官吏依法治罪。大臣们都感到魏尚犯罪有些冤枉，但却无法解救他。一天，文帝看见了做郎署长的冯唐，问他："你是什么地方人？"冯唐回答："我是赵国人。"文帝一听，来了兴致，说："以前我听说赵国的将领李齐十分了得，巨鹿大战时，威震敌胆。现在，每当我吃饭的时候都想起李齐。"冯唐回答说："李齐远不如廉颇、李牧。"原来，赵国在战国时有很多良将，廉颇、李牧是当时十分著名的将军。文帝听后，叹道："可惜，我没有得到廉颇、李牧那样的将才，如果有他们那样的人为将，我就不担忧匈奴人了。"冯唐看到时机已到，便脱口说："陛下如果得到廉颇、李牧那样的将才，也不一定会用。"汉文帝一听此言，感到十分惊诧，反问道："你怎么知道呢："冯唐回答说："古时候帝王派遣将领出征，总是说：'大门以内我负责，大门以外，由将军治理。'军队里依功行赏，本来是将军们的事，由他们决定以后再转告朝廷。过去，李牧在赵国做将军，所在地的租税都自己享用。赵王不责怪他，所以李牧的才智得到下先分发挥，赵国几乎成为霸主。而当今，魏尚做云中太守，其所在地的租税收入，全部用来供养士卒，因此，匈奴惧怕他，不敢接近云中的边塞。而陛下仅仅因为六个首级的误差，便将他下狱治罪，削掉了他的官爵。所以，我才敢说，陛下即使有廉颇、李牧那样的将才，也不能够很好地任用他们。"

冯唐这番话，既讽谏了汉文帝，为魏尚说了情，又没有因此而得罪文帝。因为，他是顺着文帝的问话，很自然地说出来的，没有说客之嫌，没有特意美化魏尚的姿态，结论引出，十分自然妥贴。因此，汉文帝深以为然，马上派冯唐去传令，收回成命，让魏尚继续作云中太守。

避重就轻应难题

解除僵局在于避重就轻，遇有敏感而尖锐的问题时，唯有如此，心平气和的局面方可得以持续。

1988 年 7 月 22 日，日本首相中曾根同苏联共产党总书记戈尔巴乔夫夫在克里姆林宫举行会谈。整个会谈高潮跌宕，扣人心弦。

戈尔巴乔有一次竟用拳头将桌子敲得砰砰作响。他声称："据说，在日本居然有人说什么'今后只要日本持续不断地增强经济力量，苏联便将乖乖地屈服于日本的经济合作'。殊不知，这是大错特错的，苏联决不屈服。"

中曾根也不示弱，他以强硬的口吻批驳道："尽管如此，两国加深交往也是重要的。阻挠两国关系发展的，正是北方领土问题。铸成这个问题的原因在于斯大林错误地向属于北海道的岛屿派遣了军队。"

中曾根接着又说："我毕业于东大法律系，你走出的是莫斯科大学法律系的门槛。我们俩同属法律系毕业生，理应了解国际法、条约和联合声明是何物。国际上都承认日本的主张是正确的。"

这时戈尔巴乔夫总书记笑容可掬地答道："我当法律家亏了，所以变成了政治家。"此语一出，巧妙地避开了中曾根话题的锋芒。

在国际事务中，超级大国历来信

唐岱《晴峦春霭图》

奉"强权政治"，也善于利用各自的优势，为维护本国的利益向对方施加压力，这种压力有时是赤裸裸的，有时是含蓄委婉的。苏联和日本都是世界强国之一，一个以军事超级大国自居，一个以经济超级大国面世，在会谈中相互较劲，互不相让，这是很自然的事。特别是会谈内容涉及到敏感而尖锐的领土争端问题时，这更容易使会谈陷入僵局，使心平气和的局面难以为继。当中，曾根以强硬的口气提到阻挠两国关系发展的北方领土问题时，戈尔巴乔夫巧借他们都学法律的话题，他话锋一转，机智地避开了中曾根有关领土问题的锋芒。

70 年代的中东战争期间，美国国务卿基辛格率领美国代表团前往埃及与总统萨达特进行和平会谈。会谈一开始，萨达特说了几句寒暄话以后，就让基辛格看了一个"埃及——以色列脱离接触"的计划。然后，萨达特吸了一口烟，征求基辛格的意见，要他表态。

根据这个计划，以色列将撤离西奈地区三分之二的地面，这是很难办到的。因为要说服以色列在苏伊士运河西岸后撤几公里都很困难，没有任何理由想象可以诱导以色列作这么大踏步的后撤。再说，要以色列这么做，埃及的交换条件是什么呢？萨达特在这个问题上又含糊其辞。所以基辛格不可能表示同意这个计划。但是，这时会谈刚刚开始，并且美埃自战争以来才刚刚开始接触，这时立即表态拒绝这个计划是不明智的。

基辛格毕竟是精明才练的，他说："在我们谈论手头的事务以前，可否请总统告诉我，你是怎样设法在 10 月 6 日那天如此成功地发动了那次令人目瞪口呆的突然袭击的？那是个转折点，我们现在所做的事，从某种意义上说，是这个转折点的必然结果。"

萨达特眯着眼睛，又吸了口烟，他微笑了。他放弃了要基辛格对计划表态的要求，而是应基辛格的要求，兴致勃勃地讲起那次袭击来。

用矛盾应对免罪

辩证法有篇矛盾论，矛盾是事物发展的内在动力，运用好矛盾便意味着生存之道。

自相矛盾术见于中国古代一则著名的寓言之中。一个人向众人兜售他的长矛和盾甲，他先吹嘘说自己的矛锋利无比，能穿破任何的盾甲，接着又吹嘘自己的盾甲如何的坚固，什么样的矛都不能够将它刺穿，这时有人问，用你的矛刺你的盾，结果会怎么样呢？这个人不能回答了。自相矛盾术正是这样一种抓住对方语言中的破绽使其不攻自破的战术。

其一，以死求生。武帝得到了不死药，东方朔正在武帝左右，他上前拿起那药，装作好奇的样子问武帝："这东西可以吃吗？"武帝随口说："当然可以啦"！东方朔就把它塞进口里，迅速地吞下肚去。

武帝气得脸色发青，大发雷霆："来人啊，给我把他带下去斩首！"

东方朔忙说："慢，我有话要说！"他扭头对武帝说："我明明刚才吃了'不死药'。现在却马上要去死，可见那是死药了。刚才那人拿死药当不死药来奉献陛下，明明是在骗您，犯了'欺君之罪'！我是先问了陛下可不可吃，陛下说'可以'我才吃的，未经陛下的允许我哪敢吃啊！可见是不该死的。

今天处死我，只会让天下人晓得，陛下常被人骗。而且，以后人们对您的话又怎么敢认真呢？"

汉武帝听后，下令免了东方朔的死罪。

其二，巧语求生。波斯帝国有一位年轻的太子，在与阿拉伯帝国的倭马亚王军队交战中被俘。

军士们把他押送到倭马亚王面前，国王下令推出去杀掉。

太子表现出一副可怜相说："慈悲的国王啊我渴极了，您让我喝点水再走吧，那我就死而无憾了。"

国王点点头。随后给太子递了一碗水，太子接过来不喝，却左顾右盼起来。

"你怎么不喝，看什么！"一名军士喝道。

太子扑通跪在地上，说："我担心，不到这碗水喝完你们就会举刀杀我啊！"

国王哈哈一笑说："笑话！我从来都是说一不二的，你尽管喝好了。我向全能的真主起誓，你在喝完这碗水之前，肯定不会杀你的。"

太子一听，迅速把水泼在地上，然后对吃惊得张口结舌的国王说："陛下，我没喝这碗水，这水已滋润了您的土地，我肯定是无法喝到它了，请您履行您的誓言呢。"

国王说不出话来，只好放了太子。

其三，两难相困。俄国著名作家屠格涅夫的长篇小说《罗亭》主人公罗亭与皮卡索夫有一段精彩的对话，就使用了两难相困法。

"妙极啦！"罗亭说："那么照您这样说，就没有什么信念之类的东西了？"

"没有，根本不存在。"

"您就是这样确信的吗？"

"对。"

"那么，您怎么说没有信念这种东西吗？您自己首先就有了一个。"

"两难相困"法的妙处就在于利用对手的结论而使其陷于两难相困的境地，从而使其不攻而破。罗亭的这一招确实很高明。

其四，推延谬误。十八世纪初，在英国伦敦，有个名叫巴尔特利日的占星家，诡诈多端，常常明目张胆地骗钱害人，斯威夫特（英国讽刺作家）对这些骗术十分憎恶，一心想戳穿它。他思忖了好久，决定采用"以子之矛，攻子之盾"的巧妙办法，揭露巴尔特利日的骗人伎俩。

有一次，斯威夫特仿效巴尔特利日的占星计算法，编写了一部"预言"历书。在这部书中，他预言巴尔特利日于某年某月某日半夜十一点钟，得病死亡。到了这个时间，他又写了一份关于巴尔特利日死亡的报告。随后，他又发表了殡葬的消息。

这样一来，使巴尔特利日大为恼火。他到处辟谣，极力说明自己还活着。可是斯威夫特却向公众说明：他是按巴尔特利日的旧星计算法得出的结论，即使不能应验，错误也完全在于巴尔特利日和他的荒谬占星术，弄得巴尔特利日狼狈不堪。

假狮王破真象阵

假作真时真亦假，此语于应变来说倒也不虚，宗悫的假狮阵破真象阵从而大破敌兵，正说明了这句话。

宗悫，字元干，南阳（今县）人。自小有大志，行侠好武。文帝初，随江夏王义恭镇守广陵（今扬州市西北）。

元嘉二十三年（446年），文帝怒林邑王扰边，派龙骧将军、交州（治在今广州市）刺史檀和之领兵讨伐。宗悫自请往讨，被拜振武将军，受檀和之管辖。

檀和之拜萧景宪、宗悫为正副先锋，大军择日起行，直逼林邑。

林邑王范阳迈闻宋军犯境，忙遣大帅范扶龙大往守区粟城。二三月间，景宪、宗悫领兵围区粟，日夜攻打。五月，攻破其城。斩杀范扶龙。接着，领兵乘胜掩杀，又占领了象浦。范阳迈见连连败退，遂起倾国之兵，来与宋兵决战。

林邑位处南方，多象。阳迈将大象武装起来，象身披甲，上坐数名武士，各个手持长矛。然后，将象群排成方阵，下随步兵，向宋军冲杀过来。

宋兵虽然英勇，但无法挡住这群庞然大物，连打败仗，死伤无数。如何破林邑象阵，是能否战胜阳迈的关键。宗悫经过思索，对景宪说："象虽大，也属兽。我听说狮子是林中之王，能威服百兽。"景宪说："即使狮子能吓退象群，但又从哪里去找成群的狮子？"宗悫道："没有真的，我们不会作假的？来个以假慑真！"

数日后，数百个假狮子做好，宗悫令每个假狮下藏一个士兵，边移动假狮前行，边学狮子叫。一切准备完毕，就等战场应用。

战场上，两军对垒，林邑军又以象阵向宋兵压上来。宋兵见此，前队向两边一撤，突见一排排假狮子，边吼边向前移动。象群毕竟是兽，怎知狮子是假的，见前面忽然跃出一群群狮子，顿时惊得四处逃散。宋军见此，乘机追杀。林邑军大败。萧景宪、宗悫乘势攻下林邑城。

至此，林邑被宋军全部攻占，范阳迈也不知逃往了何方。

宋军攻林邑，林邑王不敌，故使用象阵，击退宋兵。宗悫忽生奇计，用假狮王吓散象兵，遂败林邑王。

有用的糊涂应变

人生难得糊涂，糊涂亦是一门学问，不惟官场商场、生活中的应变亦难离"糊涂"二字。

有一天，大仲马遇见维克多·雨果。雨果当时正怒气冲天，将手中的杂志揉作一团，"你相信吗？我的朋友，这个撰稿人，这个下流坏子，这个耍笔杆的家伙居然说历史剧是维尼发明的！"

"白痴！"大仲马同意雨果的话，"要知道，全世界都知道，这是我发明的！"

鹬蚌相争，渔翁得利，大仲马现成拣一顶历史剧发明人的桂冠，用的方法就是故意装糊涂——暗换前提。

在一般的情况下，语言的含蓄原本是很优美的事，倘若对方不"配合"，那么结果就很难说了。

一个在商店里偷了很多东西的小偷被警察抓住了，警察审问他："你偷东西时怎么不想想自己的妻子儿女？"那位小偷委屈地说："我怎么没想到他们，但那个店里没有女人孩子用的东西！"

——汽车出售公司的收费科寄了一封信给故意延付款子的买主，信中写道："先生，如果我们的职员抵达贵府，把你的汽车取回来，那么，你隔壁的人会有什么想法呢?"

隔了几天,回信来了:"这桩事我曾和邻居们讨论过了,他们说,这种做法是最下流的。"一辆出租汽车肆无忌惮地疾驰在闹市区,把一个行人撞倒在人行道上,那人一边爬起来,一边挥着拳头对着司机骂道:"你怎么啦?! 瞎了吗?!"

出租车司机回敬他说:"瞎了? 你这是什么意思? 我不是把你撞中了吗?"

——还有一则关于吃鱼的故事。两个人去餐馆里点鱼吃。侍者拿来了一碟鱼,里面有两条,一大一小。一个人对另外一个人说:"请自便吧。"那人说了声:"行。"就"自便"了那条大鱼。一阵紧张的沉默之后,头一个人说:"其实,如果让我先挑,我也会拿小的!"另外那个人答道:"你还有什么可埋怨的,你不是如愿了么?"

所有上述那些,你可以说是诡辩,却不能否认它们同时也是奇特的。它们不拆房子,却挖掉了墙脚。但是,它又给我们以启发。

既然默认语境中的前提已成为一种人们的心理定势,那么巧妙地利用这种心理当然也可能造成奇迹,譬如美国第一位总统华盛顿在这方面有一件轶事:

传说有一次,邻人偷了华盛顿的一匹马,华盛顿同一位警察到邻人的农场里去索讨,但那人拒绝归还,声称那是他自己的马。华盛顿用双手蒙住马的两眼,对邻人说:"如果这马是你的,那么,请告诉我们,马的哪只眼睛是瞎的?"

戴进《洞天问道图》(明)

"右眼。"

华盛顿放开蒙右眼的手，马的右眼并不瞎。

"我说错了，马的左眼才是瞎的。"邻人急着争辩说。

华盛顿放开蒙左眼的手，马的左眼也不瞎。

"我又说错了……"邻人还想狡辩。

"是的，你错了。"警官说，"证明马不是你的，必须把马还给华盛顿先生。"

偷马者的失败就在于过份的相信了此马有一只眼睛是瞎的前提预设，不知不觉中上了华盛顿巧设的圈套，等悔悟时，墙脚却早已挖空了。

急生智才子变言

变言亦显急智，请看下面两例：

解缙是明代著名的才子。有一天皇帝对他说："卿家，人人都说你很聪明。今天我叫左丞相说一句真话，叫右丞相说一句假话，只准你加一个字，把两句话连成另一句假话，行吗？"解缙连称"遵旨"。

于是，左丞相说了句真话："皇上坐在龙庭上。"

右丞相说了句假话："老鼠捉猫。"

这风马牛不相及的两句话，大臣都担心解缙难以连成一句假话。

但解缙应声答道："皇帝坐在龙庭上看老鼠捉猫。"

这当然是天大的假话了。

皇帝还不肯罢休，改口道："还是那两句话，你用一个字把它连成一句真话。"

解缙随即答道："皇上坐在龙庭上讲老鼠捉猫"。

这是地地道道的真话。

解缙的先后两联，前者构成纯外延性的可客观判明的真假判断；后者是内涵性的模态判断，只要皇帝愿意无论讲什么都可以。

在四川还流传着川剧须生泰斗张德成奇改台词，精益求精的故事。

1947年，张德成到南充演出。海报一贴，前三天的戏票很快就抢购一空。张德成的亮台戏是《别宫出征》，他扮演梁武帝。

戏的情节大致是：梁武帝告别后宫的郗氏皇后和金苗二妃，即将出征。他深知郗氏性情妒悍，担心她虐待两个爱妃。那一段唱腔就是对郗氏的善言嘱托。这出戏经过张先生多年反复琢磨，声润腔圆，铿锵悦耳，有如行云流水，满场叫好。当唱到"不幸苗妃得病体，煎汤熬药你要殷勤些"的时候，突然第五排正中有人高叫一声"好——"拖延了大约两拍的样子，又冒出一个"丑"字。连起来就是"好丑"！这个倒彩，引起满场惊诧。

张德成在台上也吃了一惊。但他凭着多年的舞台经验。仍然聚精会神地唱下去，总算把场子镇住了。

演出完毕，张德成进了后台，连忙拿出名片，在自己的名字下面添上"候教"二字，请人送交喝倒彩者。原来那是个长髯老者，他不客气地说："你想想，梁武帝是皇帝，郗氏是皇后。苗妃得了病，皇帝会叫皇后去给她煎汤熬药吗？"

一语点破，张德成如梦初醒，真是又惭愧又高兴，他紧紧握住老者的手，问道：

"依老先生高见，这句唱词该如何改才好？"

老者手捋胡须，微笑道：

"简单得很！只消在第二句的'你'字后面加上'叫她们'三个字。'她们'是指侍立在郗氏身旁的宫女。"

张德成略一沉吟，照老者说的默诵了两遍，让性情妒悍的郗氏亲自煎汤熬药自然不真实，增改为让郗氏嘱人去办，语境变了，也合乎情理，想到此不禁拍手叫好：

"有理，有理，改得好！古人学诗，有'一字师'。我今天就拜个'三字师'。请老先生收了我这个徒弟。"说着，一揖到地。

果然，后来张德成再唱这个戏的时候，就把这两句唱词改成了"不幸苗妃得病体，煎汤熬药你叫她们要殷勤些！"观众听起来更觉得切合人物身份了。

艺术家巧妙圆场

演员在舞台的表演中，出错的现象时有发生，善于应变不但会解除自己的窘境，还常常被人传为美谈。

好戏开场，锣鼓喧天，台上正在演出京剧《战长沙》，扮演关羽的演员在一阵紧锣密鼓中迈步出场。可是，这个演员马上感到今天的气氛有些异样，观众在交头接耳，好象在议论什么事情，他左右一看，顿时明白过来！原来自己手里拿的是"贤弟"张飞的长矛。关羽耍的是青龙偃月刀呀！自己错拿不说，等会儿张飞上场拿什么呢？他一急，脸上的汗珠也出来了。演员想：干着急，也下不了台。灵机一动，干脆现编一段台词。于是一叫"叫板"（表示要唱的意思），拉胡琴的也聪明，赶紧起调。这个演员随即唱着："战长沙，打一仗，失落了关某的大刀。因此上，向三弟，借来丈八长矛。叫儿郎，快与爷，四下寻找——"跑龙套的也挺机灵，赶紧到后台抬出了关羽用的大刀，递给了扮关羽的演员。演员接过刀，接着唱道："这才是，关某的青龙偃月刀！"唱完来一个英武的亮相。观众席里，发出了一阵震耳欲聋的掌声。

汤贻汾《秋坪闲话图》

这个演员是谁，现已无可考证，但是他临错而不慌乱，巧妙补过的辨识功夫，确实是令人叹服的。

据说弹唱名家马如飞，一次在弹唱《珍珠塔》时，不慎把"丫环移步出了房"唱成"丫环移步出了窗"，听众听后哄堂大笑。

马如飞知道唱错，但他毫不惊慌，镇静自如地补上一句："到阳台去晒衣裳。"听众一听这巧妙的补白，报以热烈的掌声。

谁知一疏忽，又把"六扇长窗开四扇"，唱成"六扇长窗开八扇"。这时观众不再喧哗，静静地听他如何补漏。马如飞不慌不忙，依然如故，以他丰富的舞台经验，继续唱道："还有两扇未曾装"。台下顿时掌声满堂。

著名京剧表演艺术家谭鑫培，临场不乱的应变能力也很强。有一次，他饰《黄金台》中的田单，因为赶戏匆忙，出场后才发觉忘了戴纱帽。台下观众一见，正感诧异。不料他灵机一动，不慌不忙地念了一句"国事乱如麻，忘了戴乌纱"的引子。单此一句，不但摆脱了忘戴乌纱帽的窘境，而且还针砭了时弊。又有一次，谭鑫培赶某处堂会，在《文昭关》中饰伍子胥，管道具的在慌乱中误将宝剑换成了腰刀，谭鑫培上台后才发觉，但下台已来不及了。他便灵机一动，将原来一句唱词"过了一天又一天，心中好似滚油煎，腰中枉悬三尺剑，不能报却父母冤"，换唱成了"过了一朝又一朝，心中好似滚油浇，父母冤仇不能报，腰间空挂雁翎刀"。一曲唱出，台下叫好不迭。还有一次，谭鑫培在《辕门斩子》中饰杨六郎，但这天饰焦赞的演员于匆忙间忘了挂须，上台后自己还不知道。谭鑫培一见，便假装生气地说："你父哪里去了，快快与我唤来。"那演员一时警觉，赶快下场挂须，顿时为之叫绝。

由于谭鑫培每每能不为一时的场上出错而影响整台戏的演出，因此，当时有人说他是"嬉笑怒骂，皆成文章"的"活材"，这个评价对其它长于补戏的艺术大师也是相宜的。

在英国，至今还流传着莎士比亚巧为"皇妹"拾手套的故事：

一次莎士比亚在剧中正扮演剧中的一个国王。演出快结束时，只见英国女王伊丽莎白从台侧走上舞台，在接受观众礼节性祝贺后，她温文尔雅地走向莎士比亚。深入角色的莎士比亚全然没有感觉女王向他走来。女王又步入台侧，不觉两人目光相遇，女王有意用眼神向莎士比亚示意，而莎士比亚全神贯注于角色，仍没有注意她。伊丽莎白趁莎士比亚下场之际，再次走到他面前，有意把手套丢掉一只，然后，姗姗沿舞台而下。机灵的莎士比亚猛地意识过来，他刚念完台词，便自然地捡起手套，面对观众说道："纵然朕有重务即刻离去，还将躬身为皇妹捡手套。"莎士比亚说得那么巧，这一舞台道白与形体动作简直成了刚才这台戏的一部分。莎士比亚说完下场后，把手套还给女王。哪知女王喜形于色，连声称赞。

原来英王伊丽莎白很赏识莎士比亚，曾多次在莎剧演出时，走上舞台或者坐在后台。这次伊丽莎白又情不自禁地走上舞台，原本给莎士比亚出了难题，不料这位超凡的艺术大师随机应变，将生活的应酬溶融于舞台艺术之中。

危急之中生良策

急中生智，是军事上最具特色的应变对策，下面讲的是关于三国中的一段急中生智的故事。

太史慈，字子义，东莱黄县人。从小聪颖过人，足智多谋。二十多岁在郡府担任奏曹史职务时，因为参与了州牧与郡守之间的矛盾，得罪了州牧。太史慈怕州牧报复，就躲到辽东避难。

北海相孔融听说太史慈的为人，很钦佩。在太史慈避难期间，多次派人看望太史慈的母亲，并给她送去很多礼物，太史慈的母亲为此很是感激。

有一次，孔融的军队在都昌（今江西省彭泽县）被黄巾军管亥的部队包围了。太史慈正好从辽东返回家中，太史慈的母亲就对太史慈说："孔北海（指孔融）这个人很不错，他与你并不相识，却在你离开家的那些日子里诚心诚意地关心帮助我，胜过了老朋友。现在他被包围，你应当去帮助他才对。"太史慈听了母亲的话没有在家多住，就一个人步行来到都昌，乘天黑黄巾军守围不严就冲了进去，见到了孔融。

孔融当时正想向刘备讨救兵，但城里的人出不去，无法送信。太史慈知道这个情况后，主动向孔融提出要求，说："我可以去刘备那里，请求他出兵援救你。"孔融说："现在敌人的包围很严密，大家都说无法出城。您的气魄虽说宏大，恐怕也很难做到。"太史慈说："您曾经尽心地照顾过我的母亲，老母亲十分感激，派我来帮助您解救危难。本来认为我来了必定有用，现在大家都说不行，如果我也说不行，这怎能报答您的恩德、实现母亲的期望呢？"孔融这才答应了他的要求。

第二天天亮，太史慈换了一身轻便衣衫，带上弓箭，请两名骑兵各拿一个靶子，三人上了马，打开城门就冲了出去。城外的敌人一见，都惊慌地冲上前去准备阻拦。但只见太史慈下了马，把马牵到城墙下的壕沟里，让两名骑兵把带来的靶子树起来，然后从壕沟里出来，用箭射靶子，射完靶子，就直接进入城门，回去了。第二天，早晨又这样做。敌军有的起身准备阻拦，有的卧地不动，没有去理会太史慈的行动。第三天早晨太史慈照样自己拿着弓箭，骑士拿着靶子，打开城门。太史慈把马牵到壕沟里。包围圈的敌兵没有一个人起来阻拦，都以为他会和前两天一样练习射靶子呢！这时候太史慈突然用马鞭使劲一甩，抽打在马身上，那马顷刻间奋蹄扬鬃，一声嘶叫，直冲破包围圈向前方奔驰而去。城外包围圈的敌人，等到明白过来，太史慈已冲过去了。有几个敌人追赶上去，被太史慈连连射中，应声倒地。后面的敌人再也没有人敢去追赶了。

就这样，太史慈飞马到了平原（今山东德县）见到刘备。刘备见太史慈在九死一生中，鼎力相助孔融，智谋过人，十分赞赏。于是立即派出 3000 名精兵前去救援，解除了孔融的危难。

王导借势解财困

王导是东晋政权得以建立和巩固的功臣，历事元帝、明帝、成帝三朝，出将入相，官至太傅。他不仅有政治远见，而且善于应变。

有一个时期，国家的银库空虚了，眼见快没有钱可花了。有关部门十分着急，向王导报告。王导指示他们查看一下仓库，看看有什么值钱的东西可以卖，用来换取钱币。

过了一会儿，管库的官员被找来了，愁眉苦脸地对王导说：仓库里也早就没有值钱的东西，只有许多粗布，数量倒很可观，达几千端（古时以绢四丈一匹，布六丈为一端）之多；但是这些粗布没人要，卖不出去，已经在仓库里积压好几年了。

王导听后，心想：现在库里只有这些粗布，也只能从这些粗布上想办法，一定要把这些好像已经不值钱的粗布卖出去，让它变成钱，才能度过眼前的财政危机。

经过一夜的思索后，第二天他找了个裁缝，用库里的粗布做了套合体的衣服。以后就穿着这套粗布衣服上朝，并会见朝廷的其他大臣。大臣们都感到很新奇。接着，他又下令为所有的大臣都用库里的那种粗布做一套衣服，大臣们都穿新做的粗布衣服上朝和参加各种活动。一时间，在京城引起轰动。

上行下效，各个大臣的下属看见上司穿粗布衣服，便竞相模仿，也去市场上买同类布料的粗布做成新衣，穿戴起来。于是穿这种布料的衣服，成了时髦。平民百姓们也都到处找卖这种布料的地方，大人小孩、男男女女，都以穿这种粗布衣为体面。这就使得布料价格很快上涨，而且还成为抢手货，很难买到。

这时，王导让有关部门赶快把仓库里常年积压的粗布投放市场，虽然一端布的价格高达一金，超过以往价格的好几倍，但没几天，数千端的粗布居然被抢购一空。

那时，晋元帝司马睿还只是琅邪王。王导觉察到天下已乱，便有意拥戴司马睿，复兴晋室。他劝司马睿不要再住在洛阳，回到自己的封国去。司马睿出镇建康（今江苏省南京市）后，吴地人并不依附，时过一个多月，仍没有人去拜望他。王导十分忧虑，便想到要借助当地的名人来提高司马睿的威望。

于是他对已有很大势力的堂兄王敦说："琅邪王虽然仁德，但名声不大。而你在此地早已声名大振，应该有所作为。"他们约好在三月上巳节伴随司马睿去观看修禊仪式。

到了那一天，他们让司马睿乘坐轿子，威仪齐备，他们自己则和众多名臣骁将骑马扈从。江南一带的大名士纪瞻、顾荣等人，见到这种场面，非常吃惊，就相继在路上迎拜。

事后，王导又对司马睿说："自古以来，凡能称王天下的，都虚心招揽俊杰。现在天下大乱，要成大业，当务之急便是取得民心。顾荣、贺循二人是当地名门之首，把他们吸引过来，就不愁其他人不来了。"

司马睿听了王导的话，就派王导亲自登门拜请顾荣、贺循。这二人也就欣然应命朝见司马睿。受他们的影响，吴地士人、百姓，从此便归附司马睿。东晋王朝终于建立。

邹忌应对获尊敬

脑袋是人最有潜力的地方，要用得巧、用得妙就会收到意想不到的效果。

战国的时候，邹忌当了齐国的丞相。淳于髡心里很不服气，就带了几个学生来见邹忌。

淳于髡大模大样地坐在上位，他问邹忌："做儿子的不离母亲，做妻子的不离开丈夫，对不对？"

邹忌说："对。我做臣子的不敢离开君王。"

淳于髡说："车轱辘是圆的，水是往下流的，是不是？"

邹忌说："是。方的不能转动，河水不能倒流。我不敢不顺着民情，亲近万民。"

淳于髡说："貂皮破了，不能用狗皮去补，对不对？"

"邹忌说："对。我绝不能让小人占据高位。"

淳于髡说："造车必须算准尺寸，弹琴必须定准高低音，对不对？"

邹忌说："对。我一定注意法令，整顿纪律。"淳于髡听了这些回答，站起来恭恭敬敬地向邹忌行了个礼，告辞了。

学生问："老师刚来见丞相时，是那么神气，怎么临走时倒行起礼了？"淳于髡说："我是去叫他猜谜语的，想不到我才提了个头，他就顺口接了下去，他的才干确实不小，对这样的人我怎么能不行礼呢？"

转移话题解困境

遇有难以回答的问题，不妨采取避重就轻，转移话题的策略来应对，它往往会起到意想不到的效果。

著名科学家爱因斯坦经常坐小汽车到各大学去讲授相对论。

有一次在去讲课途中，司机对他说："先生，我听过你的课大概有三十次了，我已经记得很清楚了。我敢说，这课我也能上哩！"

"那么，好吧，我给你个机会。"爱因斯坦说，"现在我们要去的学校，那里的人都不认识我，到了学校，我就戴上你的帽子充当司机，你就可以自称爱因斯坦去讲课了。"

司机准确无误地讲完了课，正当他准备离去时，一位听众请他解释一个复杂的问题。司机灵机一动，说：

"这个问题实在太简单了。好吧，为了让您明白有多么容易，让我去叫我的司机来为您解释吧！"

司机在关键时刻找了个台阶摆脱了困境。

在 70 年代，埃及和美国就中东战争举行和平谈判后，萨达特和基辛格两人会见了记者。一名记者问道：

"总统先生，美国是不是从现在起不再给以色列空运军用物资了？"

"你这个问题应当向基辛格博士提出。"萨达特回答道。虽然此时他已十分清楚地知道空运即将结束，但他还是回避了问题。

基辛格立即说："幸亏我没有听见这个记者问的是什么。"

边景昭《雪梅双鹤图》

在这里，萨达特和基辛格都从保密的需要出发，萨达特把问题引到基辛格身上，自己却"溜之大吉"；而基辛格则更干脆，用了开玩笑的方法，声明"幸亏没听见这记者问的是什么"而回避了正面回答。

不知应变受人骗

历史长河，源远流长。有君子，也不乏小人。天下人皆为"利"字活，如何不被他人所骗，我们可以从下面的事例中吸取教训。

江西有一个名叫陈庆的人，常常到南京承恩寺前三山街贩卖马匹。当时，他有一匹银合好马，价值大约四十两白银。有一个骗子，打着一把好伞，穿着彩色的绸衣，翩翩然走了过来，站立在马前，仔细地反复察看，舍不得离开。他问道："这匹马卖价多少？"陈庆答道："四十两。"那个骗子说："好，我买。只是要回家去写了契约才能付给你银子。"陈庆问："你家住在哪里？"骗子说："住在洪武门。"于是，他骑上银合马往洪武门方向而走，陈庆也骑马跟随。

走到半路上，那骗子看见一个绸缎铺子，就在一家酒店旁边下了马，放了伞，对陈庆嘱咐说："替我看住伞，等我买几匹绸缎，一会儿就同你一块回家去。"陈庆心里想："这个人可能是富人，我的马大概卖得脱了。"

那个骗子一进店铺，就故意与店主纠缠，讨价还价。等到店主用"不识货"这话来嘲讽他时，他就假装说："我把这缎子拿给一个识货的朋友看看，再回来还价，怎么样？"店主说："有这么好的货，任凭你给任何人看。只是不要走远了。"那骗子说："我有马与同伙在这里，你怕什么呢？"将缎子拿过手，出门便逃走了。那绸缎店主看见马和同伙还在，也就放心了。

陈庆一直等到晌午，却没有看见那买马的人回来，心里想一定是个无赖，于是就撇下那把伞，骑上银合马，又牵着另一匹马打算回店去。那绸缎店主慌忙跑过来，扯住陈庆说："你同伙拿走了我的缎子，你想跑到哪里去？"陈庆说："哪个是我的同伙？"店主说："刚才和你一块儿骑马来的人。你怎么假装不知道？我一定要向你取回我的缎子！"陈庆说："我不知道那个人是何方的鬼物！他只是向我买马，叫我同他一道到他家拿银子，因此我才同他一道来了。他说要在你铺子里买缎子，一会儿就回来。我等了很久，不见他来，才骑着自己的马回旅店去。你为什么要胡乱地缠住我不放？"店主说："如果不是你的同伙，那为什么叫你替他看住伞和马？我因为看见你和马都在，才把缎子拿给他。你为什么要同他共同设下圈套，把我的缎子拿走？"

两个人争辩不休，互不相让，便吵吵闹闹扭到应天府去评理。绸缎店主人把上面的情形述说一番。陈庆也诉说："我是江西人。以贩卖马匹为生，常在三山街翁春店住宿并出卖马匹。从没有做过骗子！突然遇上了一个人，向我买马，并且一定要到他的家里才给钱，因此我才同他一块儿走的。他在中途下了马，在绸缎店拿了他的缎匹逃走了。这件事我也不知道，怎么说我是那骗子的同伙呢？"府尹说："不必说了！把翁春店家传来问问，就会明了的。"那店家说："陈庆常来贩卖马匹，就住在我的店里，是一个老实本分的人。"绸缎店主说："既然是老实人，为什么要替那个骗子看住伞与马呢？他们的谈话，我清清楚楚地听见了，况且他是答应了那骗子的。"陈庆说："叫我看伞，只不过因为他买我的马的缘故，这难道能说是与他同伙？"府尹说："那个人走的时候把伞拿走了没有？"绸缎店主说："没有拿走。"府尹说："这真是骗子了。他想要拿你的缎子，故意借买马为名，把陈庆作为人质。用别人的马来骗取你的缎子，这就是'假道灭虢'之计。这是你自己受了别人的骗，怎能怪罪陈庆呢？"于是把他俩赶出衙门，不再审理。

紧急应变保九鼎

周室大臣颜率面对强秦压境、索求九鼎的情况，紧急应变，既能智退秦兵，又能使齐王放弃运鼎，可称得上是"深事深谋"。

周显王二年（公元前 367 年），西周威公去世，少子根在东部与太子朝争立，韩、赵二国出兵支持少于根，西周遂分裂成西周、东周两个小国。少于根建都于巩（今河南巩县西南），是为东周惠公。时周显王虽为天子，仅居洛阳（今河南洛阳东郊白马寺东），依靠东周以存身。

周都洛阳存有象征国家权力的传国宝器—九鼎，相传为夏禹时所铸。夏禹收天下九州之金（铜），铸成九个大鼎，分别象征天下九州。战国时，列国纷争，周天子的统治名存实亡，列国诸侯觊觎九鼎已久。当时秦国想抢先得到九鼎，便出兵东周向周显王索求九鼎，周显王忧虑万分，把这件事告诉给大臣颜率。颜率对周显王说："大王您不要发愁，我马上往东去齐国求救。"颜率来到齐国，对齐王说："秦国暴虐无道，出兵威胁周天子，向周天子索求九鼎。周室君臣经过商议，认为给秦国，不如送给齐国。齐国出兵援周，不仅会得到美好的名声，还会得到天下重宝九鼎。希望大王仔细考虑我们的建议。"

齐宣王听了，非常高兴，立即派将军陈臣思统军五万去救周。秦兵见齐军援周，只好撤兵。

齐国援周退了秦兵之后，立即向周天子索要九鼎。周显王左右为难，寝食不安。大臣颜率对周显王说："大王您不用发愁，请允许我出使齐国，一定会使齐国放弃索求九鼎。"

颜率来到齐国，对齐宣王说："齐国主持正义，派兵援周，才使得周室君臣获得安全和保障，我国君臣非常愿意把九鼎献给齐国，但不知大王您准备从哪条路上将宝鼎运往齐国？"齐王说："准备向魏国借路。"颜率故意装出一付十分吃惊的样子，对齐王说："不行啊！据我所知，魏国君臣早就想得到九鼎了，他们在晖台和沙海（今河南开封附近）两地已经策划很久了，宝鼎如果进入魏国，就休想再运出来。"齐王说："既然不能向魏国借路，那么就向楚国借路。"颜率说："这条路也不行，楚国的君臣也很想得到九鼎，他们在南阳叶县和章华庭两处部署取鼎的计划已经很久了，宝鼎一旦入楚，同样出不来了。"

齐王问道："依你看来，从哪条路可以将宝鼎运来？颜率说："为了运鼎之事，我国君臣早就为大王考虑再三了。'鼎'这种器物，不能像醋坛子和酱罐子，怀里揣着，手里提着就可以带到齐国；也不能像飞鸟飞进齐国；更不能像野兔和奔马，可以跑到齐国。过去，周武王讨伐商纣王，灭了商朝，得到了九鼎，可是将宝鼎运回来，实在是不容易的。一个鼎就需九万人牵引它，搬运九个鼎，就需要八十一万人。士卒们都被动员起来，投入运鼎这项工作，人人拿着搬运工具，一致努力，搬运了许久。之所以这样做，是因为鼎实在太沉重了。如今，大王您尽管有这么多人力，却从哪条道路才能将宝鼎运出来呢？我真为大王您发愁呀！"

齐王听了颜率之言，无可奈何，只得对颜率说道："你来到齐国，说了许多运鼎的困难，这等于什么也没有给我呀！"颜率非常机智，马上回答说："周室君臣不敢欺骗大王，请您赶快确定运鼎路线，我国等待您的命令，随时准备将宝鼎献给您。"

齐王与手下谋臣商议了许久，始终想不出运鼎良策，只好放弃了求鼎的要求。

宴会妙语巧应变

宴会上历来就是幽默无限，其中更隐含一些高超的应变技巧。

每年，华盛顿新闻业的精英们都要在格雷登俱乐部里炫耀一番自身的重要性。在晚会上，许多小品、歌曲和幽默汇集公演，但不许公开发表。编辑、出版商、官僚、说客以及议员粉墨登场。那些一手控制着宴会的整个进程并负责起草来宾名单和发送请帖的颇有影响力的记者，是不会轻易被总统和他的班底忽视的。

其中的一次晚宴正是肯尼迪妙语的一个令人难忘的发射台。这种场合向年轻的议员和他的助手们表明了幽默对于肯尼迪的抱负具有多大的价值。

特德·索伦森说："一切都是从肯尼迪接到格雷登俱乐部的演讲邀请开始的，他将作为格雷登晚宴的民主党发言人，他接受了，几个星期以来，这件事搅得他忘了办公室的其他事，忘了国家中、竞选中以及世界上的任何事！他甚至后悔接受了它。他听说过许多格雷登发言人弄巧成拙的故事。他相信，如果事情成功的话，没人会真正关心它，大不了把他写成又一个有趣的家伙。但是，一旦失败了，那将会产生极不利的后果……。他花了大量时间收集滑稽台词。我很高兴地告诉你，那次演讲成功了。"

华盛顿记者用名目繁多的宴会填满了整个春季，他们邀请总统和其他政治家登台发表演讲。有些总统，比如约翰逊，对于这些妙不可言的对抗表演没多大胃口，干脆拒绝参加，而有些总统，如肯尼迪，则参加了所有的宴会，并且与新闻界建立了宝贵的友好关系。

这些春季活动中最著名的一次当属格雷登晚宴。其他每年一度的宴会，比如紫苜蓿俱乐部或白宫记者宴会也都是把总统召来让新闻界开心。在这些场合中，肯尼迪不仅展露了他的优雅的妙语而且表现了他警觉的头脑。

在一次宴会上，喜剧作家乔·毕晓普正在向客人们讲话，肯尼迪正忙着在菜单的背面划拉着。他终于走上了麦克风，他说道："我必须要求我的讲话不许公开发表，我不想让大家知道我在逗一名犹太主教开心。"

1958 年，肯尼迪第一次在格雷登宴会上发表讲话，这也是一次使他非常担心的晚宴。

宴会开始，新闻界用小品和歌曲讽刺客方代表人，而后，政治家用独角戏回敬他们。那时，肯尼迪是主要的总统候选人，新闻界模仿科米尔·波特的滑稽小剧《我的心属于爹爹》。把讽刺的利箭射向他父亲的钱财，这首歌被改为："把账单交给爹爹吧！因为我的爹爹，他付得起。"

肯尼迪的演讲以风趣幽默和贴切中肯而著称，他的班底也为他尽心尽力。杰克·肯尼迪无疑地会在以后的格雷登晚宴上发表令人难忘的演讲，然而，正是这第一次刺激了他对独白式幽默的爱好。

为了报复格雷登俱乐部成员的"猛烈刺杀"，肯尼迪说道："我了解到，最近我们的文件被人彻底搜索了一遍，有人偷走了今后六年中你们长官的当选结果。"

肯尼迪不是惟一谋求民主党总统提名的人，他把格雷登麦克风作为平台向他的对手发动了攻击，其中之一便是薄脸皮约翰逊。

肯尼迪说道："那天我做了一个梦。昨天，我在议会休息室向斯图尔特·赛明顿和兰登·约翰逊谈起了这个梦。我描述他们：上帝来到我的卧室，边在我的头上涂着油边说：'约翰·肯尼迪，我在此任命你为美利坚合众国的总统。斯图·赛明顿说：'真奇怪，杰克，昨晚我也做了这样的梦，上帝也给我涂了油并宣布我为美国总统。'约翰逊说：'那太有意思了，先生们，昨晚，我也做了这么个梦，但我不记得上帝给你们中的谁涂油了'。"

民主党有一大批竞选人，许多人都来自于参议员。肯尼迪透露，在一次投票选举中，"要求每一个议员选出他最喜欢谁当总统——结果，96个议员中的每一个人都得了一张选票。"（言外之意是每个人只投了自己的一票。）

除了竞选人过剩的问题以外，民主党还遭受着惯常的内部斗争的折磨，肯尼迪悲叹道："民主党正好从中间一分两半，这是我们20年来最团结的一次。"

当肯尼迪嘲笑那位两年后成为他对

丁云鹏《漉酒图》

手的共和党人时，他的妙语也随即刻薄起来。尼克松突然从苛刻变得和善，这一行为又为肯尼迪提供了笑柄，他说道：

"有些人常说尼克松在共和党总部那边干些底层工作。但是现在，我们把这些看门人的勤务交给了射尔曼·亚当斯，而让迪克搬到楼上去教成人的圣经课。"

谈到时势的衰退和艾森豪威尔的糊涂，肯尼迪哀叹道：

"正如我对总统解释的那样，我们现在正处在下降的回升阶段的开始的结束时期。白宫在经济上发现一个亮光就像一位警察弯着腰看巷子里的一具尸体一样兴高采烈地说道：'两处伤口是致命的，不过其他的地方还不坏。'"

宣誓就职后不到两个月，肯尼迪又回到了格雷登俱乐部。这次他是以总统的身份光临的。尼克松自从败在这个无名小辈手下后顿时黯然失色。肯尼迪向人们展现了他的幽默既辛辣又风趣：

"我很久以前就下了决心，如果有朝一日我掌握了极权，我就要始终偕同新闻界的先锋们出入这些宴会。迪克·尼克松毕竟也是每年都要光临格雷登，看看它能为他做些什么。"

肯尼迪讽刺兰登·约翰逊觊觎其总统职位以及对他的健康状况的"过于关注"，肯尼迪说道："我的确反对把这样的歌《德克萨斯的眼睛在看着你》献给白宫医生。"

肯尼迪善于用幽默来对付一些敏感问题，诸如任命他的兄弟为司法部长以及任命他的一位内兄为和平队队长，总统说道：

"谁能指责我乱花纳税人的钱呢？至少，我在想尽办法把钱留在家里……为亲戚们找工作。罗伯特·肯尼迪，嗯……大概有7岁了吧，他今天也来见我，但我告诉他，我们已经有了司法部长。"

肯尼迪在新内阁面前着手导演了一场喜剧——

今晚你们一直待我不错，我想向大家透露一些有关政府内情的秘密情报——内阁会议。这是上一次内阁会议的会议记录：

——司法部长再次迟到，自从吉米·霍法把出租汽车司机组织起来以后——

——国防部长让大家在我桌旁的一个平板上玩一种新游戏——"按纽，按纽，谁按那个纽。"有人把我的秘书带进来；有人召唤侍者领班；另一个人正在严厉斥责西伯利亚。

——财政部长报告说工商业衰退的难关还没有过去，其他的事情都还过得去。

——卫生、教育和福利部长说我们将继续准予公立学校和教区学校，从我父亲那儿得到长期贷款。

——我问我的共和党继承人（道格拉斯·犹龙）他认为艾森豪威尔总统和我之间的最大差别是什么。他说大约 7 个障碍（高尔夫球行话，表示很小）。

——我告诉阿旦·里比科夫要加紧推进院校奖学金议案的实现。八年以后，我要有点事可干。

有趣的是：肯尼迪投弹式的笑话并没有像 25 年后同性质的里根笑话那样引起阵阵骚动，也许是因为时代不同，或者是讲述人不同。

杰克·肯尼迪度过了他任职期间最痛苦的时期——古巴导弹危机时刻，六个月后，他又回到了格雷登俱乐部。在宴会上，他模仿他在古巴危机当头发表的一次著名演讲来做开场白，助手们不禁为他捏了一把汗。

肯尼迪说："今晚我要发布一项重大通告。联合国在这样的现状下又一次在我认为具有特殊历史意义的地方，不顾后果地搞了一项具有挑衅性的不同寻常的交易。我指的是蓄谋已久的把赫鲁晓夫的女婿突然调往梵蒂冈（世界上最小的国家）的事。"

两年前，肯尼迪曾模仿他的就职演说中那些激动人心的词句，来嘲弄民主党庞大的债务。助手们一心认为那些词句神圣不可侵犯，而肯尼迪则采取了古典隆巴德的喜剧《没有什么可怕的》这种态度。他说：

"今天，我们在此不是为了赞美自由，而是为了庆祝党的胜利，因为我们已起誓要还清我们的祖先在一年零三个月前欠下的党的债务，我们的赤字在今后的 100 天内要是清除不掉，在今后的 1000 个日子里，在这个政党的生命期限内，以及在这个星球上，我们的有生之年内都是清除不掉的。但是，让我们干起来吧！"

我们来继续欣赏他在 1963 年那个令人难忘的格雷登上的讲话，这时他又回到了他的天主教信仰话题：

"说到宗教问题，我记得我问法院院长他是否认为我的教育议案符合宪法，他说它明摆着是符合宪法的——它没有得到一个祈祷者。"

为了帮助一家牛奶厂，肯尼迪号召大家多喝牛奶。他得起个带头作用。他戏弄记者们各自对饮料的口味。肯尼迪说道：

"我当然愿意和你们一起度过今宵，你们不知道一天喝三杯牛奶是多么艰难啊！"

肯尼迪往往提到一名新闻记者给予其特殊的待遇。新闻记者萨拉·麦克伦登曾在记者招待会上向肯尼迪提出一些令他恼怒不堪的问题。当杰奎琳对印度作国事访问时，肯尼迪说道：

"我看见了妻子在印度观赏耍蛇人表演时的照片。一旦我知道萨拉·麦克伦登喜欢什么调子，我就马上演奏这个调子。"

有一次，肯尼迪总统在兄弟特德的陪同下前往格雷登，他说："今晚我把弟弟特德也带来了，我们找不到人来照管他。特德正在竞选马塞诸塞州的议员提名。肯尼迪发誓特德将不会得到家人的任何帮助。"

"我们不想派出大部队，只派出几个训练代表团。"他意在讽刺美国派往东南亚的军队代表团，这件事不久就完全失去了幽默的色调。

没有哪个总统像肯尼迪那样喜爱格雷登晚宴，也没有谁像他那样生气勃勃、精神饱满，使宴会充满了欢乐。他似乎不会对人们的攻击发出怨恨。的确，许多贬低肯尼迪的脍炙人口的妙语恰恰出自于肯尼迪本人之口。

1963 年，是肯尼迪在格雷登晚宴上的最后一次露面。

同年 11 月 23 日，他死了。

计划在四个星期后举行的，人们期望轻快活泼的、肯尼迪妙语大发光彩的晚宴被取消了。

直截了当胜曲迂

大胆陈述事实，阐明道理，以息人之怒，此亦不失应变之良策。

隋大业末年，李纲曾任义军首领何潘仁部下的长史。后来唐高祖李渊由太原起兵，攻入京城长安，李纲前来拜见高祖。高祖非常高兴，授予丞相府司录的官职，封他为新昌县公，专门管理选拔官员之事。高祖受禅称帝以后，李纲又任礼部尚书，兼太子詹事，依旧掌管选举官员之事。

在此之前，齐王李元吉任并州总管，他放任自己和部下侵夺百姓的财产，宇文歆频频进言劝阻，李元吉都置之不理。宇文歆在无可奈何的情况下，写了一份表章，上奏高祖。表章中写道："齐王在并州时期，经常换便装出行，与窦诞一起外出打猎，随意践踏百姓的庄稼，放纵亲信之人，公开抢夺百姓的财物，境内的飞禽走兽，被猎取殆尽。他骑着马在大街上奔驰射箭，街上的百姓四处奔逃射避，他们却以此为乐。齐王让部下的随从分成两部分，作攻战游戏，相互以兵器击刺搏斗，部下多有伤残乃至死亡者。到了夜间，齐王大开府门，在府外的房舍中公开作出淫乱猥亵之事。百姓对齐王深怀怨恨，但又无可奈何。如此守城，如何能自我保全？"李元吉因此被免职。李纲又婉言劝说并州的父老前去皇宫请求高祖宽恕李元吉。不久，高祖令李元吉复职。

这时，刘武周率领 5000 名骑兵到达黄蛇岭，李元吉派遣车骑将军张达带领 100 名骑兵先去试探。张达因兵卒太少，无法交战，坚决

高岑《秋山万木图》

要求不去。李元吉强制派遣他去。张达无可奈何，只好带领一百名步卒前去迎敌，到了黄蛇岭就被刘武周的军队全部消灭。张达对李元吉的瞎指挥极其愤慨，于是领着刘武周攻陷了榆次（今山西省榆次市）进逼并州（治所在今山西太原西南）。李元吉非常恐惧，欺骗他部下的司马刘得威说："您带领老弱残兵守城，我带领精兵强将出城迎战。"于是连夜出兵，带着他的妻妾子女，丢下军队逃回京城。于是并州被刘武周攻陷。

高祖非常恼怒，对李纲说："李元吉年纪小，不熟悉军事、政务，所以我派窦诞、宇文歆辅佐他。那里有数万强兵，粮食可支用十年，我起义后运集到那里的物资，这样短的时间就丢弃给了敌人。宇文歆首先谋划逃跑的计

策，我应该将他斩首。"李纲说："多亏了宇文歆，才使陛下没有失去爱子，我认为他有功。"高祖问其中的原因，李纲回答说："罪恶是由窦诞不能规谏，致使军兵怨愤。另外，齐王年轻，行为放纵，骄奢淫逸，放任手下人侵害百姓，窦诞始终都未劝阻过，却随顺齐王的所作所为，并且想方设法替他掩饰，因而酿成了今天的灾难，这是窦诞的罪过。论感情，宇文歆比较疏远，他到那里的时间又较短，齐王的过失，他一一奏闻皇上。何况父子之间的事，是外人很难谈论的，而宇文歆却说了，这难道不是忠诚恳切吗？现在您要惩罚有罪的人，就没有想到他那忠诚恳切之心，我虽愚昧，但内心以为这样做是不恰当的。"

第二天，高祖召李纲入内宫，高祖坐在御座之上，对李纲说："现在我有了您，才使我没有滥施刑罚。元吉自己作恶，与百姓结怨。宇文歆既然曾用表奏闻朝廷，窦诞又怎能制止得住齐王的胡作非为呢？"

危难关头生智语

人的需要是多种多样的，人们总是在现实生活中去寻求满足。尽管人的需要五花八门，但在某一特定时间里，总是一两种需要占主导和支配地位。

心理满足法以上述"需要"为依据，并应用于应变，这就要善于体察人心了，了解对方最迫求的需求，有的放矢，并采用适当的方式予以激发和满足，使之产生所要求的行为。

窃国大盗袁世凯窃取中华民国临时大总统的权力后，每天做着当皇帝的美梦。

一天，袁世凯正在午睡，一位侍婢按时端来参汤，准备供袁世凯醒后进补。谁知这位侍婢进门时不慎将手中的羊脂玉碗打翻在地，化为碎片。婢女自知大祸临头，吓得脸色苍白，浑身打颤。这只羊脂玉碗是袁世凯在朝鲜王宫获得的宝贝，袁世凯一向视为"心头肉"，过去连慈禧太后老佛爷他也不愿用来孝敬。婢女绝望地望着地上的碎片，自知无论如何难以逃脱这"弥天大罪"。

玉碗的"哐铛"破碎声惊醒了袁世凯，他一见自己心爱的羊脂玉碗被打得粉碎，气得脸色发紫，大声吼道："今天俺非要你的贱命不可！"

在这生死存亡的时刻，婢女连忙跪着哭诉："这不是小人之过，婢女有下情不敢上达。"

袁世凯大骂道："快说快说，看你死到临头，还编什么鬼话。"

侍婢哭着回答："小人端参汤进来，看见床上躺的不是大总统。"

"混账东西，"袁世凯更加怒不可遏，"床上不是俺，能是啥？"

"小人不敢说，怕人哪！"侍婢的哭声更大了。

袁世凯气得陡然立起，咬牙切齿地说："你再不说，瞧俺不杀了你！"

"我说，我说。床上、床上……床上躺着的一条五爪大金龙！婢女一见，吓得跌倒在地……"

袁世凯一听，心中不由一阵狂喜，以为自己是真龙转世，真的要登上梦寐以求的皇帝宝座了。袁世凯怒气全消，情不自禁地拿出厚厚的一叠钞票为婢女压惊。

婢女终日侍奉袁世凯，对他梦想当皇帝的心理当然体察入微。当宝碗玉碎、生死攸关之际，婢女情急智生，顺口编出"五爪金龙惊落玉碗"的故事。这故事正好"印证"了袁世凯的美梦——真龙转世，满足了他的心理需求，使袁世凯化盛怒为狂喜。婢女不但拣回了小命，还得到了"皇恩"。

春秋战国之际，在楚宣王执政期间，楚国实力强盛，邻国都不敢和楚国作对。

楚宣王听说中原各诸侯国都很畏惧楚国大将昭奚恤，他心里不是滋味，于是他问众大臣："各诸侯国如此畏惧昭奚恤，他实际上怎么样？"群臣听后都默不作声，不知怎样回答才好。

这时一位叫江一的大臣站出来说："我还是先讲一个故事：饥饿的老虎出去找食物，抓到了一只狐狸。狐狸对老虎说：'你不能吃我，天帝派我来做百兽之王，你要是吃掉我，就违背了天帝的旨意。如果你不相信，我可以走在你前面，你在我后面跟着，看是不是百兽见了我都害怕。'老虎相信了狐狸的话，跟着宦走，果然不管是什么野兽见了它们走来都吓跑了。老虎并不知道野兽们是由于害怕自己而逃跑的，还以为是害怕狐狸哩！"

江一讲完这个故事后接着说："如今国王有土地千里，军队一百万，而把军权交给昭奚恤，所以各诸侯国就惧怕他了。其实他们是怕国王的军队，好比百兽害怕老虎一样。"

楚宣王听说各诸侯国害怕的是昭奚恤，而不是他自己，心里自然不是滋味。君王妒臣，难免性命之忧。危急关头江一站出来以故事相喻，指出昭奚恤不过是"狐假虎威"，借用君王的威风罢了，使楚宣王释然。江一深知楚宣王的心理，以猛虎相喻，满足了他的心理需求。

随机应变避尴尬

在不利形势之下为自己长脸这是应付尴尬局面的最高境界。因为尴尬局面发生后，自己已经丢了脸，要想部分或全部挽回已丢的脸面已属不易，而在这样的基础上不仅全部挽回已丢的脸面而且还要为自己长一些脸，这更是难上加难，正因为它难达到，所以一旦达到，效果就会出奇地好。

在形势不利的情况下为自己长面子绝对需要一张厚脸皮，因为缺少一张厚脸皮，一个人就不会在不利形势下思维活跃，像平时那样反应灵敏。脸皮厚却可以保证一个人在遇到尴尬局面时像平时一样聪慧。

正大综艺的前主持人杨澜是一个素质非常高的电视节目主持人。有一次，杨澜到外地为一个晚会当主持人。晚会有条不紊地进行着，台下的观众们也是非常的热情。

一个演员演完了节目，杨澜到台上报幕。就在这时，一不小心被话筒线绊倒了。台下的观众席立时响起了一片唏嘘声，有为杨澜担心的，也有为她起哄的。摔倒在地的杨澜站起身来，毫不紧张，她面带微笑，对观众说："朋友们，今晚你们真是太热情了，你们的热情禁不住都让我倾倒了，谢谢大家。"

几句精彩的话立刻博得了全场热烈的掌声，在观众的大脑中，杨澜主持节目摔倒在地的印象已毫无痕迹，而她从容地处理尴尬局面的能力却深深刻在脑海中。良好的应变能力正是一个主持人最为重要的素质，人们对杨澜的主持才能更加叹服了。

在形势不利的情况下为自己长脸往往需要人们根据当时的实际情况，展开联想，曲解自己的丢脸行为，变丢脸为长脸。

张作霖是民国时期的大军阀，但他强烈主张抵御日本侵略，这一点深得人心。

在一次张作霖出席名流集会。席间，有几位日本浪人突然声称，久闻张大帅文武双全，请即席赏幅字画。张作霖明知这是故意刁难，但在大庭广众之中，"盛情"难却，就满口答应，吩咐笔墨侍候。他潇洒地踱到桌案前，在满幅宣纸上，大笔一挥写就了一个"虎"字，然后得意地写上落款"张作霖手黑"，钤上朱印，踌躇满志地掷笔而起。那几个日本浪人面对题字，一时像丈二和尚一样，摸不着头脑，面面相觑。

机敏的随侍秘书一眼发现了纰漏，"手墨"怎么成了"手黑"？他连忙贴近张作霖身边低语道："大帅，您写的'墨'字下面少了个'土'，'手墨'变成了'手黑'。"张作霖一瞧，不由得一愣，怎么把"墨"字写成"黑"了。如果当众更正，岂不大煞风景？

张作霖眉梢一动，计上心来。故意呵斥秘书道："我还不晓得这'墨'字下面有个'土'？因为这是日本人索要的东西，不能带土。这叫做寸土不让！"语音刚落，满堂喝彩。那几个日本浪人这才领悟到张作霖不好惹，他们越想越没趣，只好悻悻退场了。

空城惑敌退敌兵

叔詹成功地应用空城计退了楚兵，比诸葛亮的空城计早了几百年，叔詹真可谓诸葛亮之师。

春秋时，楚国的令尹（宰相）公子元，自哥哥楚文王驾崩之后，一直想吊那位未亡人寡嫂的膀子。

寡嫂名叫息妫，是朝野闻名的第一美人，只是限于叔嫂名分，不敢登堂入室，强人所难。于是，公子元想出一个"慢火煎鱼"的方法，实行文争，慢慢感化寡嫂。

公子元在息妫寝宫附近，大筑馆舍，日夜歌舞，奏靡靡之音，唱婉转之歌，借以挑逗嫂嫂的春心。还买通了近诗人等，就地观察，随时报告息妫的反应。

息妫听到了这种缭人心扉的热闹声，便问左右："这是哪儿飘来的舞乐呢？"

内侍告诉她："夫人，你还不知道吧，这是令尹为您开的舞会呀！他同情夫人太寂寞了，想使夫人听听音乐，开开心！"

息妫把双眉一蹙，似乎明白了这舞乐中的几分奥妙，思索了一会儿，非常感慨，便自言自语地说："我的丈夫文王，生前不尚军事，未曾向国外扬威，弄得声望日下，受人闷气，算起来，已经有十年了。阿叔身为行政首长，不想办法图强，重振国威，偏偏为我一人开起舞会来，我不知道这是什么意思！"

内侍把这番话告诉公子元。

公子元见她开始有了反应，心里一动，便奋然而起，激昂地嚷起来："嫂嫂是女流，尚且不忘国家大事，我身为堂堂令尹，反而把国家大事忘了。既然嫂嫂有此主意，非打个胜仗，向外耀武扬威，给她看看不可！"

于是，立即调兵遣将，倾国动员，浩浩荡荡地杀奔邻国而去。郑国兵力远不及楚国，忽遇邻强侵犯，弄得不知所措。

郑文公急忙召集一班大臣诸叔、师叔、世子华和叔詹等开御前会议，商讨对策。

诸叔皱起眉头先发表意见："楚兵强盛，如猛虎下山，我国根本不是它的对手。不如早点认输，向它纳款讲和罢了！"

旁边的师叔一听，心里暗骂一声"投降主义"，却又骂不出口，委婉地说："照鄙人意见，敌人虽强大，但是孤立无援。我国和齐国定下军事同盟。只要我国有难，齐国一定会发兵援助的。目前，只有固守，等盟邦来解围！"

"不，"少壮世子华霍然跳将起来，说："不，水来土掩，兵来将挡，楚兵进来，我将杀他个片甲不留！"

只有叔詹不开口，他正默默地沉思。

"老先生的意见怎么样？"郑文公回答问他。

叔詹干咳一声，把嗓子调整过来，便说："依老臣意见，三位的高论之中，我是赞同师叔的意见。我估计，敌人不久就会撤去的！"

"不见得这么容易吧！"郑文公说："这一次是公子元亲自督师，绝不会自动撤退！"

"据我所知"，叔詹说："楚国历次出兵，从未出动过这么多军队。这次，公子元的动机，不外想讨好他的嫂嫂，在女人面前抖抖威风，一点政治目的也没有。也就是说，只要求一个小小的胜利，装装门面罢了。"

他忽又严肃起来，坚决地说："这一仗，看来是很可怕的。诸位放心，楚兵若来，老臣自有退兵之计。"

陆治《花溪渔隐图》册页

说话间，探子来报，说敌人已破桐邱关，直捣都城，先行部队过了市郊，快要进城来了。

像晴天一声霹雳，听罢前线来的消息，各人面面相觑。

主和的诸叔慌慌张张地说："敌军已近，来不及从长计议了，要么讲和，要么立即逃避，躲到后方再说。"

"且慢"，叔詹马上制止："老夫自有妙计！"

于是，叔詹负起了城防责任。马上令军队统统埋伏在城内，大开城门，商业照常营业，百姓往来如常，不许稍露半点慌张神色。

楚兵的先锋队果然来到了。先行官一见到这般模样、街上镇定异常，城头上没有丝毫动静，便疑惑起来，料定对方必有准备，故意摆下这条诡计，骗入城去，然后包围歼灭，还是等主帅到来请示吧！便下令本军就地扎营。

不久，公子元率大军赶到，先行官报告了这种情况，说城中如此如此，这般这般。

公子元一听也吃惊起来，立即走到一个高地察看，只见城里到处埋伏着军队，刀剑林立，旗帜整齐，心里就踌躇，总猜不出是什么缘故。

接着，后卫统帅也派人带来了情报，说齐国已联合宋、鲁两国，起大军来解郑国之围了。

公子元大惊，急忙对各将领说："齐军如果截击我军退路，那将前后受敌，势非崩溃不可！"

诸将主张速战速决，先把郑都攻下再说。公子元不采纳他们的意见。他所想到的不是军事价值，而是万一失利的话，有何脸面去见嫂嫂呢？我此次进攻，几天之内直捣郑都，也可算得到胜利了，乘胜收兵，对美人也有交代了。

于是暗传号令，人衔枚，马摘铃，连夜拔寨回国。又怕郑军会乘机随后追击，于是令所有的营寨保持不动，遍插旗旌，以疑惑郑兵。

公子元悄悄地溜出郑境之后，才叫大军鸣锣击鼓，奏凯歌班师回去。

叔詹正在督军巡城，彻底未眠。到天明，遥望楚营，一点动静都没有，只见一群飞鸟在低空盘旋，便大叫起来："楚兵撤走了！"

大家还不相信，问他为什么会这样清楚，这般肯定。

"那还不明显！"叔詹指着楚营告诉诸位："凡是军队驻扎的营地，必定击鼓壮威，吓神骇鬼的。你们看！那里不是有飞鸟盘旋找东西吃，或在营寨顶上争吵吗？这已证明营里连一个人影都没有了。我早已料定齐国出援兵来了，楚军得到了风声，怕被夹攻，所以连夜撤走了。哈哈！我用空城计迷惑他们，他们也用空城计来欺骗我……"

不久，齐、鲁联军果然出现了。见楚军已尽数撤退，无敌可击，便也回国去了。这时，大家才佩服叔詹的机智和勇敢。

金蝉脱壳避危机

"金蝉脱壳"是说蝉在脱变求新生时，将其外壳退下来，而真身溜之大吉。由此自然现象，古人们深受启发，揣测研究出"金蝉脱壳"计，即在关键时刻为了逃避危机，设法制造假象，迷惑敌人，然后暗中逃遁。

这一计可谓中国人情急生智的突出表现，用好了它就有卷土重来、东山再起的希望，因此向来为兵家、政客们重视。刘邦之所以能建立汉王朝，就在于他擅长此计。

刘邦建立汉朝后，封王拜侯者甚多，这些王侯日久生乱，纷纷与中央政府对抗，所以汉初仍战乱频繁。其中韩王姬信就曾勾结匈奴冒顿叛乱。刘邦御驾亲征，但不幸中了冒顿的空城计而被困白帝城。孤军被困，外无援兵，内无粮草，天寒地冻，危在旦夕。高祖乃频繁与陈平商量突围之策。陈平也一时间想不出妙计，刘邦甚为焦虑。过了几日陈平来见刘邦，刘邦说想正面突围。陈平反对，他说："匈奴军僄悍，好勇斗狠。正面突围，只能招致全军覆没。只可计取，不可力拼。"

刘邦便问："计将安出？"

陈平说："冒顿最宠阏氏，凡事必言听计从。现在我们应从她身上打主意，我已让画家画了一张美女图，准备派人携带金银珠宝打通阏氏，关节，言欲把此图献给冒顿，并言愿献此美人，那么围兵就可解除了。

高祖允许，于是派画家李周扮作番兵入番营。阏氏是个女流，见到如此多珠宝，已是心醉神迷。对汉高祖已有同情之意。当她打开画时，一见是美人，便起妒意。李周乘机说："汉帝欲罢兵讲和，送金银珠宝予夫人，送美人予冒顿。"

阏氏最怕冒顿另寻新欢，寻思如果打败汉军，见到那第一美人，冒顿肯定会变心。于是力劝冒顿放刘邦逃走。

韩王姬信得知冒顿有放刘之意，便说：刘乃欺诈。冒顿于是派人言于汉军，欲得见美人于城头。高祖闻报，问陈平。陈平对曰："我早已料及，已叫匠人做好几个木偶人装裱得如天仙一般。到了晚上，摆在城头，给他们看便是。"

该晚，依计摆出"美人"，张灯映之，令会木偶戏者操纵之，"美人"们果然媚态千万，秀色可餐。冒顿看到后，深受诱惑，便传令让路。

刘邦立即率军奔出城外，半路上又令樊岭等人埋伏起来以断后。冒顿见汉兵已退出，急忙上城去取美人。走近一看，方知是计，忙下令追击。不料路上又遭到樊岭的袭击，被打得落花流水。

兵无常势变取胜

古代兵家都注重应变。应变就是善于把握形势的变化，而据以采取相应的对策。所以智谋家都懂得据兵法，而又不唯兵法从事的道理。

陈庆之字子云，义兴国山（今江苏宜兴西）人，是南朝著名的军事家。

梁武帝大通元年（527年），领军曹仲宗受命征伐涡阳（今安徽蒙城），陈庆之是曹仲宗手下将领之一。涡阳是北魏靠近南朝的军事要地，是北魏借以南伐的重要屯兵之处。北魏听说梁军围困涡阳，便派遣征南将军元昭率15万马步军前来增援，其前锋部队已到达离涡阳仅40里的驼涧。

如何对待北魏援军，在梁军内部出现了不同意见。陈庆之主张迎战，另一个将领韦放认为：敌人的前锋部队一定是轻便精锐之师，与之交锋如果胜了也不是什么大捷，万一失利，还会沮我军势。兵法讲究以逸待劳，不如坐待敌军前来。陈庆之说："魏军远道而来，再轻便也是一支疲惫之军。又离我们较远，一定想不到我们会主动出击。我们应乘其未与主力汇集，前去攻击。兵法讲究出其不意，我军进攻，必胜无疑。此虽小胜，但能起到挫其锐气的作用。况且据可靠情报，魏军扎营之处，林木茂盛，他们必不敢夜出，乘夜袭击，必获胜。诸军若对此有疑，我愿率军独取之。"于是，陈庆之率部下2印余骑连夜奔袭，大破北魏前军，引起了魏军的震恐。

陈庆之袭击北魏前军取胜后，便还军与诸将连营而进，攻取涡阳城，并以之为据点，与北魏大军相持。双方自春至终，大大小小打了百余战，都感到师疲气衰。这时，北魏援军又在梁军背后筑垒，准备对其前后夹击。曹仲宗担心腹背受敌，想退军而还，又担心陈庆之反对，便背着陈庆之与诸将谋议此事。陈庆之闻讯，便手执军节，来到曹仲宗大帐，对众人说："我们一同来到涡阳，将近一年。这一年中耗费了多少军资器械，将士们付出了多少鲜血和生命！如今，诸位全无战斗之心，商量着如何退军，这岂是想立功名的样子？简直像一伙专事抢掠的强暴之人。兵法说：置兵死地，乃可求生。我们就等待敌人完成其战略意图，处于死地与敌人决一死战。如果你们一定要退兵，我这里另有皇上的密旨，若有犯者，我将依诏书处置。"一来曹仲宗听说陈庆之另有密诏，害怕违背皇帝旨意，二来陈庆之的气魄也震动了在坐诸将，曹仲宗便打消了撤军的念头，同意了陈庆之的意见。

北魏军在梁军前后设置了 13 个营垒，梁军见自己处于如此危险境地，知道自己只有生与死两条路可以选择，胜则生，败则死。求生的欲望使他们不遗余力地争取胜利。陈庆之便身先士卒，领军夜出，一举拔掉魏军 4 个营垒。第二天，将所获战利品及战俘、首级陈列在敌人其余 9 垒前，魏军士气大丧。陈庆之乘势鼓噪攻之，结果魏军大溃，死亡的魏军尸体将涡水都堵塞了。梁军占领了涡阳，在此地置西徐州。

施妙计引蛇出洞

俗话说：防人之心不可无。上司对下属的忠诚总不那么放心，于是就采用各种各样的方法对部下进行考验。一旦发现蛛丝马迹便穷追不舍，搞得部下诚惶诚恐不敢对上司有任何离经叛道之举。即使大家相安无事，掌权者仍不放心，还总想在平静的水中搅起一点波浪，于是，他们便采用各种手法对部下进行"火力侦察"，诱使对方误入他所设的圈套之中。这种诱使部下上当的手法，在后世叫做"引蛇出洞。"

战国时期，韩国国君韩昭侯有一次故意将一片剪下来的手指甲握在手中，而假装丢掉了。古人以为身体发肤受之父母，是一点不能损失的，即使是一片剪下来的指甲，也要好好保存起来，更何况他是一国之君，龙躯玉体，一毫一发也是珍贵的，如何能够丢失。于是他严令左右侍臣立即寻找，一定要找到不可，否则要严加治罪。

左右的人自然无法找到，惶恐万状。这时，有一个侍臣动了个心眼，将自己的指甲剪下来交了上去，谎称已经找到了，他想谁的指甲也都是一个模样，国君如何能分辨得出！他哪里料到，韩昭侯是要以此来测验臣下对自己是否忠诚。这个人耍了小聪明反而暴露了自己。

战国时期，子之做了燕国的丞相，为了测试部下的忠奸，有一次他坐在屋里装出一副很吃惊的样子，然后问手下人："刚才从门口跨过去的是什么，是不是一匹白马？"他的左右侍从都说没看见，只有一个平时爱拍马溜须的入跑出门外去追马，自然是一无所获，然后回来报告说："外面有一匹白马。"他哪里想到，这是子之用这种方法了解他手下的侍从中有没有不诚实的人。果真有人吞下了他投下的鱼饵。

不动声色擒大盗

不露声色，实际就是装糊涂，越是大事，糊涂越要装得彻底。一则可以保护自己，减少受人暗算或报复的机会；二则可以在别人不防备的时候予以攻击，反败为胜。

明朝张嵋崃任滑县县令时，有要名江洋大盗任敬、高章来到县城，冒充锦衣卫（特务组织）的使者拜见张公，并且凑近张么耳边说："朝廷有令，要公处理有关耿随朝的事情。"

原来当时有位滑县人耿随朝，担任户政的科员，主管草场；因为发生火灾，朝廷下令羁押在刑部的监牢里。张公听到此事，更加相信两人的身份。任敬于是拉着张公的左手，高章拥着张公的背，一起进入室内坐在炕上。任敬摸着鬓角胡须，笑着说："张公不认识我吧！我是霸上来的朋友，要向张公借用公库里面的金子。"于是二人取出匕首，架在张公的脖子上。

张公抑制住内心的紧张，装出替他们着想的样子说："你们不是为了报仇，我也不会因为财物牺牲性命。你们这样暴露自己的真实身份，如果被别人发现，对你们可相当不利厂

两个强盗觉得有道理。

张公又进一步说："公库的金子有人看管，容易被发觉，对你们不利。有一个办法是，我向县里的有钱人借贷，这样你们可以安然无事，也不至于连累了我的官职，岂不两全其美。"

两个强盗听了更加赞同张公的办法。就这样，张县令不露声色地稳住了强盗，并取得了他们的信任与合作，同时一条计谋酝酿成熟。

张县令传令要属下刘相前来，刘相到后，张公假意说："我不幸发生意外，如果被抓去，会很快被处死。这两位是锦衣卫，他们不想抓我，我很感激他们，想拿5000两黄金当他们的寿礼，以表心意。"

刘相听了，目瞪口呆，说："到哪里去弄这么多钱？"

张公说："我常看到你们县里的人，很有钱而且急公好义，我请你替我向他们借。"。

于是拿出笔来，一共写了九个人，正好数量符合。所写的这九个人，实际上都是武士。

刘相看了以后，恍然大悟。不一会，名单上列出的九个人，一个个穿着华丽的衣服，像富贵人家的子弟，手里捧着用纸包着的铁器，先后来到门口，假装说："张公要借的金子都拿来了，因为时间太紧迫，没有凑足所要的数目，实在过意不去。"一边说，一边装出哀求恳免的样子。

两位强盗听说金子到了，又看到这些人果然都像有钱人的样子，就很高兴地说："张公真的不骗我们。"

刘俊《雪夜访普图》

张县令趁两个强盗查看金子的空档，急忙脱身。并大喊抓贼，九个武士，一拥而上，两个强盗猝不及防。其中一个被抓，另一个自杀身亡。

孙膑设计败庞涓

锅灶一天比一天减少，使庞涓一天比一天轻敌，终于身败名裂。

魏国在桂陵之战后，尽管遭受了挫败，元气却并未大伤，久霸中原的余威还在，稍加休整后，便又恢复了生机。桂陵之战的第二年，即公元前352年，魏国便联合韩国在襄陵打败了齐、宋、卫的联军，齐国不得不与魏国讲和。周显王十九年（公元前350年），魏国又向西边的秦国反攻，不但收复了失地，还围攻秦国的定阳今陕西宜川县西北），闹得秦孝公寝不安席，食不甘味，也被迫与魏国讲和。周显王二五年（公元前344年），魏惠王召集了逢（png）泽（今河南开封市东南）之会，参加会盟的共有12个诸侯国，会后还一同去朝见周天子。至此，魏惠王独霸中原的野心又开始膨胀了。

周显王二十九年（公元前340年），即桂陵之战后13年，魏惠王以韩国没有参加当年的逢泽之会为由，派太子申和庞涓率兵大举进攻韩国，企图一举亡韩。在魏军的强大攻势下，弱小的韩国岌岌可危。眼前魏军兵临国都，韩哀侯异常恐慌，遣人星夜告急于齐，求其出兵相救，以存社稷。

齐宣王早就想待机再攻魏国，所以接受韩国告急后，便决定发兵击魏救韩。齐宣王召集群臣，共议国策。宰相邹忌认为，韩魏相煎，这是齐国之幸，可以隔岸观火，齐国自身也需要加强治理，以不发兵相救为宜。大将田忌则认为，魏韩.相斗，韩败魏胜是其必然的结果，魏国的势力就会因此大增，则祸必殃及齐国，绝不能袖手旁观，坐失攻魏良机。两人争执不下，齐宣王征询孙膑的意见，说道："军师不发一言，难道说救与不救，二策都不妥当吗？"

孙膑说道："魏国自恃其强，伏赵之后又起倾国之兵伐韩，其野心须臾也未忘记伐齐。如果任韩降魏，只能使魏国更加强大，从而形成对齐国的巨大威胁，因而弃韩不救是不明智的。然而，齐国的军队必须为齐国的利益而战，如果过早地出兵救韩，就等于齐国代替韩国作战，韩享其安，我受其危，主客颠倒，那对齐国是十分危险不利的。"齐宣王听罢，频频点头。接着问道："军师所言极是，那到底该怎么办呢？"孙膑说道："从齐国的根本利益出发，应该许韩必救，以安其心。韩知有齐相救，必然尽全力抗魏以自卫，魏军见韩不降定然会倾其全力以攻韩。待魏韩两军撕杀实力消耗殆尽之际，我们再出兵攻击疲惫的魏国，拯救危亡的韩国，用力少而见功多，才会收到事半而功倍的效果。"

齐宣王听了孙膑的建议，非常高兴，热情地接待了韩国使者，并答应说："齐救兵旦暮将至。"韩哀侯大喜，奋力抵抗进犯的魏军。然而毕竟弱不胜强，前后交兵五六次之后，韩军尽皆大败，不得不再次派使来齐，请求齐宣王速发救兵。魏军在激烈的战斗中也有一定的伤亡，实力有所削弱。于是，齐国抓住韩危、魏疲的最佳时机，任命田忌为大将，田婴为副将，孙膑为军师，统兵数万，兵车数百乘，浩浩荡荡地离齐攻魏救韩。

孙膑认为："夫解纷之术，在攻其所必救，今日这计，惟有直走魏都耳！"所以，这一次，孙膑又一次采取了"围魏救赵"的战术，大军直奔魏都大梁。魏惠王见齐军又杀气腾腾地直扑大梁而来，鉴于13年前桂陵之败的惨痛教训，再也不敢让魏军在韩恋战，急令调回魏军主力。庞涓传令大军离韩归魏，率兵10万企图与齐军进行一次殊死决战。

孙膑冷静地分析了敌我双方的情况，认为这一次魏军有一定的准备，兵力也较多较强，而且是主动迎击齐军，来势凶猛。于是，他决定改变战术，以计胜之。他对田忌说："善战者因其势而利导之，兵法上也说，被利诱而深入百里，去追击敌军，必丧失大将；追击50里，势必折损一半士兵。我们就要在这上面想办法。"田忌问道："如何因势利导呢？"孙膑胸有成竹地说道："彼三晋（这里专指魏）之兵，素悍勇而轻齐，齐号为怯。我军便将计就计，主动引兵东撤，装作惧怕魏军的样子，设法诱其中计。"田忌又问："依军师之计，具体应该如何做呢？"孙膑说道："我们不妨在退兵途中，第一天造10万人做饭用的锅灶，第二天减为5万人的锅灶，第三天减为3万人。魏军追兵见我军锅灶逐日减少，一定认为齐军怯战，逃亡过半，从而助长其骄傲轻敌的思想，诱其拚命猛追，其力必疲，然后再以计取之。"田忌听罢大喜，决定依计而行。

再说庞涓怒气冲冲地率兵以急行军的速度从韩返魏，望西南而行，快要抵达大梁城时，不料齐兵又撤退逃窜，于是整顿兵马，紧紧追赶。庞涓生性狡黠多疑，惟恐齐兵有诈，开始追击时还是比较谨慎的，行军速度也不算快，各队之间联络照应有致。后来他发现齐兵的锅灶一天比一天减少，这才放下心来，以为齐军果然怯弱，闻魏兵将至竟不战而逃亡过半，士气已经低落到不堪　击的程度，这是雪桂陵之耻的天赐良机。处于亢奋之中的庞涓当即传令，将步兵留后继行，自己亲率精锐骑兵，马不停蹄，昼夜兼程地沿着齐军撤退的方向猛追不舍。

田忌与孙膑从容地率兵撤退，同时派出许多侦探，观察并随时报告魏军动态。当孙膑得知魏军已过沙鹿山时，屈指计程，料定魏军日暮必到马陵（今河南范县西南）。马陵地势险峻，一条窄道夹在两山中间，道旁树木丛生，是设伏歼敌的好战场。于是孙膑命令齐军停止前进，砍伐树木，堵塞道路，设置障碍，布下重重埋伏，准备围歼追敌。孙膑还特意命兵士把路旁的一棵大树刮去一段树皮，在白色的树干上用黑煤书写了 8 个大字："庞涓死于此树之下"。一切准备就绪后，孙膑挑选了弓弩手 1 万人，埋伏在山路两旁。然后对弓箭手发出命令说："天黑时候，只要看见火把就一齐射箭！"

果然不出孙膑所料，庞涓率领魏军黄昏时分赶到了马陵道，其时十月下旬，又无月色。魏军人困马乏，极度疲劳，都想停下来歇歇脚。这时，前军回报说，有断木塞路，难以前进。庞涓以为是齐兵惧怕魏军追赶，故设障碍，便命人搬木开路，忽然抬头看见树上砍白处，隐隐有字迹看不真切，庞涓命军士耿火照之，众军士一起点起火来，庞涓于火光之下，看得分明，大惊中计，急令退兵，怎奈为时已晚。齐军万名弓弩手一见火光立刻万弩齐发，喊声四起。魏军顿时大乱，被齐军四面围住，既无法抵抗，又无路可逃，死伤殆尽。庞涓在乱军中，身中数箭，自知"智穷兵败"，无法挽救危局，仰天长叹道："吾恨不杀此刖夫，遂成竖子之名！"说罢拔剑自刎而死。庞涓所率精锐被歼后，齐军乘胜发起进攻，魏兵心胆俱裂，无人敢战；各自四散逃生。10 万魏军曾经不可一世，如今尸横遍野全军覆没，统帅太子申成了俘虏，魏军轻重军器，车马粮草，尽归于齐，齐军取得了战略决战的胜利。这就是历史上著名的马陵之战。

兵贵精而将贵谋

兵贵精，将贵谋，堪为兵家至理名言，在激烈的战斗中，在将领身上，谋与勇相映成辉。如无谋之勇，是匹夫之勇，无勇之谋则难以实现战斗目标。因此，孙子提出"上兵伐谋"的思想。"上兵伐谋"，是因为"兵者，诡道也"。孙子提出这个思想，有着划时代的意义。

在中国古代军事思想的发展史上，从周初到春秋末期，兵法理论的延革大致经历三个阶段。起初，由于受周礼的制约，兵家奉行的是"仁义之兵"，提倡"成列而鼓"的"正道"思想。并明确提出：两军对垒，不能进攻还未布置好阵势的敌人；不能乘敌人困难之际发起突然袭击；不要追赶逃跑的敌人等。战争的实践嘲笑了这个愚蠢的理论。后来，管仲对"仁义之兵"加以修正与发展，提出"节制之兵"，强调"尊王攘夷"，严明军纪，以威严慑服敌国，但此时还没有认清战争的特性。春秋末期，"仁义之兵"的思想理论完全动摇了，孙子适时地提出"诡道"取代"正道"，将"节制之兵"发展为"权诈之兵"。

《孙子兵法》十三篇，除继承"民本主义"、"爱民严纪"的历史精华外，着重强调了战术上要灵活多变；强调示形用谋，欺敌用诈。孙子虽然以英雄史观过高地估计"谋攻"的作用，但他提出的"夺其心"，"夺其气"，"以迂为直"等，确实反映了战争的一般指导规律，有着很高的军事谋略水平。

《孙子兵法·谋攻篇》："上兵伐谋，其次伐交，其次伐兵，其下攻城；攻城之法为不得已。""伐谋"，指以己方之谋略挫败敌方，不战而屈人之兵。孙武认为伐谋最为有利，故为"上兵"，是最好的战争手段。伐谋的实质是对敌人正在计划或刚刚开始遂行其谋划时，便能窥破其谋，揭穿其谋，破坏其谋，借以实现己方的政治军事目的。《百战奇略》云："凡敌始有谋我者，从而攻之，使彼计衰而屈服。法曰："上兵伐谋。"就是说，当敌人开始谋图侵我时，要针对他的企图加以破坏，使敌人不敢对我采取军事行动。这就是《孙子·谋攻》中说的："指导战争的上策，是以谋略胜敌。"

曹操根据自己的经验，对"上兵伐谋"作为解释。他说："兴师深入长驱，据其城郭，绝其内外，敌举国来服为上。"他认为"上兵伐谋"是以强大的军事力量作后盾，并和"伐兵"、"攻城"互相配合，力争以最小的代价，取得最大的胜利，达到使敌人全部降服的目的。它不是取消军事斗争，也不同于死拼蛮干的单纯军事进攻。优秀的指挥员无不重视首先以谋略战胜敌人，"全国为上"，"全军为上"，"全旅为上"，"全卒为上"，"全伍为上"，兵不血刃而达到利可全之目的。

"兵以诈立"，多谋者胜，这是军事斗争的普遍规律。"谋诈"必须以军事实力为后盾，又和战场上的军事行动紧密相连。批判的武器不能代替武器的批判，物质的力量还用物质力量来摧毁。但在一定条件下，精神力量可以改变物质力量的形态。指挥员计谋运用得当，常可以不用武力而使敌人屈服，甚至推迟或避免一次战争的爆发，这样事例在我国古代战争史上不胜枚举。

公元前 627 年，秦穆公任孟明为大将，西乞术、白乙丙为副将，郑国商人弦高在贩牛途中得此消息，为替国家排难解危，他急中生智做好两手准备：一面派人星夜赶回郑国向国君报信；一面假扮成国君使臣，挑选 20 头牛，自乘一车，迎着秦军而去。走到滑国的延津，与秦军相遇。弦高按照使臣礼节拜见秦军主将孟明说："我们国君听说三位将军率领部队来，特意准备一点薄礼，派我前来迎接和慰劳将军。因为我国处于几个强国之间，不断遭受外来侵略，所以厉兵秣马，边防将士常备不懈，枕戈待旦，你们见此情况不要介意。"孟明听罢，大吃一惊。他觉得自己的军队劳师袭远，是为着攻其不备。既然郑国已得知此一行动，又作好战争准备，若再去袭击很难取胜。于是改变计划，顺手在滑国抓了一把，便撤军回国，向秦穆公交差去。郑国由此避免一场战祸，转危为安。

优秀的指挥员多重视"伐谋"，可不战而屈人之兵。引日《唐书·列传第七十郭子仪》载，公元 765 年，吐蕃、回纥、

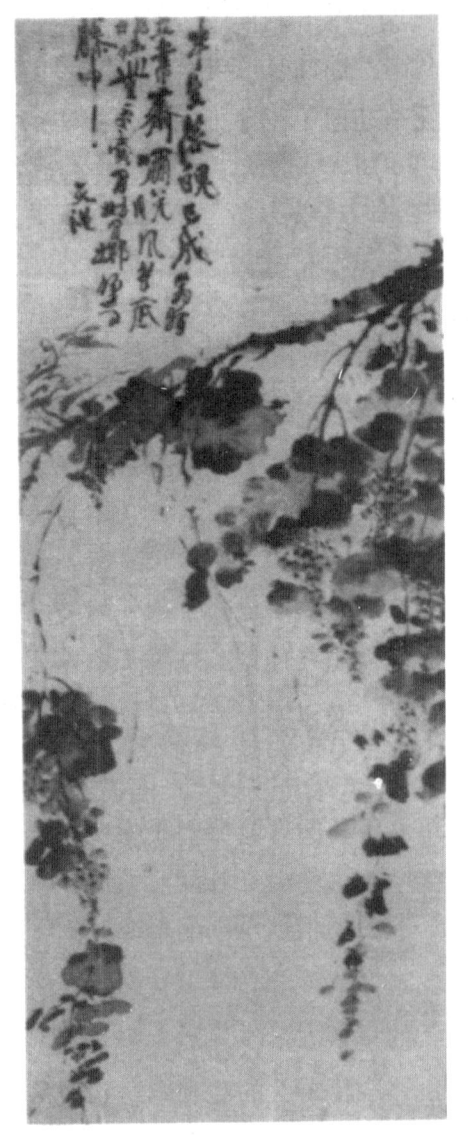

徐渭《墨葡萄图》

党项、羌浑、奴剌、山贼任敷、郑庭、郝德、刘开元等。30 余万人进犯，唐京师大震。朝廷急召郭子仪视师。子仪知兵力单薄，战必不胜。但自忖彼等多系自己旧部曲，且又素结以恩信，度彼等必不忍以刃相向。于是，亲率数骑直奔回纥营寨。回纥诸酋长纷纷下马罗拜。子仪不卑不亢，落落大方，对回纥诸酋长陈说利害，并责其负约。诸酋长谢过，子仪即召与饮，并馈绵彩结欢，誓好如初。郭子仪利用了吐蕃与回纥之间的矛盾，争取与回纥结盟，吐蕃势孤，只好退兵。唐之危随之解除。

"伐谋"的目的，在于求得无形的胜利。它包含有广阔的内容，如运筹、计划、政略、经济和外交手段的配合，以及适情、适势、适事、适机、适时的用兵等。这就要求军事指挥机构中，必须分工有专门运筹帷幄、出谋划策的"智囊"人物。

唐伯虎佯狂保身

明朝文学家唐寅，字伯虎。唐寅与祝允明，徐祯卿、文徵明齐名，称"吴中四才子"。关于他一生的风流韵事多有传说，但这位江南才子，不仅能书善画，难得的是他能够在险恶的政治斗争中，运用计谋保全自己。

明太祖分封诸王时，十七子宁王封在大宁，当时太祖诸子之中，以燕王最为善谋，而以宁王最为善战。燕王靖难起兵之时，用计将宁王迁到北平，把大宁给了朵颜三卫。后来又迁宁王到江西。到了明孝宗弘治年间，朱宸濠嗣宁王位。武宗时，他见皇帝整日沉于游乐，不理朝政，就认为有机可乘，想要图谋不轨。他先通过向宦官刘瑾行贿，恢复了原来已被夺去的护卫。但是刘瑾倒台以后，护卫又被取消。于是他又勾结皇帝身边的亲信钱宁，终于又恢复了护卫。当时术士李自然、李日芳等人胡说他有奇异的相貌，当为天子。又说南昌城东南有天子气。宁王本是个有野心的人，这就更使他的野心迅速膨胀起来。他特地在城东南建立了一座阳春书院，并且用重金到处招聘人才，打算发展自己的势力，为起兵夺取皇位做准备。这时，他久闻唐伯虎的才名，特地派人带了重金去苏州礼聘他。唐寅以为这位宁王是爱才之人，是礼贤下士的贤王，所以就欣然前往了。到了南昌以后，宁王以别馆居之，待为上宾。但是唐寅在南昌住了半年以后，渐渐感到气氛不对。宁王经常强夺民间田宅子女，豢养一群强盗，在江湖上打家劫舍。当地地方官员无人敢管，任他胡作非为。唐寅眼见他的所作所为，都是不法之事，所以料定他日后必有阴谋反叛。于是他感到宁王府是个火坑，必须想办法脱身。但怎么能够脱身呢？他采用了一个锦囊妙计——佯装癫狂。从此，他饮食起居一反常态。朱宸濠派人给他送东西，他假装发狂，借着酒醉，当面脱去衣服，赤身裸体，使人无法接近。并且无端哭闹，捡吃脏物。又装着色情狂的样子，见到妇女就追。宁王得知后，说："谁说唐寅是个贤才？他不过是个癫狂之人而已。"就把他撵出了王府。这样，唐寅平平安安地回他的老家苏州去了。

后来，明武宗正德十四年（公元 1519 年）六月，宁王果然发动叛乱。他以庆贺生日为名，设宴诱骗地方官员进府，随后将不从他反叛的官员，全部杀掉，并亲率舟师前去攻打安庆。当时明朝巡抚都御史王守仁与吉安知府伍文定急忙派兵会剿。王守仁先将宸濠的老巢南昌攻下，不久捉住了宸濠，平定了叛乱。宁王事发后，那些他礼聘为上宾的所谓名士们，都被列为逆党，无一幸免。只有唐寅，因为早有察觉，及早地佯狂脱了身，所以没有受到株连。他在苏州桃花坞筑室而居，终老于故乡。

唐寅运用假痴不癫之计，平安脱身，保全了自己的性命名声。而愚蠢的宁王还真以为他只不过是个癫狂的书生。唐寅运用此计所想要达到的目的完全实现了。这正是他运用此计的妙处。唐寅是一位极为聪慧而有才能的人，他的一生，表面上狂放洒脱，放荡不羁，不受礼俗的羁绊，实际上政治上的不得志与怀才不遇的苦闷一直郁积在他的心底。年轻的时候，他和同乡不拘小节的书生张灵，纵酒放荡，不事科举。经祝允明劝说，考中了乡试第一，即解元。后因科场案牵连下狱，从此断送了一生的政治前程。在宁王重礼聘请下，他初以为自己怀才不遇、抱恨终生的日子可以结束，能够有机会施展自己的政治才华了。但他毕竟是个精明过人的人，在南昌目睹了宁王的所作所为以后，很快判断出宁王将有异志。而经历过科场案的他，决不愿再卷入一场叛乱之中。于是他只得以计脱身，保全自己。当他佯装疯狂之时，必定要做出常人所不能做出的举动来，这样才能使宁王府上下都相信他是真的疯癫，而不会对他起疑心。他知道如果当时他要辞职回乡的话，宁王决不会答应，而且弄不好反会使宁王对自己起了疑心，甚至会招来杀身之祸。所以他采用计谋，以计脱身，这在当时不仅完全达到了目的，而且在宁王叛乱被子息下去以后，也保全了自己不被株连。由此可见，唐寅虽然是个文学家，但他头脑清醒，巧施假象迷惑的政治韬晦之术，一点也不逊于老练的政治家。

该下手时就下手

先战术就是一种以先发制人的方法取得战争主动权的方法。古代兵法中说，当与敌人可能要产生对峙交战时，可采用先战术来取胜。先战术从战略上讲，可以争取时间，赢得主动，从战术上讲也可以先人为主，对敌人产生威慑作用。特别是在对方可能布下陷阱、要加害于你时，采用先战术一则可以揭露敌人的阴谋，破坏敌人计划，二则可以采取先发制人的方法使敌人陷于被动局面，三则可以显示我方的光明磊落，赢得人们的同情和支持。

古代时，有个专权的太监鱼朝恩要邀请郭子仪游章敬寺。当时的宰相元载，心中有鬼，怕他们联合起来攻击自己，就想进行离间。他暗中派人告诉郭子仪说："鱼朝恩将要对您做不利的事。"言下之意是叫郭子仪不要去赴约。郭子仪不听，坚持要去，他手下的将士们要求全副武装随从，郭子仪也不答允。

他说："我是国家的大臣。他没有天子的命令，敢害我吗？若有天子的命令，那你们这样做是干什么，是想违抗圣旨造反吗？"

他只带了几个家童仆人去见鱼朝恩。鱼朝恩见他这样轻车简从，连警卫人员都没有，惊奇地问他为什么，郭子仪说："外边有人告诉我，您要趁这机会干掉我。所以我特地不带警卫人员，免得您花费心思，等动手时多添麻烦。"

鱼朝恩感动得流着眼泪说："像您这样一位忠厚长者，在面临这样的情况下，都能够不产生疑虑，甚至也不准备武器刀枪进行自卫还击，确实是令我敬佩不已。"

在上面的故事中，宰相元载和郭子仪都采用了先战之术。元载采用的是先发制人的阴谋，郭子仪则采用的是发先制人的阴谋，事情发展的结果当然是阳谋战胜了阴谋，以诚待人者战胜了以计离间者。

历史总是有它相似的一幕。西汉文帝时，齐国丞相爰盎为人慷慨，识大体，在朝廷名声很好。宦官赵谈因为得到君主的宠幸，常想加害于他。爰盎为此很忧虑。

爱盈的哥哥爱子种对爱盈献计说："对于赵谈，你应当先公开污辱他，这样他以后在皇上面前打小报告什么的，皇上知道你们有过嫌隙，就不会再相信他了"。爱盈果然这样做了。

有一次，皇上到东宫去，赵谈与皇上共坐一辆马车。

爱盈瞅准这个机会，跪伏在车前说："臣听说能够与陛下共同乘车的人都是英雄豪杰。现在汉朝虽然英雄很少，但无论如何也不至于让陛下单单只与被刀锯阉割过的人一同乘车吧。"

皇上听了，心里明白，微微一笑，立即把赵谈赶下车去。

从此以后，皇上每当听见赵谈说爱盈的坏话，便总以为是他为这件事对爱盈进行报复，便始终不听，小报告根本起不了作用。爱子种的先战之术终于获得了成功。

采用先战之术还常用来对付那种混乱的场合，使人们在熟视无睹中对你另眼相看，近代革命先驱者肖楚女就曾成功的采用了这一战术。

一次群众集会，轮到肖楚女演讲时，听众情绪很低，一个个昏昏欲睡。

肖楚女走上台，站定后，突然"哈哈"一声笑。昏昏然的听众本能地一愣，都从各自为梦的状态中惊醒过来。一个个交头接耳，互相打听，整个会场乱哄哄的。这时肖楚女对着交头接耳的听众又发出第二次"哈哈"大笑，台下不少人露出了会心的微笑。但大多数听众仍蒙头转向，怔怔地望着演讲者。略停片刻，肖楚女对听众第三次发出"哈哈"大笑时，顿时全场听众都跟着他訇然大笑。

就在这全场大笑声中，肖楚女开始了慷慨演说。顿时，台下笑声戛然而

王时敏《南山积翠图》

止，静静地听他的演说了。

肖楚女就是这样在短短的时间里采用先战术很快地调动了他人已经疲乏的精神，从而使自己的演讲获得了成功。

先战术还可以运用于现代商战之中，它可以帮助商家先下手为强，抢先占领商品市场。

1984年，我国宣布参加洛杉矶奥运会之后，天津手表厂立即抢在其他厂家之前，将该厂生产的"海鸥"表赠给我国赴美参加奥运会的全体运动员、教练员和工作人员每人一块，并特制上奥运标记，使"海鸥"表与中国首次参加奥运会这一种大事件联系起来。这顶"冕"借得实在，具有想象力。一时间，"国手进军奥运会，海鸥飞往洛杉矶"人人传诵。1988年，汉城奥运会，天津手表厂再次出奇兵，使"海鸥"表成为中国代表团的礼品表。通过运动员之手，"海鸥"表又名扬海外。虽然后来又有许多企业将产品与奥运会联系在一起进行宣传，但人们对它的印象却远不如"海鸥"表那般深刻：这是因为"海欧"表下手早的缘故。

李世民审时克敌

审时度势，是兵家必须恪守的一种战术，而且，是否善于审时度势，是衡量一个智者素质的重要标准。

唐朝时，颉利发兵攻突利，突利派使者来唐求救。皇上便向众大臣征求意见："我与突利是兄弟相称，关系不错，现在他眼前有急，我不能不救。但是我们和颉利之间却有盟约在先，互不侵犯。这该如何是好呢？"大臣相互窃窃私语。兵部尚书杜如晦说广皇上，戎狄无信，终当负约，我们不能拿盟约来约束自己。如果当今我们不乘其乱而攻取，今后我们就会后悔无及。而乘乱取胜，乃是古之道也。"接着，张公谨公认为可以攻取，并且具体陈述攻伐的理由。第一，颉利纵欲肆凶，横行霸道，专横独断，谋害善良，昵近小人，是一位昏君，由此，君臣关系不顺。第二，颉利属下的同罗、仆骨、回纥、廷陀等部自称君长，不服颉利，意欲反叛，内部混乱。第三，颉利被别人怀疑，他现在出兵征讨，众兵败无疑，过去欲谷丧师，无抚足之地，兵败将折，没有多强的战斗力。第四，北方正值霜旱，天气寒冷，而粮草却又匮乏，不能久战。第五，颉利疏远突厥，反而亲近诸胡，而胡人本性翻覆，变化无常，大军临近时，其内部必然发生叛乱。第六，华人在北方很多，他们结屯而聚，保据山隘，都有归附之心，王师出击之日，必然望风响应，可以里应外合，打败颉利。种种情况足以说明，颉利外强中干，不堪一击。这正是乘乱攻取的好时机。"

皇上觉得这样的分析很有道理，便决定派兵进攻颉利，援救突利，出兵攻破定襄，大败颉利，取得了战斗的胜利。

古人云："处事有疑，非智也；临难不决，非勇也。"就是说，作为一个军事战略家，应该有孤军深入的胆略，不能迟疑不决，前怕狼，后怕虎。真正的善于乘势者，必须发扬连续作战的作风，勇往直前，无所疑惧。犹豫两可，瞻前顾后，往往会坐失破竹之势，给敌人以喘息休整之机，一旦敌人并力固守，就难攻破了。

据《新唐书》记载：李世民在讨伐敌人时，往往率兵乘胜追击，不断巩固并扩大战果。李世民与薛仁杲大战，薛仁杲招架不住，便率残兵奔逃。李世民则指挥将士马不停蹄，乘胜追击，一路高歌。窦轨觉得这样穷追敌寇，士兵疲劳，要求休息一段时间，他对李世民说："我们这样一路追杀，很辛苦疲劳，万一中敌引诱之计，怎么办？况且，我们已经取得胜利。应该就此打住，停止追杀，打扫战场。"李世民听后哈哈大笑："你讲的不无道理。但是，你可知道，我已经考虑很久。对我们来说，已经取得了初步胜利。但全面的胜利，就在眼前。对敌人来说，大势已去，剩下的也只是残兵败将，没有多强的战斗力。所以，战斗的主动权和决胜权仍在我们手里，我们应该乘着破竹之势，一鼓作气，将敌人一网打尽。要是停下来放走敌人，便是坐失良机，后果对我们是不利的。"于是，继续前进，追杀逃兵，直至捣毁敌人的老巢。

挟天子以令诸侯

在中国几千年的历史上，皇权是至高无上的。谁能赢得皇帝的肯定，他本身也就有了极大的号召力。

春秋时期,周王朝封国林立。由于平王东迁之后各封国间政治经济发展的不平衡和周王朝的衰落,诸侯国失控,大国企图架空周王朝由自己来维护奴隶主专政,因而出现了兼并争霸的局面。尽管当时周天子已失去了往日的绝对权威,但各诸侯国在争夺霸权的战争中,都千方百计利用周王室的影响,打着维护周王室的旗号,以成就自己的霸业。借假周天子之名,而行争霸业之实者,首推郑庄公。

卫国州吁篡国君之位以后,为"立威"邻国,曾纠结宋、鲁、陈、蔡伐郑。郑庄公最恨宋殇公无端出兵,并且任伐郑盟主。他想报复宋国,又怕直接伐宋造成卫、鲁、陈、蔡合兵抗郑,便想先礼结陈国以孤立宋势。无奈陈桓公不愿背宋结郑,郑庄公便强盗装正经,先派兵突袭陈界,掠走男女辎重一百多车,再让人携所掠人口财物还给陈国,假说边关将吏误听谣言行擅行侵掠,表示谢罪和好。陈侯不知郑伯诡计,还以为郑伯仁义大度,主动结了陈国与郑国的友谊。

离间了宋、陈的关系,并把陈国拉向己方之后,下一步该是如何使鲁、蔡等国听从自己的支使,以求得他们的支持。郑庄公深知,宋国爵尊国大,郑要伐宋必须以周天子名义,又要取得诸侯支持。倘若有了周王之命,便不难谋取诸侯的支持。看来,问题的关键是要得到周王的信任。

按照预先的谋划,郑庄公带着大臣祭足去朝见周王,以便给人们造成周王信任郑国的印象。但周桓王一直不喜欢这个郑庄公,特别是想起两年前郑国借口灾荒侵夺自己的麦禾之事,更为生气。见面之后,周桓王对郑庄公很不客气,将他挖苦了一番,也不设宴,只送给庄公十车黍米,说是让郑国备荒用。言下之意是你别再打灾荒的幌子来抢掠王田。

郑庄公受到冷遇和奚落,悔不该来,甚至打算拒绝那十车黍米。祭足劝郑庄公无论如何要接受周王所赐之米,不然别人很快就会知道郑庄公与周天子有隔阂,更无法假托王命了。祭足还建议,不妨利用"天宠",即那十车黍米做文章。郑庄公觉得有道理,便将十车黍米用锦袱覆盖,乔装成十车财宝,离开都城时,宣称是周王所赐的财宝。不仅如此,郑庄公还在车上放上彤弓弧矢,诡称"宋国长久不朝贡,我亲自接受周天子命令,率兵前去征伐宋国"。郑庄公走一路宣传一路,人们都信以为真。

消息很快传到了宋国，宋殇公感到形势不妙，想和郑庄公讲和，郑庄公哪会理他！这时，郑庄公以周天子的名义，命令齐、鲁等国助郑伐宋。郑庄公率三国联军，举"奉天讨罪"的大旗进逼宋国，连取二城，势如破竹。

等到宋国打探到周天子并未下过伐宋之命，但为时已晚，因为齐鲁助郑伐宋已成既定事实。而郑庄公着实善于用计，他取了宋国二邑，不是自己占有，而是拱手奉送于齐国，齐国不收又改送鲁国，拿别人的城池送人情，赚了个慷慨大方的美名。试想：宋国受了窝囊气、失去了二邑，岂肯罢休！必定待机讨还。齐、鲁世代姻好，宋国讨还二邑，必结怨齐、鲁。齐、鲁怨宋，必然重视与郑国的友谊。郑庄公实乃是一箭双雕。郑庄公假托王命以伐宋，基本上取得了预想的成功。郑国也因此而逐渐成为春秋初期最强盛的诸侯国之一。

向戎设计破彭城

不费一枪一弹，不损一兵一卒，为什么便令彭城土崩瓦解？

周简王十三年（公元前 573 年）夏四月，楚共王（公元前 591 年—公元前 560 年在位）以宋国逃将鱼石等为向导，会同郑国军队共同伐宋，并攻下了彭城。楚共王留下兵车三百辆，命鱼石、向为人、鳞朱、鱼府等五人率兵屯守。

楚共王对鱼石等人说："晋国和吴国通好，共同与楚为敌，而彭城乃晋、吴二国往来必经之道。现留重兵助你等驻守，进战可以得宁国封地，退守可绝晋、吴使者。坚守彭城，责任重大，你等要悉心用事，切不可辜负寡人之托。"

鱼石等人岂能不知楚王之心，纷纷表示一定要与彭城共存亡。楚共王这才班师回楚。

这年冬天，宋国国君子成（史称宋平公，公元前 576 年——532 年在位）派大夫老佐帅兵围攻彭城。鱼石出兵迎战，结果大败而回。

楚国令尹婴齐得知彭城被围困，率兵来救。老佐挟胜鱼石之威，恃勇轻敌，孤军深入，不幸中箭身亡。

婴齐乘胜追击，直逼宋境。

宋平公极为恐慌，忙派石师华元向晋求救。

晋大将韩厥对晋国国君姬周（史称晋悼公，公元前573年—公元前558年在位）说："先前文公就是从救宋国开始，才大合诸侯以致称霸的。现在晋国能否重新振威于诸侯，在此一举，所以宋不可不救。"

朱锐《盘车图》

晋悼公点头称是。于是向各诸侯征兵，并亲率大将韩厥、荀偃等，屯兵于台谷。

婴齐得知晋国大军将到，不敢迎战，率兵退回楚国。

到了周简王十四年（公元前572年），各诸侯国兵力聚齐，晋悼公亲帅宋、鲁、卫、曹、莒、郑、滕、薛八国之兵力，围攻彭城。

宋国大夫向戎是个有心计的人。他想：鱼石、向为人等五人，都是由宋国逃到楚国的，现在又借楚国撑腰，占据彭城，彭城百姓心中肯定不服，何不利用一下这一特殊背景，于是便选派嗓音宏亮的士兵，驾着兵车，绕城而驰，边跑边向城上呼喊："鱼石等人乃是背叛国君的小人，天理难容！现在晋国合八国20万大军，即将攻破这座孤城，到时，城里城外，寸草不留，何况人乎？城内军民，如若有自知之明，何不擒拿叛逆之贼献城，以免城内无辜百姓受戮！"

向戎这一招果然厉害。彭城百姓一方面皆知鱼石等人理屈当伐，一方面恐城破遭戮，于是便有人偷偷打开城门，引晋等九国军队入城。

楚国虽然拥有300辆兵车，但鱼石等人平时对将士们不加体恤，所以在关键时刻，楚兵都不肯效力，见晋军入城，都以活命为最重要，争先恐后地逃命去了。

鱼石等人悔恨不迭，却又无计可施，只好四处躲藏。结果，鱼石被韩厥所擒，鱼府被荀偃所擒，向戎抓住了向为人、向带二人、鲁国大将仲孙蔑活捉了鳞朱，韩厥等人将所俘楚将都带到晋悼公处献功领赏。晋悼公命人将鱼石等人斩首。

向戎的这一计谋，使晋国及其联军不损一兵一卒，便取得了围攻彭城的胜利。

退避三舍后制人

"退避三舍"是今天人们经常使用的一个词，比喻对人让步，不与相争。

据《左传·僖公二十三年》记载，春秋时，晋献公偏爱宠妃骊姬。骊姬想把她自己的亲生儿子奚齐立为太子，以便将来继任为国君。于是设谋陷害太子申生和公子重耳、夷吾。献公听信骊姬的谗言，先逼死了申生，又要逮捕重耳和夷吾，两人只好先后逃到了国外。

"退避三舍"出自公子重耳之口，是他流亡国外途经楚国时对楚成王讲的。当时，楚成王预见到重耳回国执政的可能性很大，便以国宾之礼接待重耳。为了日后能得到更大的好处，成王问身处逆境的重耳将来如何报答他。重耳敏锐地觉察到，正在向北扩展地盘企图称霸中原的楚成王，要求他报答的决不是什么玉帛珍宝，而是晋国对他的顺从和臣服。于是答道："倘使托您的福我回到了晋国，将来万一晋、楚之间发生战争，双方军队相遇于中原，我一定指挥我的军队，退避三舍，以报答您今天的盛情。那时，如果您还不肯谅解，那么，我只好拿起弓箭，以与君周旋。"《东周列国志》第三十五回谈及这件事时解释说，三十里谓之一舍。因为行军一般是三十里一停，三舍为九十里。退三舍而不即战，意在报答楚国相待之恩。但重耳又不是一味无原则退让，"退避三舍"后若楚王仍不谅解，他决不丧权辱国。这话有理有节，柔中有刚。

后来的事情被重耳不幸而言中。四年后，晋、楚两军发生战事于城濮。当时重耳已是晋国的国君，即晋文公；公元前633年冬，楚成王率陈、蔡等国军队进攻宋国，宋国向晋求救。晋文公想采取"围魏救赵"的办法解救宋国——决定进攻楚之盟国曹、卫。但楚却'不来救他的盟国，仍然围着宋都商丘不放，宋围仍然未解。晋、楚的直接较量看来不可避免了。晋文公先制造矛盾、利用矛盾，把齐、秦两国拉向自己一边；同时，又分化楚国与曹、卫的同盟，孤立楚国。接着，又用激将法使楚将子玉攻打晋军。晋文公见楚军逼来，不但不前去迎击，反而向卫国撤退，一连后退了三个三十里，撤到卫国境内的城濮。楚将子玉以为晋军畏战退逃，拒绝了部下提出的停止追击的建议，穷追不舍。晋文公已经兑现了"退避三舍"的许诺，现在便要在城濮与楚决一死战了。

楚军以左中右三路进攻，晋军以上中下三军应之。晋文公首先令其下军向对面的楚之右军（由陈、蔡等国战斗力弱的军队组成）进攻，敌军溃败。晋军上军这时却佯装退却，诱使对面的楚之左军追击，然后突然调转头来，和中军一起合歼楚之左军。楚之左军腹背受敌，大部被歼。楚将子玉见左右两军皆败，自知已无力回天，最后畏罪自杀身亡。

从上面的叙述看出，晋文公"退避三舍"表面上是信守诺言，报答楚王礼遇之恩，而在实际上，其间蕴藏着政治的、军事的谋略：这样做，避开了楚军锋芒，骄纵了楚军；激励了晋军士气，赢得了诸侯同情；选择了有利于我而不利于敌的战场。可见，"退避三舍"原是晋文公政治上争取主动，赢得人心和同情，军事上诱敌深入、后发制人的韬晦谋略。

退避三舍，是信义与智谋的巧妙结合，是退让与进攻的辩证转化。这里的退，是主动地退，而不是被动的退；是战术上的退让，更是战略的进取。在这里，谋略家算的是政治账、全局账，是不以初次交手的形势去论高低的。

妙用擒贼先擒王

"先拣弱的打"，是一种有效的作战策略，但并非是惟一可行的选择。战争风云变幻莫测，敌我情况错综复杂，是先攻弱敌，还是擒贼擒王，要依据实际情形而定，不能呆板地套用一种模式。

擒贼先擒王，若运用恰当、巧妙，也是出奇制胜的妙手。唐代大诗人杜甫《出塞曲·前出塞》诗云：

挽弓当挽强，用箭当用长；射人先射马，擒贼先擒王。杀人亦有限，列国自有疆；苟能制侵陵，岂在多杀伤！

杜甫是诗人不是军事家，但其诗句"射人先射马，擒贼先擒王"却概括地表达出一个既很普遍又很深刻的兵家韬略。擒贼先擒王就是在战争中先捕杀敌军首领或摧毁敌人首脑机关，敌方群龙无首，陷于混乱，便于我方彻底击溃之。民间有"打蛇要打七寸"的说法，也是这个意思。蛇无头不行，打了蛇头，这条蛇也就完了。

《三十六计》有"擒贼擒王"一计，其解语云："摧其坚，夺其魁，以解其体。龙战于野，其道穷也。"意思是说，摧毁敌人的主力，抓住他们的首领，就可以瓦解他们的整体力量。好比龙出大海到陆地上来作战，面临绝境一样。这一谋略的基本精神是说在战争中要抓主要矛盾，以求得彻底胜利。如果错过有利时机，没有消灭敌人主力，放走了敌方首领，就好像放虎归山，后患无穷。而一旦擒王斩首，便胜局已定。

春秋之时，即已有"擒贼擒王"的成功战例。公元前肋年，北狄南下伐邢，不久又侵入卫国。卫懿公急忙征集甲兵车徒，亲自率军迎敌。走到荥泽这个地方，见敌军千余，左右分驰，全无行次。这本来是对方的诱伏之兵故意制造的假象，但卫大夫渠孔却认为那是敌人无战斗力的表现，即命鼓行而进。狄人诈败，将卫军引入伏击圈中，一时呼哨而起，如天崩地塌，将卫军截为三段，首尾不能相顾。战斗中，卫懿公被砍死。国君一死，大军溃败。

军事家认为，战争中打败敌人，利益是取之不尽的。如果满足于小的胜利而错过获取大胜的机会，那是士兵的胜利，将军的累赘，主帅的祸害，战功的损失。打仗，不去消灭敌人主力，不去摧毁敌军指挥部，捉拿敌军首领，那是一种短见而危险的行为。古代交战，两军对垒，白刃相向，双方主帅的位置比较容易判别。但也不能排除这样的情况，敌方兵败失利，主帅化装隐蔽起来，这时，擒住贼王，消除隐患就较为困难，但仍是十分必要的。唐代张巡计射敌帅，一直为后世兵家所称道，下面就具体说说这件事。

唐朝安史之乱时，安禄山气焰嚣张，连连获胜。安禄山之子安庆绪派勇将尹子奇率十万劲旅进攻睢阳。御史中丞张巡驻守睢阳，见敌军来势汹汹，决定据城固守。敌兵二十余次攻城，均被击退。尹子奇见士兵已经疲惫，只得鸣金收兵。晚上，敌兵刚刚准备休息，忽听城头战鼓隆隆，喊声震天。尹子奇急令部队准备与冲出城来的唐军激战。而张巡"只打雷不下雨"，不时擂鼓，像要杀出城来，可是一直紧闭城门，没有出战。尹子奇的部队被折腾了整夜，没有得到休息，将士们疲乏已极，眼睛都睁不开，倒在地上就呼呼大睡。这时，城中一声炮响，突然之间，张巡率领守军冲杀出来。敌兵从梦中惊醒，惊慌失措，乱作一团。张巡率军一鼓作气，接连斩杀五十余名敌将，五十余名士兵，敌军大乱。张巡下令，擒拿敌军首领尹子奇。部队一直冲到敌军帅旗前，可张巡未见过尹子奇，根本不认识，又加上兵混马乱，尹子奇更是难以辨识。这时，张巡想出一个妙计。他让士兵用秸秆削尖作箭，射向敌军。敌军中不少人中箭，他们以为这下完了，没命了；但很快发现，自己中的是秸秆箭，心中大喜，以为对方没有箭了。这些中箭者争先恐后去向尹子奇报告"喜讯"。张巡冷眼旁观，不久便认出了敌军首领尹子奇，急令神箭手向尹子奇放箭，正中尹的左眼。这回可是真箭。尹子奇中箭后，鲜血淋漓，抱头鼠窜，仓皇逃命。主帅一跑，部将有如树倒猢狲散。唐军乘胜追击，大获全胜。

人们常说，抓问题要抓"纲"，纲举目张。"擒贼擒王"也正体现了这个道理。在众多矛盾和问题中，抓住主要矛盾和要害问题，其他问题自然迎刃而解。

百忍成金蕴实力

人生在世，常常会遇到令人十分苦恼的境况，如无法自明自己的时候，或无须、不值得为自明自己花费太多精力的时候，要能够学习等待，学习忍耐，不要玉石俱焚，不要纠缠不清。

唐代苏州寒山寺的两位名住持寒山与拾得于此有过一番很精彩的对话。一日，寒山谓拾得："今有人侮我，冷笑笑我，藐视目我，毁我伤我，嫌恶恨我，诡谲欺我，则奈何？"拾得曰："子但忍受之，依他，让他，敬他，避他，苦苦耐他，装聋作哑，漠然置他。冷眼观之，看他如何结局？"这可是炉火纯青的忍耐艺术了。虽然这种忍耐是消极避世的方法，但"冷眼观之，看他如何结局"却别有一番正气在，包涵了一种俯视人生的姿态，和清冷于荣华名利的风骨。

娄师德是一个既有学问又气量宽宏的人，名相狄仁杰就是他举荐的。但狄仁杰人相后，并不知道这件事，还因为看不惯娄师德而经常排斥他，以至于到后来娄师德只好出京城而远到边地去任职了。武则天知道后，就拿出往日娄师德举荐狄仁杰的表章给狄仁杰看，说你怎么这样对待有恩德于你的人呢？狄仁杰看了，大为惭愧地说，啊呀，他从来也不与我辩是非，也不对我说这件事，我受娄公如此包涵还不知，我比他真是差得太远了！娄师德为朝廷的重臣几十年，谦恭勤谨，从不懈怠，严于律己，宽于待人，在矛盾重重的中枢机构中从未有过帮派之争，也未有大起大落的经历，始终受到认者的推重，这与他稳重的处世风格是不无关系的。因此，适当的容忍也是一种有效的自我保护措施，大事清楚，小事糊涂，正是一种智者的风度。

王蒙《青卞隐居图》

当马琴利做美国总统时，特派任某人为税务主任，但为许多政客所反对，便派遣代表前往进谒总统，提出咨问，要求说明出派该人为税务主任的理由。为首的是国会议员，身材矮小，脾气暴躁，说话粗声粗气，开口就给总统一顿难堪的讥骂。如果当时总统换成别人，也许早已气得暴跳如雷，但是马琴利却视若无睹，不吭一声，任凭他骂得声嘶力竭，然后才用极和婉的口气说："你现在怒气应该可以平和吧？照理你是没有权利这样责问我的，但是，现在我仍愿详细解释给你听。"……

这几句话把那位议员说得羞惭万分，但是总统不等他道歉，便和颜悦色地说："其实我也不能怪你。因为我想任何不明究竟的人，都会大怒若狂。"接着便把理由解释清楚。

其实不等马琴利总统解释，那位议员早已被他折服了。他私下懊悔不该用这样恶劣的态度责备一位和善的总统。他满脑子都在想自己的错了，因此，当他回去报告咨询的经过时，他只摇摇头说："我记不清总统的全盘解释，但有一点可以报告，那便就是——总统并没有错。"

由此可见，向来为人所轻视的"忍气吞声"具有极大的妙用，不发怒不但使马琴利的解释获得极有效的助力，而且使那位议员从此彻底悔悟，以后永远不再做出令人难堪的举动。有些狡猾的人，往往故意用种种狡计，使你大发脾气，你一发脾气，便做出种种不合理的事，这结果无异使你自投圈套，自讨苦吃。

在一个不易发怒的人面前，更不可发怒，否则你一定将遭遇无法挽回的难堪，像那位责骂总统的议员一样。同时如果你欲制服一个大发脾气的人，再没有比"低声下气"更好了。在孙子兵法上也有这一招，叫做："以柔克刚"。

《呻吟语》中说："忍激二字，是祸福关。""忍激"二字有两种解释：一是忍耐；二是把情绪发泄出来。这两种情绪的选择，就是决定幸与不幸的分歧点。

本来笑一下没有什么，但却能够招来祸患和留下祸患。《左传》中记载，晋国派郁克会盟于齐。齐人掀开帐幔，让妇人看郁克。郁克进宫，妇人在后房笑。郁克回去后，请求伐齐，大败齐国。之后，齐侯到晋国朝拜，快要送上玉器的时候，郁克卜前说："你们这次来，是为了妇人那一笑。"又据《战国策》记载，战国时的平原君赵胜，善结天下之士，有次邻居一个跛子去打水，平原君的美人在楼上看见了大笑，后来跛子到平原君家里来数落平原君爱美人不爱士，平原君始终不以为然。过了一年多，平原君门下的宾客渐渐走散了。他很奇怪，问明原因，有人对平原君说："这是因为您不杀笑跛子的美人，人们以为你重色轻士，才走了。"平原君便杀了那个美人，士便渐渐回来了。

齐国攻打宋国，燕王派张魁作为使臣率领燕国士兵去帮助齐国，齐王却杀死了张魁。燕王听到这个消息，非常气愤，就召来有关官员说："我要立即派军队去攻打齐国，给张魁报仇。"

　　大臣凡繇听说后谒见燕王，劝谏说："从前认为您是贤德的君主，所以我愿意当您的臣子。现在看来您不是贤德的君主，所以我希望辞官不再当您的臣子。"燕昭王说："这是什么原因呢？"凡繇回答说："松下之乱，我们的先君不得安宁被俘，您对此感到痛苦，但却侍奉齐国，是因为力量不足。如今张魁被杀死，您却要攻打齐国，这是把张魁看得比先君还重。"凡繇请燕王停止出兵，燕王说："应该怎么办？"凡繇回答："请您穿上丧服离开宫室住到郊外，派遣使臣到齐国，以客人的身份去谢罪。说：'这都是我的罪过。大王您是贤德的君主，哪能全部杀死诸侯们的使臣呢？只有燕王的使臣独独被杀死，这是我国选择人不慎重啊。希望能够让我改换使臣以表示请罪。'"

　　燕王接受了凡繇的意见，又派了一个使臣到齐国去。

　　使臣到了齐国，齐王正在举行盛大宴会，参加宴会的近臣、官员、侍从很多，齐人让燕王派来的使臣进来禀告，使臣说："燕王非常恐惧，因而派我来请罪。"使臣说完了，齐王又让他重复一遍，以此来向近臣、官员、侍从炫耀。

　　于是齐王就派出地位低微的使臣去告诉燕王，让燕王返回宫室居住，表示宽恕燕王。

　　由于燕王委曲求全，为攻打齐国，准备了充分的条件。

　　燕国地处偏僻，国内缺少人才。不但外面人进不来，就连本国仅有的几个人才也外流到别国中去，昭王为救贤人心急如焚。

　　大臣郭隗给燕昭王出了个招揽人才的办法。郭隗说："从前有个国王，用一千两黄金买一匹千里马，但始终没有买到。他手下一个诗人跟国王要五百两黄金，说可以买到。国王于是给了那侍从五百两黄金，结果那个侍从用五百两黄金买了二堆死马骨头回来。国王非常生气。侍从向国王解释说，我国能用五百两黄金买死马骨头，天下人一定认为您会出大价钱买活马，这样，千里马就会自动送上门来。果然不出侍者所说的，不到一年的工夫，这个国家就得到了三千匹千里马。如今大王真想招揽天下有才能的人，就从郭隗我开始吧。我做事平庸，无大才干，就像千里马的骨头。如果您对我很重用尊敬，那么天下比我有才能的贤人就会接踵而来，投奔你的门下，为大王所用。"

燕昭王真的照着郭隗的话办了。处处尊敬郭隗，给他很高的奖赏，封他很高的官禄，处处都给予特殊优待。这样不到三年，天下的贤才就从四面八方投奔到燕国。这些贤士来到燕国以后，为燕昭王讨论国事，实行改革。由于国内人才辈出，时间不长，燕国就变得兵强马壮，国家繁荣昌盛，燕王认为时机已到，于是准备出兵攻打齐国，后来在济水一带燕国打败了齐国。

试想，如果当初燕王逞一时之气，在没有充分做好准备的情况下，匆忙攻打齐国，可能早就成为齐国刀俎下的鱼肉了。因咽不下一口气而亡国丧生，岂不抱恨终身！

老子认为与其采取直线的生存方式，倒不如遵循曲线的生存方式。例如，如果我们在前进时碰到了障碍，要想顺利地向前，就必须先撤退。"曲则全，枉则直，洼则盈，敝则新，少则得，多则惑。"这句话的大意是：委曲的状态反而能够保全自己；弯曲反而可以伸长；低陷才可以装满水；破旧反而可以生新；不刻意追求反而可以有所得；追求太多只能徒增烦恼。这便是老子柔软且强韧的处世哲学。这种做法并非是一种失败主义，而是一种曲线式的生存方式。这是以柔克刚，以退为进的策略，就像弹簧缩在一起，其间却蕴藏着巨大的力量。

长远思虑不招乱

不能深谋远虑，必有忧患烦恼。因而纷纭复杂的社会人生，吉凶祸福相辅相成。老成持重的人，考虑问题宁可复杂些，也不粗枝大叶。在这点上，我们应该向古人学习经验及教训。

汉魏以来，羌中鲜卑人归降的多安置在塞内各州郡。后来鲜卑人势力日益膨胀，屡屡在关内寻衅起事，挑起民族矛盾。他们杀害地方长官，侵扰附近村落，渐渐成为祸患。晋侍御史郭钦请求朝廷乘平吴的余威，把他们迁徙到内地消化之，或分散到边疆各地，加高交通要害处的城墙，修明先王对待少数民主的制度。朝廷不听，终于出现了五胡闹中国的混乱局面。

一般而盲，只有乘开国的势头才可扬威于边疆，除此之外就很难有所作为。宋初不能立威于契。终使金、元外族之祸持续不断；明朝明太祖朱元璋向北驱逐金、元，威风行于沙漠戈壁。明成祖朱棣定都燕京，多次征服胡人，并重修万里长城以御之，不可谓不深谋远虑。

北宋时代，西夏主李继迁骚扰西部边疆，保安军上奏，擒获了李的母亲。宋太宗想把她杀掉，犹豫未决之际，请来枢密使寇准单独商议此事。商议停当后，寇准退出归家时，路过相府，以之告于宰相吕端。吕端说："皇上告诫你不要跟我说的吗？"寇准说："没有。"吕端便问："准备怎样处理？"寇准告诉他准备在保安军北门外斩首，以惩戒凶逆。吕端说："如此做，未必合适。"于是他便进见皇帝说："从前项羽欲烹高祖父太公以示威于高祖，而高祖却说愿分得一杯羹。举大事者是不顾父母的，何况李继迁是不孝之子呢？陛下今天杀其母，明日即可抓住李继迁本人吗？如其不然，只能增加其对宋的仇恨程度，反志益坚。"太宗说："然则如何是好？"端说："依臣愚见，应将她安置于延州，派人好好服侍她，以招徕李继迁。他即便不立即来降，也可拴住他的心，因其母的生死完全掌握在我们手中。"太宗拍腿称善，说："不是你提醒，几误我大事。"后来，继迁母死于延州，继迁死后，其子竟来投城。

虽有锋芒不外露

其实，夹起尾巴做人和施展自己的伟大抱负并不矛盾，而是统一的。生活是极端复杂的，面对动荡不安，风云多变的外界环境，人的行为方向和特点也不应该一成不变，而应当有进有退，有软有硬。

所谓"夹起尾巴做人"，也就是将自己的真正志向和动机隐藏起来，人们常说的韬光养晦就是这个意思。

夹尾巴做人，有双重功能。从消极的角度看，它具有抵防外来侵害，保护自己的功能。

商纣王通宵喝酒而忘记了月日，问左右的人，都不知道，派人问箕子。箕子对他的友人说，一国的人都不知道月和日，国家就危险了。而一国的人都不知道，只有我一个人知道，恐怕我也就危险了。"于是，他对使者推辞自己喝醉了酒，也记不清是什么日子了。王羲之幼年时，大将军十分喜欢他，常常让他在自己的大帐中睡觉。有一天，大将军先起了床，不一会儿，钱凤进了帐，屏退众人，与大将军商议谋反的事，两人都忘了帐中还有一个小孩儿王羲之在睡觉。恰好这时王羲之醒来，听到了他们谈论的事情，立即意识到自己正处于非常危险的境地。但他并没有绝望，他假装吐出口水，把头面被褥都弄湿了，意思是睡熟了。他们谋反的事议论到一半儿，方想起王羲之。二人大惊道："我们的话他若听去，便要惹来杀身之祸，必须把他除掉。"等到他们打开床帐，发现王羲之涎水纵横，断定已经睡熟，于是没有下手。王羲之因此保全了一条性命。

生逢乱世的魏晋名士阮籍，也很善于运用"夹尾巴"心术保全自己。

魏晋时期，政权交替频繁，社会动荡不安。许多有名的读书人都遭杀身之祸。为此，阮籍一心饮酒，全然不问政事。司马昭曾想为儿子司马贵向阮籍求婚，阮籍一醉六十天，司马昭因为无法和他讲话而作罢。钟会几次去征求他对时局的意见，想以此罗致他的罪名，阮籍居然因为大醉不作回答，最终得以免祸。'

将真实意图隐藏起来，含而不露，不但可以免祸，而且可以给竞争对手造成假象，使之判断失误，上当受骗，最终被一举击溃。

唐人王叔文经常和皇太子下棋。有一次，下棋之间谈论时政，曾谈到宫市的弊病，太子说："寡人正想劝谏皇上废止宫市呢。"在场的人都交口称赞太子，唯有王叔文不说话。众人走后，太子单独留下王叔文，问他不说话的原因。王叔文说道："太子的职责是侍奉皇上的饮食起居，早晚问安，不应议论其他的事情。陛下在位多年，如果怀疑太子劝谏废止宫市是为了收买人心，太子如何自我解释呢？"太子大吃一惊，流着泪说："若不是先生指点，寡人哪能知道这个道理！"于是对王叔文格外宠信。

王叔文教给太子的韬晦之术，并不是简单的免除灾祸，而是为实行其改革朝政的伟大事业而采取的权宜之计。王叔文是后来"二王八司马"革新运动的首领，而这个皇太子即后来的顺宗，是这场革新运动的坚定支持者。他们的韬晦之为，是这整个行动的一个组成部分。

与此相类，更加明显的是颜真卿的例子。颜真卿在做平原太守时，安禄山反叛的行为已很显著。颜真卿假托为防连绵大雨，重新修城浚壕，暗中征集壮丁，充实仓廪，而在表面上又假命文人才士饮酒作诗。安禄山秘密侦探，见此情景，以为颜真卿等都是书生，不足为虑。不久，安禄山发动暴乱，河朔尽失陷，唯有平原有防备。

五代时，吴王杨行密的事迹也令人深思。安仁义、朱延寿，都是吴王杨行密的将领。朱延寿又同杨行密身边的朱夫人的弟弟关系密切，两人十分骄横放肆，并且阴谋叛乱。杨行密想除掉这两个人。于是，杨行密假装双目失明，当着接待朱延寿派来的使者，他装作什么也看不清。走路时，故意撞在柱子上，昏倒在地。来人扶起他，好久才苏醒过来。醒来后，杨行密哭泣着说："我的大业刚刚完成，眼睛就不行了。真是天道不公啊！这些儿子没有一个能够继承我的事业。唉，要是能够将我的位子传给

龚贤《湖滨草阁图》

朱延寿，我就没有什么遗憾的了。"朱夫人一听，心中大喜，立即召来朱延寿。谁知，朱延寿一到，杨行密就在寝宫门口，刺死了他，随之赶走了朱夫人，并捉来安仁义，斩首示众。

借尸还魂稳阵脚

"借尸还魂"来自古老的神话。它原意是借他人尸体，装载自己的灵魂，获得新生。现引伸为：在自己失败以后，凭借或利用某种势力或手段，重振旗鼓，东山再起之意。这种计策，原广泛地应用于兵家之争、政治之争，现也广泛地为商家所使用了。在此方面做得非常成功的，当数三国时代的刘备。

东汉末年，益州牧刘璋割据四川，偏安一隅，可是，盘踞汉中的"五斗米道"教主张鲁觊觎益州富庶，屡屡兴兵侵扰，刘璋软弱，拒敌不力。因派张松去说服曹操，从北方给张鲁施压。张松其人，才华横溢，博闻强志，能言善辩，但是形貌丑陋而且行为猥琐。曹操见之，心中不悦，又加之言谈中多有冲撞、无礼，曹乃命人乱棍打出，永不接见。

张松受辱，一肚气委屈，正寻思如何发泄。巧遇刘备，备待之甚厚，张松十分受感动，遂献出入西蜀之图，内详细列明山川险要及官府钱粮的数目，并劝刘备入川，以图霸业。

刘备又假仁假义一番，宽慰张松，张松见刘备如此仁义，便誓死助刘，返川后备陈刘备如何如何靠得住，并暗中布置迎刘备入川之事。经张松等力劝，刘璋终于与刘备相会于涪城。两个相见，刘备大叙兄弟友情，宗亲之义麻痹刘璋，但双方部将，各自心怀鬼胎。刘备军师庞统及内奸法正搬"鸿门宴"的伎俩，欲杀刘璋，刘璋部下也拔剑应对，此时刘备立即作长老色，急夺侍卫佩剑怒曰：

"我兄弟相聚痛饮，并不疑忌，又非鸿门宴，何用舞剑，不听者立斩！"一席话说得刘璋及其部下感激涕零。

经过此次暗斗，刘璋在部将的提醒下，对刘军亦有戒惧心了。于是，他让刘备北上，抗拒张鲁军队。刘备答应，领兵去讫。

刘备到了葭萌关，专心收买人心，苦心经营，显出了赖着不走的意思来。后接报曹操兴兵犯吴，庞统献计说：

"莫若乘此机会向刘璋借兵回荆州协助孙权攻打曹操。"

刘备同意，向刘璋提出借精兵三万，军粮十万斛的无理要求，刘璋不满，穷以应付，最后只允3000老弱残兵，一万斛军粮相助。

刘备大怒，长者风度、兄弟之义顿时烟消云散。宗姜立即变成敌人了。这一翻脸，刘备决定赖着不走了。他公开向刘璋宣战，攻城掠地，并调集荆州主力涌进益州。刘璋不抵只好拱手让出益州。

受降之日，刘备又上演了一幕假慈悲的闹剧。握着刘璋之手流着眼泪说："兄弟情同手足，非我不义，乃势迫耳。"说完，竟将刘璋赶出成都，不经宣召，永不得回来。

鲁肃榻中定江东

鲁肃是三国时代杰出的战略家，他放眼世界，胸怀全局，故他决策、做事往往超过其同时代的不少智慧之士。在吴国，他第一个为孙权制定鼎足江东之策，也是孙、刘联合抗操的策动者和促成者，且始终坚持和千方百计巩固吴蜀同盟，促进了天下三分，孙权因此能称帝于江东。鲁肃是有大功的。

鲁肃家极富有，但他不像一些富家子那样，只知自己挥霍享乐，而不顾别人死活，轻财好施，甚至变卖田产以救济穷苦人家，故甚得乡人的欢心。因天下将乱，便散家财广交结；学击剑骑射，招集少年，给其衣食，往来南山中射猎，讲武习兵。有些父老不知其志，都说："鲁氏世衰，生此狂儿！"后雄杰群起，攻城占地，中州扰乱，鲁肃对其属说："朝廷失政，寇贼横暴，淮泗非居留之地，江东沃野万里，民富兵强，可以避害，你们愿跟我到那里安居，坐观时变吗？"其所属皆听从，共有男女三百余人同行。途中州骑兵追到，逼他们返回，鲁肃勒兵以待，对追兵说："今天下大乱，你等应了解大势，为何相逼！"为警告追骑，肃等引箭射所植之的，矢皆洞穿，追骑知力不敌，便退走。正因肃有远谋，才能自保，平安地到达江东避难。

孙权以隆重礼节接见了鲁肃，二人谈得很投机，孙权令左右宾客退去，与鲁肃秘密商议建立帝业的大事，他说："如今汉朝政权衰微，四方混战，我继承父兄余业，很想像春秋战国时齐桓公、晋文公那样建立霸业，君既惠顾，该怎样辅佐我呢？"鲁肃回答说："从前汉高祖刘邦本想拥立义帝，但没有实现，原因是项羽反对。现在的曹操，就像从前的项羽，在这种情况下，你怎么能效法齐桓公晋文公成为霸主呢？依我之见，汉王朝是不可能复兴了，而曹操也不可能一下子被打败。为您谋划，自己也无什么可忧虑的，为什么？因曹操在北方无暇南顾。我们则可以先消灭黄祖，再进攻荆州的刘表，将长江上下据为已有，然后称帝王，图天下，建立汉高祖那样的帝业。"孙权听了十分高兴。

曹操打败袁绍，陈兵荆州，向孙权写了封劝降信。对此，东吴有两派不同意见，一派人多势众，以张昭为代表，他认为应与曹操结盟以消灭刘备，这样可讨好曹操，以保存自己。一派人以鲁肃为代表，主张联合刘备以抗击曹操。显然，张昭一派的意见是认敌为友，认友为敌；鲁肃一派的意见就认清了敌友。按照张昭一派的意见行事，消灭刘备，曹操势力更强大了，剩下孙权，更易为操所灭，因操是决不坐让孙权集团继续偏安于江东的。按照鲁肃一派的意见，因认清了主要敌人曹操，而以刘备为友，就能将孙、刘力量联合起来，就可以与曹操抗衡。形势的发展，证明鲁肃是正确的，由于孙权采纳鲁肃一派的意见，才取得了赤壁之战的辉煌战果。

鲁肃之所以能提出孙、刘联盟抗操的正确主张，首先他不是为一己之私，而是为东吴利益着想，具体地说是为辅佐孙权成帝业，这在他的"榻上策"里已经说得很明白。如同意张昭等迎操的意见，就是投降曹操，东吴君臣就归附为其臣民。鲁肃一针见血地指出孙权降操之害说："诸皆可降操，惟将军不可降操。"孙权深表赞同。鲁肃之所以能提出孙、刘联盟抗操的正确主张，更主要的是他能高瞻远瞩，因而对当时形势和敌我看得清。当时曹操虽已统一北方，力量更加强大，但不是不可敌，他敏锐地看到刘备集团的力量，刘备深得荆州士民之心，已成为荆州新兴势力的代表。鲁肃后来建议将荆州借与无栖身之所的刘备，使他安抚民心，又给曹操多树一个敌人。

当曹操听说孙权借荆州给刘备的消息时，正在执笔书写文件，惊得半晌无言，手中的笔也掉在地上。

结同盟借力打力

在政治斗争中，政敌之间为了扩大自己的政治势力，往往会结成政治同盟。通过同盟势力来打击政敌，这是政治斗争中常有的现象。面对政敌的同盟，使用借刀杀人之计的一方，最有效的手段是破坏政敌的同盟。这样，既可削弱政敌的力量，又可扩大自己的同盟，同时还有可能形成各个击破的态势。使用者能得到盟友的相助，这是使用者比较满意的结果；使用者能得到盟友相助，并能造成政敌同盟之间的相互残杀，这是使用者所能得到的最好结果。

楚汉战争时，项羽与刘邦之间争斗不息。项羽"力能扛鼎，才气过人"，在战争初期以西楚霸王的名义号令诸侯，兵多将广，更兼善战，处于优势地位。刘邦"仁而爱人，喜施，意豁如也"，虽勇不及项羽，地不如楚多，但他能采纳部下建议，分化项羽同盟，故常能败而复振，逐渐化劣势为优势。

公元前205年，刘邦趁项羽东征田齐之时，率兵五十六万伐楚，一举攻克楚都彭城（今江苏徐州市）。项羽得知，亲率精兵三万回援，连续作战，收复彭城，驱赶汉军，竟连连斩获汉军二十万。刘邦慌忙逃窜，在途中竟将子女推下战车，老父也被项羽俘虏。刘邦逃至荥阳，幸赖萧何等征发关中老弱方才稳住阵脚。

刘邦一面用陈平的离间计来离间项羽惟一的谋士范增，一面听从张良的计策，趁项羽同盟者、九江王英布、魏相国彭越与项羽"有隙"之时，利诱彭越，使他在楚后方绝楚粮道；派使者随何前去九江游说英布。英布此时与项羽虽有矛盾，但畏惧项羽强横，还不敢与项羽为敌。随何凭三寸不烂之舌，说得英布心动，但英布仍然狐疑不定。于是，随何借楚使者前来九江催英布发兵之时，公开英布与汉有谋的事实，迫使英布最终下定反楚的决心。这样，项羽分兵去攻打英布，减轻刘邦的压力；英布兵败来投刘邦，也只能死心踏地助汉攻楚。刘邦不断地削弱项羽的同盟，扩大自己的同盟，这是成功地应用借刀杀人之计的扰其同盟，惜政敌狐疑而削弱对方的手法。

西晋惠帝皇后贾南风，是西晋开国功臣贾充之女，生得又黑又矮而妒心极强，手段狠辣；而惠帝却是个白痴，自然形成悍妇控制愚夫的局面。公元209年，晋武帝司马炎病死，遗诏后族杨骏辅政。杨骏是晋武帝继后杨氏的父亲、弘农的大族，专权好利，与其弟杨洮、杨济，把持朝政，专横于朝，号称"三杨"。晋武帝死后，杨氏立为太后，杨骏以太傅都督中外诸军事、侍中录尚书事总揽朝政。杨洮为卫将军，杨济为太子太保。杨氏把持朝政，不但引起司马宗亲的不满，而且引起贾皇后及其家族的不满。在这种情况下，一场因权力分配不均的争斗，在晋武帝尸骨未寒时，就已经初见端倪。

公元291年，贾南风与掌管禁军的楚王司马玮、东安王司马繇等合谋，称诏诛杀杨骏及其杨氏党羽，皆夷三族。在内外隔绝的情况下，杨太后无法救护父亲，乃于宫中亲写帛书云："救太傅（杨骏）者有赏。"用弓箭射到城外。这样，杨太后非但没有救护父亲，反将证据交到贾南风手中，被贾南风以"同逆"之名废为庶人。此时的杨太后一失贵人的风采，为救家族，"抱持号叫，截发稽颡，上表诣贾后称妾"，也没有救护杨氏之族，自己反被囚禁于金墉城（洛阳西北角的小城），次年饿死，时年34岁。贾南风杀掉杨骏之后，用汝南王司马亮为太宰，卫欢为太保，共同辅政，楚王司马玮升为卫将军，仍统领禁军。

贾南风借用宗室的力量诛除杨氏外戚集团，但宗室的政治势力却因此强大起来，对她的专横当然有所节制。面对这种情况，贾南风再次使用借刀杀人之计，玩弄政治权术。贾南风发现汝南王司马亮和卫欢，因楚王司马玮手握禁军，好立刑威，实权在握，恐怕难以制之，而合谋削夺司马玮权力时，她便挟惠帝的密诏，让司马玮诛杀司马亮和卫欢。待此计成功之后，她又以司马玮伪造诏

巨然《秋山问道图》

书，擅杀大臣为名，将司马玮杀掉，二箭双雕，将宗室的在朝势力驱除，夺得专制大权。

当然，对权力的追求是无止境的。贾南风谋夺大权之后，就是要保住权力，并且尽可能地使权力在自己身上延续。贾南风虽"荒淫放恣"，而且因为偷情而"乱彰内外"，但她就是不怀孕，这就使她没有亲生之子来承继大位。好在她还年轻，尚有生育的可能但必须将惠帝控制在自己手里。贾南风虽有本事让惠帝畏而惑之，使"嫔御罕有进幸者"，而且为防惠帝移爱他人，"手杀数人，或以戟掷孕妾，子随刃堕地"，但还是防不胜防，惠帝的一位谢夫人，终于为惠帝生下一子。在贾南风无所出的情况下，这位皇子当然至关重要，所以在惠帝即位伊始，便被立为皇太子，成为法定的继承人。

继承人非己所生，将来贾南风虽仍有被册立为太后的可能，但终究还是她心中最大的障碍。为此，贾南风用尽心机，"诈有身，内稿物为产具，遂取妹夫韩寿子慰祖养之，托为己所生"，算是有了自己所生的儿子。有了自己所生，就要谋废太子而立己子。公元 299 年，贾南风将太子因于金墉城，并将太子母谢氏杀掉。

太子被废，这在专制王朝里是非同小可的事。于是朝野谣言四起，上下不安，尤其是宗室的怨望更是难平。贾南风自然也有所闻，但她过高地估计了自己的势力，认为杀掉太子，众人怨望自然就平息了。于是，不顾后果地将太子杀掉，这实际上是授人以口实。当时，已经调为禁军将领的赵王司马伦，因谄事贾后而深得贾氏的信任。现在赵王司马伦看准机会，与梁王司马肜、齐王司马冏举兵围困宫城，矫诏废掉贾后而大诛贾氏之党。事到如此，以聪明奸诈而著称的贾南风才知自己被梁、赵二王所欺骗，不无后悔地说："系狗当系颈，今反系其尾，何得不然！"被逼迫饮金屑酒而死。

赵王司马伦诛除贾氏之党后，自封为相国、都督中外诸军事，专制于朝。公元 301 年，司马伦索性废掉惠帝，自立为帝。这时，身在武昌的镇东大将军、齐王司马冏见有机可乘，便传檄成都王司马颖、河间王司马颙等，联合讨伐司马伦。因为是"勤王之师"，名正言顺，兵锋所向，司马伦军不敌，洛阳失陷，司马伦被杀，晋惠帝复位，但司马冏却以大司马、都督中外诸军事而专制于朝。

司马冏专权，与他共同起兵的河间王司马颙自然心怀不满，便联合驻守在洛阳的骠骑将军、长沙王司马义举兵攻打司马炯。司马禺认为司马炯势力大，希望司马炯能杀掉司马义，然后他再以此为名，传檄四方以讨司马炯，这正是司马禺一箭双雕的借刀杀人之计。不料，司马义以劣势之兵，竟将司马炯杀死，以太尉、都督中外诸军事而掌握朝廷大权。一计不成生二计，司马禺又联络成都王司马颖攻打司马义。司马义致力于拒敌，不想变生肘腋，被东海王司马越等于夜中捉住，交与司马禺的部将张方，用火烤死。

司马义被杀，成都王司马颖为皇太弟、都督中外诸军事，控制朝政。自恃擒获司马义有功的东海王司马越，因所得到的比期望的少，竟挟持惠帝向司马颖发动进攻，结果大败，连惠帝也被俘入司马颖营中。在司马越与司马颖相争之时，司马禺看准时机，兴兵攻下洛阳。司马颖胜而复败，挟持惠帝退往洛阳，进入司马禺的势力范围，被司马禺的部将张方逼迫至长安。长安是司马禺的老巢，司马颖困境来投，自然没有好结果，皇太弟的名义也就被取消了。司马禺经过多次用谋，此时方以太宰、都督中外诸军事辅政。东海王司马越当然不允许司马禺挟天子以令诸侯，不久又起兵攻打司马禺。公元306年，司马越攻入长安，'挟惠帝返回洛阳，先后杀掉司马颖和司马禺，以太傅、录尚书事而总领大权。除掉政敌之后，司马越无所顾忌，便毒死晋惠帝，拥立晋武帝第二十五子司马炽为帝，是为晋怀帝。然而，"八王之乱"毕竟削弱了晋王朝的统治力量，为匈奴贵族刘渊、羯人石勒等乘机兴起，推翻西晋王朝创造了有利条件。借刀杀人之计是政治斗争中的常用手法，但其成功的概率还受到多方面的因素影响。

刘邦分化项羽同盟，之所以获得成功，而且能将成功保持下去，除了计谋上的成功之外，其驾驭臣下的手段，也是非常重要的因素。当九江王英布被楚将龙且打败之后，单身逃到刘邦之处。失去军队的将军，本来还不如一介勇士，此时的英布本来就羞惭万分，而刘邦又"踞床洗足"以见之。英布窘辱后悔反楚，欲自杀以报；当他回到客馆，见"帐御、饮食、从官皆如汉王居"，便转忧为喜，认为刘邦对他果然如随何所讲，便死心塌地为刘邦效力，招集旧部，与项羽再战。唐人颜师古云："高帝（刘邦）以（英）布先久为王，恐其意自尊大，故峻其礼，令布折服；已而美其帷帐，厚其饮食，多其从官，以悦其心。此权道也。"正因为刘邦深明"权道"，使用借刀杀人之计才得心应手，而鲜堕他人计谋。

贾南风分化利用宗室势力，在一定程度上也获得成功，但她凶狠专横，总自以为是，听不得别人劝解，这就播下她获得成功而保不住成果的祸源。她先借宗室的力量除掉杨氏外戚集团，又借宗室擅诛大臣之名除掉部分宗室，施展的计谋，可称得上凶狠完善。然而，贾氏是以司马氏为依托，在古代社会里，"母以子贵，妻以夫荣"，她摆脱不开司马氏，又在自己羽毛尚未丰满之时，不顾后果地向太子开刀，这是她在"天下威怨"的情况下，必定要失败的原因。

　　贾南风之后的"八王之乱"，每一王的势力都不可能完全制服对方，彼此都有相互利用的关系。因此，借此除彼，借你除他，成为他们的共同策略。然而，他们一旦占有优势，便不顾一切地去总领国政，去满足自己的权力欲望，正好成为别人攻打的目标；这是他们往往成功一时，而不能保持胜利成果的重要原因。